U0204321

MATLAB 与控制系统仿真实践

（第 3 版）

赵广元　编著

本书程序源代码下载

北京航空航天大学出版社

内 容 简 介

本书以 MATLAB R2015b 为仿真平台，以清新、简洁的风格介绍了 MATLAB 语言基础及基于 MATLAB 的控制系统仿真。本书在结构上包括上下两篇共 17 章。上篇介绍 MATLAB 语言基础；为满足新的教学需求，还加入了 MATLAB/Simulink 与开源电子设计平台 Arduino 的交互应用，共 8 章。下篇介绍控制系统的 MATLAB 仿真，并提供了两个课程设计案例供学习参考，共 9 章。

全书结构清晰，内容翔实，图文并茂，以丰富的实例突出实践性，通过紧密联系实际突出应用性。

本书可作为自动控制等相关专业的教学参考用书，也可作为相关领域工程技术人员和研究人员的参考资料。书中 MATLAB 语言的介绍较为全面，可供 MATLAB 语言入门者学习参考。书中所给综合实例则对相关课程设计、毕业设计等有重要参考价值。

图书在版编目(CIP)数据

MATLAB 与控制系统仿真实践 / 赵广元编著. -- 3 版.
-- 北京：北京航空航天大学出版社，2016.8
ISBN 978 - 7 - 5124 - 2226 - 1

Ⅰ. ①M… Ⅱ. ①赵… Ⅲ. ①自动控制系统—系统仿真—Matlab 软件—研究 Ⅳ. ①TP273 - 39

中国版本图书馆 CIP 数据核字(2016)第 200982 号

MATLAB 与控制系统仿真实践(第 3 版)
赵广元　编著

责任编辑　陈守平

*

北京航空航天大学出版社出版发行

北京市海淀区学院路 37 号(邮编 100191)　http://www.buaapress.com.cn
发行部电话：(010)82317024　传真：(010)82328026
读者信箱：goodtextbook@126.com　邮购电话：(010)82316936
涿州市新华印刷有限公司印装　各地书店经销

*

开本：787 mm×1 092 mm　1/16　印张：21.25　字数：544 千字
2016 年 10 月第 3 版　2023 年 1 月第 7 次印刷　印数：21 001～24 000 册
ISBN 978 - 7 - 5124 - 2226 - 1　定价：45.00 元

第 3 版前言

MATLAB 被称为 The Language of Technical Computing，它面向理工科不同领域，功能强大，使用方便，而更大的优点在于它的高度开放性。正因如此，MATLAB 在理工多个学科的仿真中成为首选工具。作者结合"MATLAB 语言与控制系统仿真"的教学实践与研究成果，以 MATLAB R2015b 为系统仿真平台，在本书前一版的基础上进行了完善。

本版在结构上仍与前两版相同，但略作调整。上篇为 MATLAB 语言基础，共 8 章；下篇为控制系统的 MATLAB 仿真，共 9 章。

上篇主要内容有：MATLAB 环境认识与操作；MATLAB 语言数据类型和运算符等基础知识；MATLAB 的数学运算与符号运算；MATLAB 语言的程序设计；MATLAB 语言的绘图基础；基于 GUI 设计工具 GUIDE 的 MATLAB GUI 程序设计；MATLAB 仿真集成环境——Simulink；MATLAB/Simulink 与开源电子设计平台 Arduino 的交互控制。为控制篇幅，去掉了原第 2 版中的"MATLAB 的混合编程初步"一章，但仍会将该章节的内容以二维码扫描下载的形式给出，以供学习参考。

下篇主要内容有：自动控制及其仿真概述；基于 MATLAB 的控制系统数学建模；控制系统的稳定性分析；控制系统的时域分析；控制系统的根轨迹分析与校正；控制系统的频域分析与校正；控制系统的 PID 控制器设计；非线性控制系统分析。各章的原理要点起提纲作用，也供回顾之用；同时对所使用的 MATLAB 函数给出简明用法说明。最后一章以两个课程设计综合实例演示了实践教学中 MATLAB 的系统仿真应用。

本书仍保持原有特点，即适当扩展介绍 MATLAB、以丰富的实例突出实践、紧密联系实际突出应用。值得说明的是，根据作者近几年创客教育的实践认知，专门介绍了 MATLAB/Simulink 与 Arduino 的交互控制，希望有助于提升学习者的实践与创新能力。

作者感谢为本书写作与出版提供了帮助的所有人。本次改版，还要感谢东北大学薛定宇教授的鼓励，再次感谢北京航空航天大学出版社的陈守平编辑，感谢妻子马泓波博士、儿子赵沛然的全力支持。同时，感谢学生王超、马霏、尚秋燕、王平、马宇娟、穆童杰、白嘉庆、耿锐、吴茜、王怡芮、贾凯婷、丁庭斌、赵亚峰、师丽娜、王博伟、王垚垚、蔡媛媛、刘海燕等在验证程序、校对文字方面所做的工作。本书有幸获 2013 年第三届中国大学出版社图书奖优秀教材奖二等奖、2016 年陕西省普通高等学校优秀教材二等奖，作者也感谢所有读者的厚爱！

本书配有电子课件、实验教材电子版、综合试题集，仅供订购教材的教师使用，索取邮箱 goodtextbook@126.com，联系电话 010-82317036。本书为读者免费提供程序源代码，以二维码的形式印在扉页及前言后，请扫描二维码下载。读者也可通过网址 http://pan.baidu.com/s/1i4F3729 从"百度云"下载该源代码。

本书在 MATLAB 中文论坛设有专门的在线交流版块，相关链接如下：

"读者-作者"交流版块：http://www.ilovematlab.cn/forum-156-1.html

勘误地址：http://www.ilovematlab.cn/thread-144915-1-1.html

源程序下载地址：http://www.ilovematlab.cn/thread-481362-1-1.html

视频下载地址：http://www.ilovematlab.cn/thread-104230-1-1.html

书码验证地址：http://www.ilovematlab.cn/book.php

由于作者水平有限，不足之处，还请批评指正。

作者

2016 年 8 月 28 日

若您对此书内容有任何疑问，可以凭在线交流卡登录MATLAB中文论坛与作者交流。

2

原第 2 版"MATLAB 的混合编程初步"
一章文档下载

本书程序源代码下载

程序源代码下载说明

二维码使用提示：手机安装有"百度云"App 的用户可以扫描并保存到云盘中；未安装"百度云"App 的用户建议使用 QQ 浏览器直接下载文件；ios 系统的手机在扫描前需要打开 QQ 浏览器，单击"设置"，将"浏览器 UA 标识"一栏更改为 Android；Android 等其他系统手机可直接扫描、下载。

配套资料下载或与本书相关的其他问题，请咨询理工图书分社，电话：(010)82317036，(010)82317037。

目　　录

上篇　MATLAB / Simulink 基础

下篇 控制系统的 MATLAB 仿真

若您对此书内容有任何疑问，可以凭在线交流卡登录MATLAB中文论坛与作者交流。

若您对此书内容有任何疑问，可以凭在线交流卡登录MATLAB中文论坛与作者交流。

5

6

上 篇

MATLAB / Simulink 基础

第 1 章

MATLAB 环境认识与操作

本章首先认识 MATLAB 环境,同时对所涉及的操作(如寻求帮助、编辑/调试等)进行介绍。此外,还对 Notebook 工具的使用进行了详细介绍。

1.1 MATLAB 环境认识

以 R2015b 版本为例,按照软件说明安装好 MATLAB 后,其启动的初始界面如图 1.1 所示。

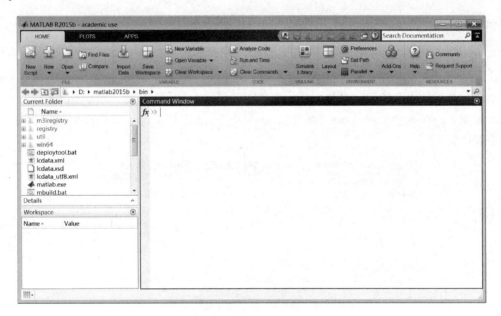

图 1.1 系统初始界面

默认界面有 Command Window(命令窗口)、Workspace(工作空间)、Current Folder(当前文件夹)等子窗口。而在界面的上部则有 HOME、PLOTS、APPS 3 个选项卡。展开的 HOME 有 FILE、VARIABLE、CODE、SIMULINK、ENVIRONMENT、RESOURCES 等分项,在这些分项下可分别进行有关文件、变量、代码、SIMULINK 图形化编程环境、软件环境设置、资源等的操作。

退出系统有以下不同的方式:

① 单击窗口右上角的 ✖;

② 单击窗口左上角的 ◢;

③ 在命令窗口输入 quit 或 exit 命令并运行。

如需在退出时有确认提示,一种简便的方式是:选择 HOME｜ENVIRONMENT｜Preferences｜MATLAB｜General｜Confirmation Dialogs,选中 Confirm before exiting MATLAB 即可。在以后每次退出时,都会有如图1.2所示的提示。这样可以防止误操作。

下面通过示例简要介绍各窗口操作。

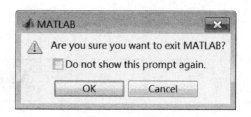

图 1.2　退出提示对话框

1.1.1　命令窗口

在命令提示符 >> 后输入合法命令并按 Enter 键,MATLAB 即会自动执行所输入命令并给出执行结果。命令窗口提供了输入命令及输出结果的场所。

【例 1-1】　计算一个半径为 3.2 的圆面积。

```
>> area = pi*3.2^2        % 将运算结果赋值给变量 area


area =
  32.1699
```

输入过程是在命令提示符 >> 后输入 area＝pi * 3.2^2(这里的 pi 是系统预定义好的,在第 2 章还会专门给出系统预定义符),系统即给出运算结果 area ＝ 32.169 9。请注意,在工作空间区出现了一个新的变量 area(见图 1.3)。事实上,这正是系统运算后产生的结果在内存中的存储情况。

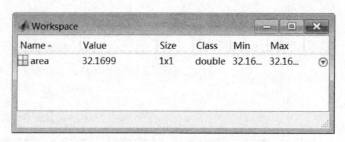

图 1.3　例 1-1 在工作空间的结果

这里有两个问题:如果命令很长,怎么输入更直观些? 如果不止一个命令,而是要求执行多个命令,怎么输入? 这两个问题均可以在命令窗口下得到解决。

对于较长的命令,可以使用连接符...将断开的命令连起来。

【例 1-2】　求 1＋1/2＋1/3＋1/4＋1/5＋1/6＋1/7＋1/8 的和。

```
>> s = 1+1/2+1/3+1/4...
+1/5+1/6+1/7+1/8


s =   2.7179
```

在使用连接符...时需特别注意的是,对于单引号内的字符串必须在一行完全引起来,否

则报错；此外，在同一行内连接符...后的字符不再被识别。这几种情况均体现在例 1-3 中。

【例 1-3】　输入一个字符串。

```
>> a = ['MATLAB is The Language'...
' of Technical Computing']                     %正确的输入

a =
MATLAB is The Language of Technical Computing

>> a = ['MATLAB is The Language...              %错误输入，一行内的字符串需要用单引号引起来
  of Technical Computing']
 a = ['MATLAB is The Language...
     ↑
Error: String is not terminated properly.
Error: A MATLAB string constant is not terminated properly.

>> a = ['MATLAB is The Language of'...'Technical Computing'     %一行内连接符...后的字符串不再
' technical computing']                                          %被识别，而继续执行下面的语句

a =
MATLAB is The Language of technical computing
```

对于一次输入多个命令语句的情况，可以使用组合键 Shift+Enter 将多个命令语句连成一个语句段，MATLAB 会一起执行这些命令。

【例 1-4】　分别求 $1+1/2+1/3+1/4, 1/5+1/6+1/7+1/8$ 的和。

```
>> s = 1 + 1/2 + 1/3 + 1/4      %这里使用组合键 Shift + Enter 将命令语句连成一个语句段
s1 = 1/5 + 1/6 + 1/7 + 1/8

s =
2.0833
s1 =
0.6345
```

可见，MATLAB 同时执行了这两条语句，给出了各自的运算结果。

不过，对于多行语句的情况，最好使用 M 脚本文件或函数保存再运行。有关 M 脚本文件或函数的内容将在第 4 章讲解。

在命令窗口还有以下值得注意的一些操作可供参考：

① 调用并执行之前输入过的语句。使用 ↑ 和 ↓ 按键选定语句并按 Enter 键执行。如欲快速定位到所需语句，可在命令窗口中输入其首字母，然后再使用 ↑ 和 ↓。此时可直接选定命令窗口中已存在的语句，之后单击右键弹出菜单，选择 Evaluate Selection 项，即可全部运行。

② 执行语句的一部分。可选定一行中多条语句中的部分，按 Enter 键来运行。

③ 查找函数并执行。选择命令提示符 >> 前的 fx，在列出的函数中选择要执行的函数即

可。当选中函数后，右侧会弹出相应的帮助，使用非常方便。图 1.4 所示为选定了 eye 函数后，系统随即给出其详细的用法列表，可结合需要按照这些用法提示进行操作。

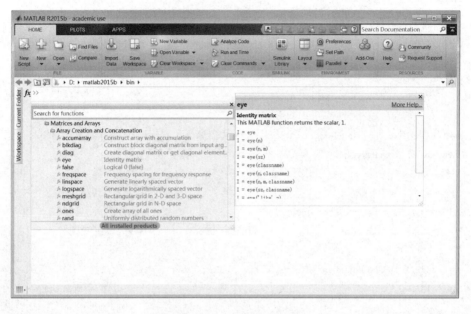

图 1.4 查找函数的提示窗口

④ 中止执行命令。可使用组合键 Ctrl＋C 或 Ctrl＋Break 中止正在执行的命令。

⑤ 自动补完输入命令。在命令窗口输入命令的前几个字母，按 Tab 键后，即弹出所有以这几个字母开头的命令。可通过 ↑ 或 ↓ 键选择，并再次使用 Tab 键完成输入。默认情况下，系统在用户输入函数但还未输入参数时，也会给出参数提示列表。

1.1.2 命令历史记录(Command History)窗口

默认窗口中命令历史窗口是关闭的。可以通过如下方式打开：选择 HOME｜ENVIRONMENT｜Layout｜Show，单击 Command History 并选择 Docked 或者 Popup。

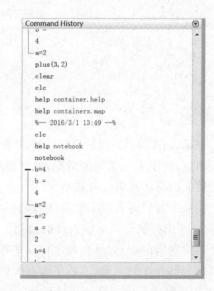

如图 1.5 所示，命令历史记录窗口显示最近命令窗口运行过的函数日志，并可以按照命令使用时间聚合。左侧括号用于标识其内包含的几个命令是作为一组同时执行的，而命令之前的颜色标记则表明这条命令在运行时曾报错。

默认情况下，命令历史窗口可保存 25000 条历史命令。

对命令历史记录窗口的命令条目，可执行如下操作：

(1) 使用命令记录创建脚本文件

选定一条或多条历史命令，单击右键后在菜单

图 1.5 命令历史记录窗口

中选择 Create Script,此时脚本编辑器(Editor)将自动打开一个新建脚本文件,而选定的历史命令即包含在该文件中。

（2）重复运行以前的命令记录

双击窗口中的历史命令,或选中历史命令并按 Enter 键,都可完成执行历史命令的任务。如欲选择多条命令,可以使用 Shift＋↑组合键。

（3）复制命令记录到其他窗口

选定命令,单击右键,在菜单中选择 Copy,在编辑器或其他应用程序(如 Word)已打开的文件中粘贴即可。也可以直接将命令从命令历史窗口拖放到其他文件中。

（4）创建命令快捷键

选定命令,单击右键,在菜单中选择 Create Shortcut。也可以直接将选定的命令拖移到工具条上,系统将自动打开创建命令快捷键窗口,如图 1.6 所示。选定的命令出现在 Callback 字段中。

图 1.6　创建命令快捷键窗口

默认窗口中,快捷选项卡是关闭的。用户可以通过选择 Layout｜SHOW｜Shortcuts Tab 打开快捷选项卡(SHORTCUTS)。之前创建的快捷键即列其中。

（5）删除命令记录

选择待删除的命令,使用 Delete 键;或者单击右键,在菜单中选择 Delete 项,如欲删除全部记录,也可在右键菜单中选择 Clear Command History。删除命令不可恢复。

1.1.3　工作空间(Workspace)窗口

在工作空间窗口中,用户可以对所选定的变量进行观察、修改,或使用变量进行图形绘制。

1. 工作空间窗口的打开

系统默认窗口中工作空间是打开的。如果工作空间为关闭状态,可通过以下方式重新打开:选择 Layout｜SHOW｜Workspace;或在命令窗口中输入 workspace。

2. 工作空间中变量的编辑与查看

工作空间中变量的编辑与查看可以采用命令交互方式,也可采用图形化的方式。

（1）命令方式:用 who 或 whos 命令

使用命令 who 列出所有变量名;使用命令 whos 将列出包含了变量大小和类型等的详细

若您对此书内容有任何疑问,可以凭在线交流卡登录MATLAB中文论坛与作者交流。

变量信息。

【**例 1 - 5**】 用 who 和 whos 命令查看当前工作空间。

```
>> who

Your variables are:

a    area  s

>> whos
  Name        Size              Bytes  Class      Attributes

  a           1x45                 90  char
  area        1x1                   8  double
  s           1x1                   8  double
```

在以上操作的基础上,也可在命令窗口输入已有的变量名直接查看。如查看 area 的值,可做如下操作:

```
>> area

area =
   32.1699
```

(2) 图形化方式:在变量编辑器中打开变量

在命令窗口使用函数 openvar(),如 openvar('b'),或在工作空间窗口中双击变量,则会打开变量编辑器。此时,在系统窗口中出现 HOME|VARIABLE,其中提供了多个操作项可供对变量编辑使用,如修改变量的元素值、其改变维数等。

3. 工作空间变量的清除

清除工作空间的变量有如下几种情况:

(1) 清除工作空间的全部变量

有两种方式:

① 在 HOME 标签下的 VARIABLE 分项中,选择 Clear Workspace。

② 在命令窗口中使用 clear 命令。

(2) 清除工作空间的指定变量

有两种方式:

① 在工作空间窗口中选择待清除的变量,单击右键,选择菜单中的 Delete 项。

② 在命令窗口中使用 clear 命令,如 clear a,b;也可使用反选清除命令 clearvars -except a,表示只保留变量 a,其他变量全部清除掉。

4. 工作空间变量的统计分析

工作空间窗口还提供了变量的简单统计功能。单击工作空间窗口标题栏 ⊙ ,选择菜单中的 Choose Columns，可以选择相应的统计任务，如 min、max 和 mean 等。因这些统计要实时计算，如果统计项目太多、变量元素或维数太多，会影响到软件的运算速度。因此，可只保留自己感兴趣的统计项，或在配置文件中设定对大变量不进行统计。

5．工作空间变量的保存和加载

在 3.1.3 节中将有这方面的详细介绍。此处略。

1.1.4　MATLAB 的帮助使用

MATLAB 函数都有详尽的示例及函数输入输出参数、调用语法的文档支持。以下是几种不同的打开帮助文档的方法。

（1）打开函数的参考页面

在命令窗口输入 doc＋函数名可以调用帮助文档；也可在编辑器窗口、命令窗口选择输入的函数名，并单击右键，在弹出菜单中选择 Help on Selection 打开函数的帮助文档。

（2）打开函数语法提示

在命令窗口中输入命令，并在输入"（"后暂停一下，就会显示出该函数的详细用法；也可使用 Ctrl＋F1 组合键。

（3）打开命令窗口的简要帮助文档

使用 help＋函数名的形式可打开函数的简要帮助文档。

（4）在命令窗口浏览函数

单击命令提示符左边的函数图标 fx >>，函数目录列表会被打开，可在 MATLAB、Simulink 及各工具箱目录下，查找相应的函数，并进一步查阅其详细帮助文档。

（5）在帮助浏览器中打开详细的帮助文档

单击快捷工具栏或 HOME 选项卡中的 ，或在 Search Documentation 栏中输入要查询的函数名都可以打开详细的帮助文档。

（6）查阅 MATLAB 提供的例程

MATLAB 及其所有的工具箱都包含了相应的例程，这些例程也是很好的帮助资料。若查看 MATLAB 的例程，可以通过任一产品主页面右侧的 Examples 链接，或在左侧产品名的右侧单击 图标，在其下拉菜单中再单击 Examples 链接即可查阅产品的全部例程，如图 1.7 所示。

单击例程下面每一条目右侧的 ，即可在编辑器中打开例程的程序，以供分析或运行。

帮助文档中含有不少的内嵌例程（Inline Examples），可以选中例程，并右键单击选择 Evaluate Selection 直接运行例程。

（7）帮助文档的收藏

单击图 1.7 中的 ，可通过 Add to Favorites 选项收藏感兴趣的帮助页面。

【例 1-6】　演示 help 命令的使用；查询矩阵求逆的函数帮助文件。

① help 命令的使用演示，程序如下：

直接使用 help 命令：

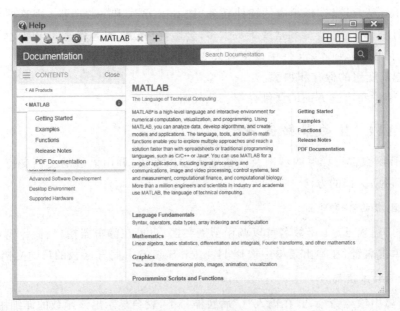

图 1.7　MATLAB 的帮助文档窗口

```
>> help                        % 列出所有帮助主题
HELP topics：

supportpackages\arduinotarget   — (No table of contents file)
arduinotarget\registry          — (No table of contents file)
arduinobase\blocks              — (No table of contents file)
supportpackages\arduinoio       — (No table of contents file)
arduinoio\arduinoioexamples     — (No table of contents file)
matlabhdlcoder\matlabhdlcoder   — (No table of contents file)
matlabxl\matlabxl               — (No table of contents file)
matlab\demos                    — Examples.
matlab\graph2d                  — Two dimensional graphs.
……
```

help＋函数名的方式：

```
>> help sum                     % 列出具体函数的简要帮助文档
sum Sum of elements.
    S = sum(X) is the sum of the elements of the vector X. If X is a matrix,
    S is a row vector with the sum over each column. For N－D arrays,
    sum(X) operates along the first non－singleton dimension.


S = sum(X.DIM) sums along the dimension DIM.
……
```

help＋path 的方式：

```
>> help matlab\general                    % 查看 MATLAB 的某一类函数信息
General purpose commands.
MATLAB Version 8.6 (R2015b) 13 - Aug - 2015


General information.
   syntax          - Help on MATLAB command syntax.
   demo            - Run demonstrations.
   ver             - MATLAB, Simulink and toolbox version information.
   version         - MATLAB version information.
   verLessThan     - Compare version of toolbox to specified version string.
   logo            - Plot the L - shaped membrane logo with MATLAB lighting.
   membrane        - Generates the MATLAB logo.
   bench           - MATLAB Benchmark.


Managing the workspace.
   who             - List current variables.
   whos            - List current variables, long form.
   clear           - Clear variables and functions from memory.
```

② 查询矩阵求逆的函数帮助文件。

```
>> help inverse
inverse not found.
```

从结果看，inverse 并不是矩阵求逆的函数。尝试如下：

```
>> lookfor inverse
......

invhilb                     - Inverse Hilbert matrix.
ipermute                    - Inverse permute array dimensions.
inv                         - Matrix inverse.
pinv                        - Pseudoinverse.
betaincinv                  - Inverse incomplete beta function.
......
```

从中可发现完成矩阵求逆的函数 inv，之后可用 help 命令进行精确查询。

```
>> help inv
 inv     Matrix inverse.
    inv(X) is the inverse of the square matrix X.
......
```

11

help 命令可用于查询具体确定的函数帮助文档。与 help 命令不同，lookfor 命令则是就帮助文档中的 H1 行，即帮助文档的第一行进行关键字查询。从中可以看出，lookfor 命令查询结果可能不够精确，但当不能确定函数名时，却大有用处。

1.1.5 图形窗口

图形窗口是 MATLAB 用来直接输出图形的窗口。有关图形窗口的操作在第 5 章将有详细举例。这里先给出一个例子,以便对图形窗口有个感性认识。

【例 1-7】 以下程序段用于绘制指定时间范围的正弦函数曲线。将这段程序生成 M 文件,并在命令窗口中执行该文件,看结果是否与图 1.8 相同。

```
t = 0:pi/100:2 * pi;        %给定仿真时间及其步距
y = sin(t);                 %指定函数
plot(t,y)                   %绘制函数曲线
```

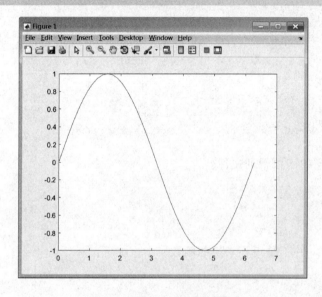

图 1.8　例 1-7 运行结果图

在新版本的软件中,提供了如图 1.9 所示的 PLOT 选项卡,以方便绘制图形。

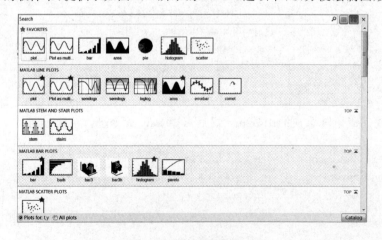

图 1.9　PLOT 选项窗口

首先,在工作空间中选定用来绘制图形的变量。以例 1-7 生成的变量来说,可选定 t 和 y。然后,这两个变量将出现在 PLOT 选项卡下。可以选定此选项卡所提供的不同形式的绘制

图标,得到相应的图形。以 stairs 形式的图为例,单击该图标,将得到如图 1.10 所示的图形窗口。

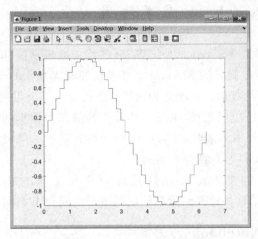

图 1.10　stairs 形式的绘制结果

1.1.6　编辑/调试窗口

M 文件可以在任何文本编辑器中编辑,但无法实时调试。MATLAB 内置的 Editor/Debugger(编辑/调试)窗口具有一定的编辑和调试功能。

(1) 打开编辑/调试窗口

在命令窗口下使用 edit 命令打开 Editor/Debugger,在其中即可新建一个 M 文件。也可选 HOME|FILE 下的 New 创建,或选择 Open 来打开已有文件并进行编辑。当打开 Editor/Debugger 后,会出现 EDITOR 选项卡。其下有多个编辑分项,方便编辑。

(2) 在编辑/调试窗口下调试程序

进行一定规模的程序设计,总不可能一次成功,一般都需要进行不断的调试。一般来说,错误类型可归为 3 种。表 1.1 列出这 3 种错误类型及其调试方法。

表 1.1　程序错误类型及调试方法

错误类型	调试方法
语法错误:MATLAB 函数名的拼写错误	MATLAB 编译器可检测出大部分语法错误,并可根据检测结果(如错误信息和语句行号)进行调试
运行时错误:任何产生 NaN 或 Inf 的运算,结果错误	一般较难跟踪。尝试以下方法: ① 去掉命令的分号或加输出语句,显示中间运行结果。 ② 使用 MATLAB 的 Editor/Debugger 调试功能。这时可从基本工作空间切换观察函数工作空间变量;通过设置断点进行观察。 ③ 将函数修改为脚本文件运行。注释掉函数定义行,这时其中间结果可在基本工作空间观察到。 ④ 在 M 文件中加入 keyboard 命令暂停程序执行。待检查或修改工作空间变量的值后在命令窗口中键入 return,再按 Enter 键运行程序。 此外,回顾常见错误并做些修正也非常重要: ① 添加括号,明确运算级别。 ② 确定已经初始化了的所有变量。 ③ 分解较长的语句段,以便查错
逻辑错误:程序可正常编译运行,但结果错误	

1.2　MATLAB Notebook 及其使用

　　MATLAB Notebook 集成了 Microsoft Word 的优秀编辑功能和 MATLAB 的强大计算功能。MATLAB Notebook 制作的 M-book 文档不仅拥有 Word 的全部文字处理功能,而且具备 MATLAB 无与伦比的数学解算能力和灵活自如的计算结果可视化能力。它既可以被看作解决各种计算问题的科技应用软件,也可以被看作具备完善编辑功能的文字处理软件。在 Notebook 中,在编辑汉字文本的同时,还可以随时计算并显示结果或绘制图形。这对于撰写科技报告、论文或演算理工科习题都极具实用价值。

　　MATLAB Notebook 的基本工作原理是将用户在文档中输入的命令送到后台的 MATLAB 中运行,MATLAB 将计算结果和绘制的图形送回到 Word,并插入到文档中。

1.2.1　MATLAB Notebook 的启动

　　可以在 Word 中启动 MATLAB Notebook,也可以在 MATLAB 中启动 MATLAB Notebook。

　　(1) 从 MATLAB 中启动 Notebook

　　在 MATLAB 中有一条指令可以启动 Notebook。该指令启动 Notebook 的格式如下:

```
notebook                  % 打开一个新的 M-book 文档
notebook PathFileName     % 打开已存在的 M-book 文件
```

　　(2) 从 Word 中启动 M-book

　　1) 在 Word 默认窗口下创建 M-book。从 Word 窗口的【文件】下拉菜单中选择【新建】命令;在弹出的对话框中,单击选择"M-book"模板;于是,Word 的窗口形状由原来的默认样式变成 M-book 样式;假如此前 MATLAB 尚未启动,则 MATLAB 会自动被启动,用户可看到 MATLAB 的启动图标;MATLAB 启动自动结束后,便进入新的 M-book 文档。

　　2) 在 Word 默认窗口下打开已有的 M-book 文件。在 Word 默认的窗口下打开已有的 M-book 文件的方法与打开一般 Word 文件一样。最常用的方法是从【文件】下拉菜单中选择【打开】命令,然后从弹出的对话框中选择所需要编辑的 M-book 文件,按照一般的 Word 操作即可。

　　(3) Notebook 成功启动的直观标志

　　无论采用哪种方法都可以启动 Notebook,其启动成功的直观标志是:在工具栏中多了一个【加载项】菜单栏,如图 1.11 所示。可在其下拉菜单中选择新建文件,也可使用 Notebook 下拉菜单中的若干选项。

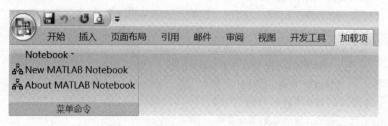

图 1.11　Notebook 成功启动的界面

1.2.2　Notebook 的菜单命令

当 Notebook 成功启动后,查看其下拉菜单,有如下选项。

Define Input Cell:定义输入单元。

Define AutoInit Cell:定义自动初始化单元。

Define Calc Zone:定义计算区。

Undefine Cells:将单元转换成文本。

Purge Selected Output Cells:从所选篇幅中删除所有输出单元。

Group Cells:生成单元组。

Ungroup Cells:将单元组转换为输入单元。

Hide（Show）Cell Markers:隐藏或显示生成单元的中括号。

Toggle Graph Output for Cell:是否输出生成的图形。

Evaluate Cell:运行单元。

Evaluate Calc Zone:运行计算区。

Evaluate MATLAB Notebook:运行整个 M - book 中的所有单元。

Evaluate Loop:循环运行输入单元。

Bring MATLAB to Front:调 MATLAB 命令窗口到前台。

Notebook Options:设置数值和图形的输入格式。

以下通过一个例子演示其使用。对这些选项的认识,有助于正确灵活地运用 Notebook。

【例 1 - 8】　使用 Notebook 建立如下程序,并产生相应图形。

启动 MATLAB Notebook,输入如下程序:

```
t = 0:0.1:10;                    % 给定时间向量 t
y = 1 - cos(t). * exp( - t);     % 指定函数 y
tt = [0,10,10,0];                % 给定时间向量 tt
yy = [0.95,0.95,1.05,1.05];      % 指定函数 yy
fill(tt,yy,'g')                  % 多边形填充函数
hold on                          % 保持图形
plot(t,y,'b');                   % 绘制曲线 y
```

将程序全部选中,并在 Notebook 下拉菜单中选择 Define Input Cell,继续选择 Evaluate Cells,即得到如图 1.12 所示的结果。

1.2.3　输出单元的格式控制

输出单元容纳 MATLAB 的各种输出结果:数据、图形及错误信息。输出数据的有效数字、图形的大小都可以借助如图 1.13 所示的对话框加以控制。

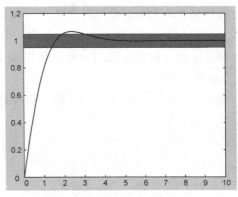

图 1.12　例 1 - 8 的运行结果

- Format：通过该下拉列表可以设置 Short、Long、Short e、Long e、Short g、Long g、Short eng、Long eng、Hex、Bank、Plus 和 Rational 12 种输出数据方式。

- Loose 和 Compact：这两个单选按钮用来控制输入与输出单元之间的空白区域。

- Embed figures in MATLAB：该复选框处于选中状态，输出图形才可能嵌入在 M-book 文档中。

- Units、Width、Height：用户可对这 3 栏进行设置，决定嵌入图形框的大小。

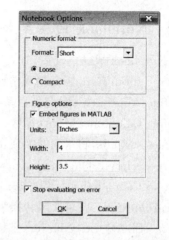

图 1.13　输出单元的格式控制对话框

1.2.4　使用 M-book 模板的技巧

1）文档中的文本及 MATLAB 指令必须在英文状态下输入；指令中的标点符号也必须在英文状态下输入。

2）不管一条指令多长，只要不用"硬回车"换行，总可以被鼠标全部"点亮"并按组合键 Ctrl＋Enter 后正确运行。带鼠标操作的交互指令（如 ginput，gtext 等）不能在 M-book 模板中运行。

3）MATLAB 指令在 M-book 中的运行速度比在指令窗口中慢得多。因此，符号计算指令、编译指令等在 M-book 中运行时，有可能发生"运行时间过长"或"出错"的警告。遇到这种情况，用户最好还是让那些指令在命令窗口中直接运行。

4）Notebook Options 对话框中 Embed figures in MATLAB 复选框处于"不选"状态时，大多数动画指令可引出正确的活动画面。

本　章　小　结

1）熟悉各操作窗口有助于熟练使用 MATLAB。本章对 MATLAB 主要窗口及相关功能做了介绍并给出了示例，特别对命令输入、命令历史记录的操作及工作空间的操作进行了详细阐述。

2）帮助的正确与高效使用非常重要。本章对帮助窗口所涉及的不同寻求帮助方法进行了详述。

3）程序的调试在程序编写过程中占有很大比例。本章对 Editor/Debugger 窗口所涉及的调试方法进行了详述。

4）MATLAB Notebook 是一个强大而友好的工具。本章介绍了其使用方法，并给出了示例和若干使用技巧。

第 2 章

MATLAB 语言基础

本章主要介绍 MATLAB 语言的常量与变量及其使用、MATLAB 语言的运算符、MAT-LAB 语言的数据类型与基本语句结构。与读者所熟悉的其他计算机语言一样，这些内容是最基础的，也是需要熟练掌握的。

2.1 MATLAB 语言的常量与变量

2.1.1 MATLAB 语言的常量

MATLAB 允许使用各种特殊变量和常量。实际编程时，这些特殊变量和常量可以直接使用。表 2.1 列出了部分特殊变量和常量。更详细的特殊变量、常量及特定函数在 matlab/elmat 目录下，并提供有详尽的帮助文档。用户可以通过 help matlab/elmat 来查看详细列表，并进一步查询具体帮助信息。需要特别注意的是，特殊变量和常量如果经重新赋值，则其预定义值将被临时覆盖，变为用户定义的值。所以一般尽量避免使用这些特殊变量和常量。如果使用了，可以在命令窗口中输入 clear 命令消除用户自定义的变量值。

表 2.1 MATLAB 的部分特殊变量和常量

特殊变量和常量	说　明
ans	如果没指定输出到一个变量，系统自动创建 ans，存储输出结果
eps	计算机的浮点运算误差限，即相对精度
pi	π，3.14159265358979…，返回圆周率的近似值
i, j	基础的虚数单元
inf	返回 IEEE 算法的正无穷大量，如 n/0 即产生 inf（其中 n 为实数）
NaN	Not-a-Number，返回 IEEE 算法的非数值，如 0/0 或 inf/inf，关于 NaN 的算术运算等
computer	识别 MATLAB 运行的计算机类型
version	MATLAB 版本
intmax	所用计算机能表示的最大整数
intmin	所用计算机能表示的最小整数
realmax	所用计算机能表示的最大正浮点数
realmin	所用计算机能表示的最小正浮点数

【例 2-1】 MATLAB 常量的使用。

```
>> x = 2 * pi              % 计算 2π 的值
x =
  6.2832


>> A = [3 + 2i 7 - 8i]      % 复数的赋值
A =
  3.0000 + 2.0000i   7.0000 - 8.0000i


>> b = 3 * eps             % 计算机的浮点运算误差限运算
b =
  6.6613e - 016


>> intmax('uint64')        % 计算机能表示的 64 位无符号整型最大值,系统自动创建 ans 存储输出结果
ans =
    18446744073709551615
```

2.1.2 MATLAB 语言的变量

MATLAB 变量不需声明和指定类型即可使用。变量名由一个英文字母引导,后可接英文字母、数字和下画线 3 种字符。最长不超过 n 个字符(n 可由 namelengthmax 查看,作者使用的计算机 namelengthmax 值是 63)。若超过,则只前 n 个字符有效。需要注意的是,MATLAB 变量名区分大小写(case sensitive)。依此,A 和 a 就应该是两个不同的变量名。

【例 2-2】 MATLAB 变量的赋值与使用。

```
>> c = (1 + sqrt(5))/2      % 将计算结果赋给变量 c
c =
  1.6180


>> a = abs(3 + 4i)          % 将计算结果赋给变量 a
a =
  5


>> h = exp(log(realmax))    % 将计算结果赋值给变量 h
h =
 1.7977e + 308


>> toobig = pi * h          % 使用变量 h 和常量 π 进行运算,结果赋给变量 toobig
toobig =
Inf
```

18

2.2　MATLAB 语言的运算符

类似于其他语言,如 C 语言,MATLAB 也有不同运算符。本节以表格形式分类列出这些运算符,其具体使用在第 3 章介绍。

2.2.1　算术运算符

算术运算符用来处理两个运算元之间的数学运算。算术运算符及其意义见表 2.2。

表 2.2　算术运算符及其意义

运算符	意　义	运算符	意　义
+	矩阵/数组相加	'	矩阵转置。对复数矩阵,A' 是共轭转置
—	矩阵/数组相减	.'	数组转置。对复数矩阵,A.' 不是共轭转置
*	矩阵乘	.*	数组乘
^	矩阵幂	.^	数组乘方
\	矩阵左除	.\	数组左除
/	矩阵右除	./	数组右除

表 2.2 中的点运算是针对同阶数组中逐个元素进行的算术运算。但由于矩阵和数组的加减操作一致,所以数组的加减运算符与矩阵加减运算符相同,而不必使用点运算。

2.2.2　关系运算符

关系运算符用来比较两个运算元之间的关系。关系运算符及其意义见表 2.3。

表 2.3　关系运算符及其意义

运算符	意　义	运算符	意　义
<	小于	<=	小于或等于
>	大于	>=	大于或等于
==	相等	~=	不相等

2.2.3　逻辑运算符

逻辑运算符及相关函数用来处理运算元之间的逻辑关系。逻辑运算符及其意义见表 2.4。还有一些相关的逻辑函数,如 xor,all,any 等,与逻辑运算符一样使用起来均十分方便。

表 2.4　逻辑运算符及其意义

运算符	意　义	运算符	意　义
&	与	|	或
~	非		

若您对此书内容有任何疑问,可以凭在线交流卡登录 MATLAB 中文论坛与作者交流。

2.3 MATLAB 语言的数据类型

2.3.1 MATLAB 语言的数据类型概述

表 2.5 列出了 MATLAB 语言的数据类型。这些数据类型都是数组格式的。为保证较高的计算精度,MATLAB 中最常用的数据类型是 double 双精度浮点型和 char 字符类型。此外,MATLAB 提供的符号运算符还支持符号变量的使用,符号数据类型在符号运算中有重要的意义。

int8,uint8,int16,uint16,int32,uint32,int64,uint64 主要用于高效内存存储,仅能进行一些基本的操作,不能进行任何数学运算。因此,在进行数学运算之前,必须通过 MATLAB 的转换函数将其转换成 double 型。

用户可以通过 str = class(object) 获取到数据的类型。

表 2.5   MATLAB 语言的数据类型

数据类型	说　　明
char	Character array,字符串型
int8	8-bit signed integer array,8 位有符号整型
uint8	8-bit unsigned integer array,8 位无符号整型
int16	16-bit signed integer array,16 位有符号整型
uint16	16-bit unsigned integer array,16 位无符号整型
int32	32-bit signed integer array,32 位有符号整型
uint32	32-bit unsigned integer array,32 位无符号整型
int64	64-bit signed integer array,64 位有符号整型
uint64	64-bit unsigned integer array,64 位无符号整型
single	Single-precision floating-point number array,单精度浮点型
double	Double-precision floating-point number array,双精度浮点型
cell	Cell array,单元数组
struct	Structure array,结构体数组
function handle	Array of values for calling functions indirectly,间接调用函数的值
'class_name'	Custom MATLAB object class or Java class,自定义 MATLAB 对象或 Java 类型

▶▶▶ 思考与练习

生成一个变量,并通过 str = class(object) 的方式获取这个变量的类型。

以下介绍 MATLAB 的复杂数据类型。

2.3.2 稀疏矩阵

1. 稀疏矩阵的概念

实际应用中,往往要用到一些特殊的矩阵。这些矩阵中大部分元素为 0。稀疏矩阵

(sparse matrix)即是精简一般含有零元素较多的矩阵,仅存储非零元素。

【例 2-3】　产生一个稀疏矩阵并比较其与原矩阵的大小。

```
>> A = eye(100);          % 生成 100×100 单元矩阵,不显示结果
>> B = sparse(A)          % 将 A 转换成稀疏矩阵表示

B =
  (1,1)      1
  (2,2)      1
  ......
  (99,99)    1
  (100,100)  1
>> whos                   % 查看各自属性
Name      Size       Bytes Class     Attributes


A        100x100     80000 double
B        100x100      2408 double     sparse
```

由例 2-3 可以看出,稀疏矩阵每个非零元素包括了 3 项:行、列位置信息(各以 8 字节表示)及元素自身值(8 字节表示),还有 8 字节是其他信息。例 2-3 所示稀疏矩阵共 100 个非零元素,所以共 2 408 字节。即使如此,对大规模的稀疏矩阵仍是十分节省空间的。可以想见,规模越大,零元素越多的稀疏矩阵,这种优势越明显。

2. 稀疏矩阵的创建

可以使用函数方式生成稀疏矩阵。表 2.6 是一些产生稀疏矩阵的函数及其说明。

表 2.6　稀疏矩阵函数及其说明

函　数	说　明
sparse(A)	将全元素矩阵 **A** 转换成稀疏矩阵
S=sparse(i,j,s,m,n)	m,n 为最终产生的稀疏矩阵 S 的行、列数,i,j,s 为等维的相量
spdiags( )	由对角元素产生稀疏矩阵
spconvert( )	将外部数据文件转换为稀疏矩阵
sprand( )	生成元素服从均匀分布的稀疏矩阵
sprandn( )	生成元素服从正态分布的稀疏矩阵
S = speye(m,n)	单位矩阵的稀疏矩阵表示

以上函数的详细用法可查阅 MATLAB 关于稀疏矩阵的帮助文档。以下给出其使用示例。

【例 2-4】　将已知矩阵 $\begin{bmatrix} 3 & 4 & 0 \\ 0 & 0 & 0 \\ 0 & 0 & 0 \\ 0 & 0 & 2 \end{bmatrix}$ 转换成稀疏矩阵;直接产生该矩阵的稀疏矩阵表示。

```
>> a = [3 4 0;0 0 0;0 0 0;0 0 2];
>> sa = sparse(a)                      % 通过转换全元素矩阵 a 得到稀疏矩阵 sa

sa =
   (1,1)        3
   (1,2)        4
   (4,3)        2

>> sa1 = sparse([1 1 4],[1 2 3],[3 4 2])   % 直接由函数给出稀疏矩阵 sa1,注意:这里参数中第 1 个
                                            % 向量表示所有元素的行位置,第 2 个向量表示所有
                                            % 元素的列位置,第 3 个向量是所有元素的值

sa1 =
   (1,1)        3
   (1,2)        4
   (4,3)        2
```

可以使用 full( )将稀疏矩阵转换成全元素矩阵。

```
>> full(sa1)                           % 将稀疏矩阵转换为全元素矩阵

ans =
   3   4   0
   0   0   0
   0   0   0
   0   0   2
```

【例 2 - 5】 导入已有数据文档,并将其转换为稀疏矩阵。设已有数据文档 uphill. dat 为:

```
1   1   1.000000000000000
1   2   0.500000000000000
2   2   0.333333333333333
1   3   0.333333333333333
2   3   0.250000000000000
3   3   0.200000000000000
1   4   0.250000000000000
2   4   0.200000000000000
3   4   0.166666666666667
4   4   0.000000000000000
```

代码如下:

```
>> load uphill.dat                     % 装载当前路径下的数据文件
>> H = spconvert(uphill)               % 转换为稀疏矩阵
```

```
H =
   (1,1)      1.0000
   (1,2)      0.5000
   (2,2)      0.3333
   (1,3)      0.3333
   (2,3)      0.2500
   (3,3)      0.2000
   (1,4)      0.2500
   (2,4)      0.2000
   (3,4)      0.1667

>> full(H)

ans =
   1.000 0   0.5000    0.3333    0.2500
        0    0.3333    0.2500    0.2000
        0         0    0.2000    0.1667
        0         0         0         0
```

从结果看,数据文件中的最后一个元素为 0,所以在稀疏矩阵中略去,但在全元素矩阵中仍能表示出来。

3. 稀疏矩阵的操作

MATLAB 提供了查看稀疏矩阵元素的函数及图形化查看函数。

$n = nnz(X)$:返回矩阵的非零元素个数(number of nonzero elements)。

$s = nonzeros(A)$:返回包含所有非零元素组成的列向量。

$n = nzmax(S)$:对于稀疏矩阵,返回非零元素个数;对于全元素矩阵,$nzmax(S) = prod(size(S))$。

$spy(S)$:用图形查看稀疏矩阵的非零元素分布情况。

【例 2-6】　产生一个随机稀疏矩阵,并用图形观察非零元素的分布情况。

```
s1 = sprand(10,10,0.3);        % 生成元素服从均匀分布的稀疏矩阵
s2 = sprandn(10,10,0.3);       % 生成元素服从正态分布的稀疏矩阵
subplot(1,2,1)                 % 子图 1
spy(s1)                        % 绘制稀疏矩阵 s1 的非零元素分布图
subplot(1,2,2)                 % 子图 2
spy(s2)                        % 绘制稀疏矩阵 s2 的非零元素分布图
```

程序运行结果如图 2.1 所示。

需要注意的是,这里所说的分布情况是就非零元素的值而言的;而用 spy 函数绘制的图形中的点表示的是该位置有非零元素。这为定性地观察稀疏矩阵的分布情况及特点提供了方便。

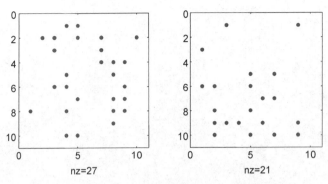

图 2.1　例 2-6 非零元素的分布情况

2.3.3　单元数组

1. 单元数组的概念

单元数组(cell array),也有的译作元胞数组、细胞数组,其基本组成是单元,用来存放不同类型的数据,如矩阵、多维数组、字符串、单元数组及结构数组等。单元数组可以是一维的,也可以是多维的。这一数据类型可在仿真系统模型中经常见到。另外,其在函数的编写中一般也会用到。例如,由不同类型输入参数组成的 varargin 即是单元数组类型。

2. 单元数组的创建

创建单元数组有下列不同方法。

1)直接使用{ }创建。

2)在原有的单元数组基础上不断地扩展,类似于矩阵扩展的操作。

3)直接给单元数组的每个单元赋值。

4)合并不同的单元数组。

【例 2-7】　直接创建一个单元数组。

```
>> A = {[1 4 3; 0 5 8; 7 2 9], 'test string'; 3 + 7i, 1:2:10}

A =

        [3x3 double]    'test string'
    [3.0000 + 7.0000i]    [1x5 double]
```

【例 2-8】　用扩展的方式创建单元数组 A1。

```
>> A1 = {[1 4 3; 0 5 8; 7 2 9]};
>> A1(1,2) = {'test string'};
>> A1(2,1) = {3 + 7i};
>> A1(2,2) = {1:2:10};
>> A1

A1 =

        [3x3 double]    'test string'
    [3.0000 + 7.0000i]    [1x5 double]
```

▶▶▶ **思考与练习**

比较这种赋值方式与矩阵扩展的相似性。

【例 2 - 9】 用直接给每个单元赋值的方式创建单元数组 A2。

```
>> A2{1,1} = [1 4 3; 0 5 8; 7 2 9];
>> A2{1,2} = ['test string'];
>> A2{2,1} = [3 + 7i];
>> A2{2,2} = 1:2:10;
>> A2

A2 =
          [3x3 double]    'test string'
    [3.0000 + 7.0000i]    [1x5 double]
```

▶▶▶ **思考与练习**

比较例 2 - 8 和例 2 - 9 这两种不同方式的区别。

【例 2 - 10】 将单元数组 A1 和 A2 合并成一个单元数组。

```
>> A3 = {A1,A2}

A3 =
{2x2 cell}    {2x2 cell}
```

结果表明,A3 的两个单元分别又是单元数组。

3. 单元数组的操作

MATLAB 提供了单元数组的内容获取命令 celldisp(C) 和图形化的显示方式 cellplot(C)。当然,也可直接读取具体的单元内容,或用类似读取矩阵元素值的方式读出部分单元内容。

【例 2 - 11】 显示单元数组 A1 的内容,读出其中一个单元或几个单元的值。

1) 以命令 celldisp(C)方式显示单元数组 A1 的内容:

```
>> celldisp(A1)

A1{1,1} =
  1  4  3
  0  5  8
  7  2  9

A1{2,1} =
  3.0000 + 7.0000i

A1{1,2} =
 test string

A1{2,2} =
  1  3  5  7  9
```

2) 以图形化的显示方式 cellplot(C)显示单元数组 A1 的内容,如图 2.2 所示。

```
>> cellplot(A1)
```

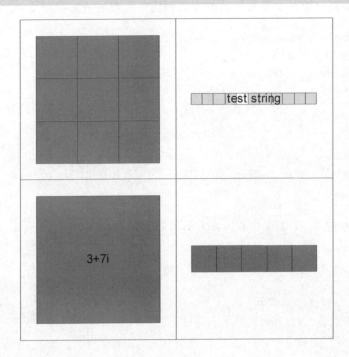

图 2.2 例 2-11 单元数组 A1 的图形化显示

3) 读出单元数组的值:

```
>> A1{1,1}                %读出一个单元的全部值

ans =
   1   4   3
   0   5   8
   7   2   9

>> A1{1,1}(1,2)           %读出一个单元中的一个值

ans =
   4

>> [a b c] = A1{1:3}      %读出部分单元的值

a =
   1   4   3
   0   5   8
   7   2   9
```

```
b =

   3.0000 + 7.0000i


c =

test string
```

2.3.4　结构数组

1. 结构数组的概念

结构数组(structure array)的基本组成单位是结构,每一个结构包含多个域(fields),域中可以存放任何类型、任何大小的数组。

2. 结构数组的创建

结构数组可以直接创建,也可以利用 struct 函数创建。

【例2–12】　创建一个含有不同学生信息(姓名、性别、班级、成绩)的结构数组。

1) 直接创建仅含一个学生记录的结构数组:

```
>> student.name = 'zhao';
>> student.sex = 'male';
>> student.score = [90,78,87];        %给结构数组 student 的元素赋值
>> student                            %显示结构数组信息


student =

   name: 'zhao'
    sex: 'male'
  score: [90 78 87]
```

2) 添加学生信息:

```
>> student(2).name = 'panf';
>> student(2).sex = 'male';
>> student(2).score = [86,88,92];
>> student(3).name = 'tianjy';
>> student                            %显示结构数组信息,注意只显示了域名


student =
1x3 struct array with fields:
  name
  sex
  score
```

若您对此书内容有任何疑问,可以凭在线交流卡登录MATLAB中文论坛与作者交流。

3）通过 struct 函数创建：

```
>> student = struct('name',{'zhao','panf','tianjy'}...
'sex',{'male','male',[]},...
'score',{[90,78,87],[86,88,92],[]})
student =
1x3 struct array with fields:
  name
  sex
  score
```

3. 结构数组的操作

由于结构数组很像数据库中的一个数据表，因此对其操作可以借助数据库的概念来理解，总结为增、删、改和查 4 种操作。

所谓增，即增加一条记录，如例 2-12 在创建学生信息的结构数组中，就是通过增加的方式添加学生信息的；也可以是增加一个字段，比如例 2-12 中为学生 1 的记录添加一个"地址"字段。

```
>> student(1).addr = 'shannxi'

student =
1x3 struct array with fields:
  name
  sex
  score
  addr
```

当给一个记录添加字段及内容时，同时给所有的其他记录也添加了空字段。这也正是结构的体现。

所谓删，即删除结构数组中的字段，如删除"性别"字段。MATLAB 提供的 s = rmfield(s，'fieldname')函数执行删除结构字段的操作。

```
>> student = rmfield(student,'sex')

student =
1x3 struct array with fields:
  name
  score
  addr
```

所谓改，即改变结构数组中字段的内容。函数 s = setfield(s，{i,j}，'field'，{k}，v)执行修改字段内容的操作，相当于 s(i,j).field(k)=v。

【例 2-13】 将第 1 条记录的姓名改为 zhaogy。

```
>> student1 = setfield(student,{1},'name','zhaogy')
>> student1(1)
ans =
    name: 'zhaogy'
   score: [90 78 87]
    addr: 'shannxi'
```

所谓查,是指简单地获取结构数组的数据,也指对其较深层次的查询分析。

【例 2 - 14】　查询例 2 - 13 结构数组的各字段名,查询第 1 条记录的成绩,查询第 1 条记录的平均成绩,求所有学生的平均成绩。

1) 查询例 2 - 13 结构数组的各字段名:

```
>> student1                         %直接查询结构体的字段名

student1 =
1x3 struct array with fields:
   name
   score
   addr

>> s_fields = fieldnames(student1)   %通过函数 fieldnames 查询

s_fields =
   'name'
   'score'
'addr'
```

2) 查询第 1 条记录的成绩:

```
>> zhao_score = student1(1).score              %利用 '.' 符号获取

zhao_score =
90   78   87
>> zhao_score1 = getfield(student1,{1},'score')   %通过函数 getfield 获取

zhao_score1 =
90   78   87
```

3) 查询第 1 条记录的平均成绩:

```
>> avg_zhao_score = mean(student(1).score)     %查询学生 1 的平均成绩

avg_zhao_score =
85
```

4)求所有学生所有课程的平均成绩。

为演示方便,先给例 2-13 中的记录 3 添加成绩:

```
student1(3).score = [89 78 68];
```

以下通过程序求其平均成绩:

```
score_list = [];
avgScore = 0;
for ii = 1:length(student1)
    score_list = [score_list student1(ii).score];
end
avgScore = mean(score_list)
```

运行结果:

```
avgScore =
    84
```

▶▶▶ **思考与练习**

其他高级语言结构体如何嵌套表示?请查阅帮助文档,学习了解 MATLAB 的结构体如何嵌套表示。

2.4 MATLAB 语言的基本语句结构

MATLAB 有两种基本语句结构,分别为直接赋值语句和调用函数语句。

2.4.1 直接赋值语句

```
变量 = 表达式          % 显示运行结果
变量 = 表达式;         % 不显示运行结果
表达式               % 结果赋给常量 ans
```

【**例 2-15**】 不同赋值方法的演示。

```
>> A = [1 2;3 4];       % 赋值,但不显示运行结果
>> B = [5 6;7 8]        % 赋值,并显示运行结果

B =
    5    6
    7    8

>> A + B                % 赋值,运行结果自动赋给常量 ans

ans =
    6    8
   10   12
```

值得注意的是,表达式一般需要添加";",以避免显示中间结果。但有时显示中间结果对程序调试很有帮助,这时可以尝试将其去掉。

2.4.2　调用函数语句

函数的一般调用格式为:

[返回变量列表] = 函数名(输入变量列表)

在例 2-14 中求取学生的平均成绩,即是调用了函数 mean( )。

在调用函数时,很多情况下,同一函数给出了若干种调用方法。如函数 mean( ),查阅其帮助文档,有如下语法:

```
M = mean(A)
M = mean(A,dim)
```

这就要求在使用时根据需要调用。

本 章 小 结

1) 本章主要介绍了 MATLAB 语言的常量与变量及其使用,MATLAB 语言的运算符,MATLAB 语言的数据类型与基本语句结构。

2) 介绍了部分特殊变量和常量,变量的命名规则及使用与赋值。

3) 介绍了算术运算符、关系运算符与逻辑运算符。

4) 介绍了数据类型,对稀疏矩阵、单元数组和结构数组等几种特殊类型进行了较全面的介绍。

5) 介绍了基本语句结构,分别有直接赋值语句和调用函数语句。

第 3 章

MATLAB 的数值运算与符号运算基础

MATLAB 具有强大的数学计算功能。数学计算分为数值计算和符号计算。本章在第 2 章介绍的运算符的基础上，从数组与矩阵的基本操作入手，介绍数组与矩阵的输入、输出及其操作。之后，分别对数值运算和符号运算进行介绍。

3.1 数组与矩阵的基本操作

3.1.1 数组与矩阵的输入

在 MATLAB 中，可用不同的方法生成矩阵或数组。概括起来，可以直接赋值输入，以快捷方式输入，通过提示语句交互输入，通过内建函数产生，通过加载外部数据文件产生。

以下分别对不同的生成矩阵或数组的方法及其应用进行介绍。

1. 直接赋值输入矩阵或数组

这种方式是最基本且最直接的输入方式，适合小矩阵或没有任何规律的矩阵。

【例 3-1】 以直接赋值方式输入矩阵或数组。

```
>> A = [1 3 4]              %生成一个行向量，空格也可以用","代替，表示行元素之间的分隔


A =
 1 3 4


>> B = [1;3;4]             %生成一个列向量，分号表示换行，也可用回车键代替分号进行换行


B =
 1
 3
 4


>> C = [1 2 3;4 5 6]       %生成一个2行3列矩阵


C =
 1 2 3
 4 5 6
```

```
>> D = 4.5                    %标量可不加[]

D =
4.5000


>> E = []                     %生成一个空矩阵

E =
   []


>> C = [1 2 3;4 5]            %各行或列元素的个数须相同
Dimensions of matrices being concatenated are not consistent.
```

以上所有表达式,如果在输入后加上分号,则不显示结果。

2. 以快捷方式输入矩阵或数组

以快捷方式输入矩阵或数组时,可以增量式输入,也可通过把小矩阵扩展成为大矩阵再输入。

【例 3-2】　以快捷方式输入矩阵或数组。

```
>> a = 1:5               %一般格式为 from:step:to,默认步距为 1。从 1 开始计到 5

a =
   1   2   3   4   5
>> t = 0:pi/4:pi         %以 pi/4 为步距,从 0 开始计到 pi

t =
     0   0.7854   1.5708   2.3562   3.1416


>> b = pi: - pi/4:0      %以 - pi/4 为步距,从 pi 开始倒计到 0

b =
3.1416   2.3562   1.5708   0.7854        0


>> CC = [C' C']          %将 C 经转置后合成一个大矩阵,C 为例 1 中生成的矩阵

CC =
   1   4   1   4
   2   5   2   5
   3   6   3   6


>> C(3,4) = 10           %以元素所在位置自动扩展矩阵,C 为例 1 中生成的矩阵。扩充部分以 0 填充
```

```
C =
    1    2    3    0
    4    5    6    0
    0    0    0   10
```

3. 通过提示语句交互输入矩阵或数组

输入命令 x = input('prompt') 或 x= input('prompt','s')，屏幕上将显示一个提示语句，等待用户从键盘输入值。当用户输入值后，MATLAB 读取并输入到工作空间中。前一种方式供输入数字，而后一种方式供输入字符串。

【例 3-3】 通过提示语句输入矩阵或数组。

```
>> yourName = input('请输入您的姓名:\n','s')    %提示输入字符串
请输入您的姓名:
zhao                                             %由用户输入

yourName =
zhao


>> yourAge = input('请输入您的年龄:')           %提示输入数字
请输入您的年龄:33                                %由用户输入

yourAge =
33
```

4. 通过内建函数产生矩阵或数组

MATLAB 提供了一系列的函数，可以用来初始化矩阵。表 3.1 列出了常用的函数及说明。

表 3.1 初始化矩阵或数组的内建函数及说明

函　数	说　明
B = zeros(n)	产生 $n \times n$ 维的全 0 矩阵
B = zeros(m,n)	产生 $m \times n$ 维的全 0 矩阵
B = zeros(size(A))	产生与矩阵 A 同维数的全 0 矩阵
Y = ones(n)	产生 $n \times n$ 维的全 1 矩阵
Y = ones(m,n)	产生 $m \times n$ 维的全 1 矩阵
Y = ones(size(A))	产生与矩阵 A 同维数的全 1 矩阵
Y = eye(n)	产生 $n \times n$ 维的单位矩阵
Y = eye(m,n)	产生 $m \times n$ 维的单位矩阵
Y = eye(size(A))	产生与矩阵 A 同维数的单位矩阵

函　　数	说　　明
Y = rand	产生一个随机数
Y = rand(n)	产生 $n \times n$ 维平均分布的随机矩阵
Y = rand(m,n)	产生 $m \times n$ 维平均分布的随机矩阵
Y = rand(size(A))	产生与矩阵 **A** 同维数的平均分布随机矩阵
Y = randn()	类似于 $Y = $ rand(),各数值遵循正态分布规律
M = magic(n)	产生 $n \times n$ 维的魔方矩阵,要求 $n \geqslant 3$
y = linspace(a,b)	产生线性分布的向量,位于 $a \sim b$ 之间共 100 个点值(默认)
y = linspace(a,b,n)	产生线性分布的向量,位于 $a \sim b$ 之间共 n 个点值(由 n 指定)
y = logspace(a,b)	产生对数分布的向量,位于 $10^a \sim 10^b$ 之间共 50 个点值(默认)
y = logspace(a,b,n)	产生对数分布的向量,位于 $10^a \sim 10^b$ 之间共 n 个点值(由 n 指定)

【例 3 - 4】 通过 MATLAB 内建函数产生矩阵或数组。

```
>> A = magic(3)          %生成一个 3×3 维的魔方矩阵

A =
   8   1   6
   3   5   7
   4   9   2

>> B = eye(size(A))      %产生与 A 相同维数的单位矩阵

B =

   1   0   0
   0   1   0
   0   0   1

>> t = logspace(0,5,6)   %在 10^0~ 10^5 之间产生 6 个点,按对数分布

t =
     1    10    100    1000    10000    100000
```

5. 通过加载外部数据文件产生矩阵或数组

对于大数据量的矩阵通常将其保存在文件中,以便于修改。这种文件如果靠手工输入到 MATLAB 中有时是不可能的。可以通过函数将其加载到工作空间中,从而恢复以前保存过的变量。常用格式有:

```
S = load(FILENAME, '- mat', VARIABLES)    %加载二进制数据文件,可指定其中的变量 VARIABLES
                                          %若不指定,读取文件中的全部变量
S = load(FILENAME, '- ascii')             %加载 ASCII 码数据文件
```

【例3-5】 设从其他程序产生了如下 ASCII 码数据文件。将其保存在当前工作路径下，名为 mydata.dat。通过文件加载的方式将其导入工作空间。

```
1.6000000e + 001 2.0000000e + 000 3.0000000e + 000 1.3000000e + 001
5.0000000e + 000 1.1000000e + 001 1.0000000e + 001 8.0000000e + 000
9.0000000e + 000 7.0000000e + 000 6.0000000e + 000 1.2000000e + 001
4.0000000e + 000 1.4000000e + 001 1.5000000e + 001 1.0000000e + 000
 − 5.7000000e + 000  − 5.7000000e + 000  − 5.7000000e + 000  − 5.7000000e + 000
 − 5.7000000e + 000  − 5.7000000e + 000  − 5.7000000e + 000  − 5.7000000e + 000
8.0000000e + 000 6.0000000e + 000 4.0000000e + 000 2.0000000e + 000
>> load('mydata.dat','−ascii')
```

此时工作空间中即生成了名为 mydata 的矩阵。

3.1.2 数组与矩阵元素的操作

数组与矩阵元素的操作主要有提取(部分)元素、修改或赋值给(部分)元素值、删除(部分)元素及数组/矩阵的翻转等。

MATLAB 提供了数组/矩阵翻转的函数。表3.2列出了常见函数及其说明。

表 3.2 操作数组/矩阵的 MATLAB 函数

函　数	说　明	函　数	说　明
B = rot90(A)	矩阵逆时针旋转90°	B = shiftdim(X,n)	矩阵的元素移位
B = flipud(A)	矩阵上下翻转	U = triu(X)	得到矩阵的上三角矩阵
B = fliplr(A)	矩阵左右翻转	L = tril(X)	得到矩阵的下三角矩阵
B = flip(A,dim)	矩阵的某维元素翻转		

【例3-6】 对数组/矩阵的元素操作。

```
% 提取(部分)元素
>> A = magic(3)          % 产生一个魔方矩阵

A =

    8   1   6
    3   5   7
    4   9   2

>> a22 = A(2,2)          % 提取指定位置的元素

a22 =

    5
```

```
>> A1 = A(1:2:3,[2,3])        %提取指定位置的部分元素,对应1、3行,2、3列元素

A1 =
   1   6
   9   2


>> A2 = A(:,2:end)            %提取部分元素,":"表示全部行,"end"表示到最后一列

A2 =
   1   6
   5   7
   9   2


>> L1 = logical([1 0 1]);     %给出逻辑向量 L1
>> L2 = logical([1 1 0]);     %给出逻辑向量 L2
>> A3 = A(L1,L2)              %通过逻辑矩阵标识子矩阵,取出 L1 指定的 1、3 行和 L2 指定的 1、2 列

A3 =
   8   1
   4   9


%修改或赋值给(部分)元素值
>> A4 = A;
>> A4(1,2) = 0                %置相应位置元素值为 0

A4 =
   8   0   6
   3   5   7
   4   9   2


>> A4(4,4) = 121             %扩展矩阵,相应位置的值置为 121

A4 =
   8   0   6   0
   3   5   7   0
   4   9   2   0
   0   0   0   121


%删除(部分)元素
```

```
>>  A5 = A;
>>  A5(:,3) = []                %将第3列置为空,即删除第3列
A5 =
    8  1
    3  5
    4  9


%矩阵的翻转操作
>>  A6 = rot90(A)              %逆时针翻转90°


A6 =
    6  7  2
    1  5  9
    8  3  4
```

3.1.3　数组与矩阵的输出

一般地,在命令窗口输入的函数语句执行完毕,即在工作空间产生其运行结果。可以通过在命令窗口输入变量名来查看该变量值,也可以通过直接在工作空间中打开的方式进行查看或编辑。

此外,工作空间的变量也可以保存为文件,供将来调用。

工作空间变量的保存分为保存全部变量和保存部分变量。

(1) 保存全部变量

有两种方式:

① 在 Home | Variable 分项下单击 Save Workspace,即打开保存文件窗口,全部变量均保存在扩展名为.mat 的生成文件中。

② 使用 save 命令。如存为 myDat.mat,可在命令窗口输入以下命令:

```
save('myDat')
```

(2) 保存部分变量

保存部分变量有以下不同方式:

① 选定要保存的部分变量,在右键菜单中选择 Save As;也可将选定的部分变量拖放到当前文件夹窗口中,直接生成扩展名为.mat 的文件。

② 使用 save 命令,如只保存多个变量中的 a 和 b 两个变量,可使用 save('myDat','a','b'),即存为 myDat.mat 文件。

顺便提一下,若欲加载已保存的变量文件,可以采取加载文件中全部变量或部分变量的方法。

若加载 MAT 文件,可在当前文件夹下,选定 MAT 文件,右键单击选择 load;或使用 load 命令,如 load('myDat'),即可完成加载文件。

若只加载 MAT 文件中的指定部分变量,则可在 HOME｜VARIABLE 分项下,选择 Import Data,会弹出如图 3.1 所示的变量导入向导窗口。可在窗口中选择所需变量进行导入。

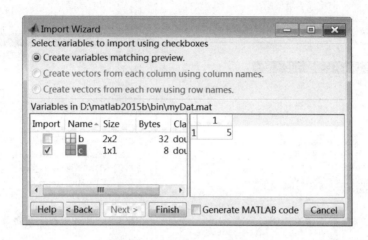

图 3.1　变量导入向导窗口

也可以使用命令方式加载部分变量,如 load('myDat','a')。

注:在以上的操作中,若加载的变量名和工作空间中已有变量名重名,将覆盖之。

【例 3 - 7】　将工作空间的变量保存为文件。

```
>> savefile = 'myData.mat';              %定义要保存的文件名

>> a = [2 4 6 5];b = ones(4) * 3;c = magic(4);  %生成待保存的变量
>> save(savefile,'a','c');               %保留变量中的 a,c

%以下加载并查看所保存的变量
>> clear                                 %清除所有工作空间变量
>> load myData                           %加载变量文件
>> whos                                  %查看加载的变量
  Name      Size      Bytes  Class     Attributes

  a         1x4       32            double
  c         4x4       128           double
```

▶▶▶ **思考与练习**

体会这两种不同保存方法的区别。

【例 3 - 8】　保存整个工作空间。

保存整个工作空间的图形化操作方式如图 3.2 所示。选 File｜Save Workspace As 项进行保存。若需使用所保存的工作空间数据,可通过打开 File｜Import Data 来加载,如图 3.3 所示。

若您对此书内容有任何疑问,可以凭在线交流卡登录 MATLAB 中文论坛与作者交流。

```
File  Edit  View  Debug  Desktop  Windo
  New                              ▶
  Open...                    Ctrl+O
  Save                       Ctrl+S
  Close Array Editor
  Close...
  Close mydata               Ctrl+W
  Import Data...
  Save Workspace As...       Ctrl+S
  Set Path...
  Preferences...
  Page Setup...
  Print...                   Ctrl+P
  Print Selection...
  1 C:\...ings\IBM\桌面\exp11.m
  2 C:\...ttings\IBM\桌面\exp.m
  3 C:\...s\IBM\桌面\zeros_eg.m
  4 C:\...\IBM\桌面\tictoc_eg.m
  Exit MATLAB                Ctrl+Q
```

图 3.2　保存工作空间窗口

```
File  Edit  View  Graphics  Debug  Desk
  New                         Ctrl+N
  Save                        Ctrl+S
  Open...                     Ctrl+O
  Close Workspace             Ctrl+W
  Import Data...
  Save Workspace As...        Ctrl+S
  Set Path...
  Preferences...
  Page Setup...
  Print...                    Ctrl+P
  Print Selection...
  1 C:\...ings\IBM\桌面\exp11.m
  2 C:\...ttings\IBM\桌面\exp.m
  3 C:\...s\IBM\桌面\zeros_eg.m
  4 C:\...\IBM\桌面\tictoc_eg.m
```

图 3.3　加载工作空间窗口

3.2　MATLAB 的基本数值运算

在第 2 章里已经给出了 MATLAB 的基本数学运算符及函数。这一节结合示例来深入理解这些运算符和函数的使用。

需要先说明矩阵和数组的区别。在 MATLAB 中从外观和数据结构上看,矩阵和数组是一致的。不同的是,数组运算是对每个元素平等实施同样的运算操作,而矩阵运算则需要满足有关矩阵的严格的数学规则。在使用中一定要注意这两者的区别。

3.2.1　算术运算

1. 矩阵与数组的加减运算

矩阵与数组的加减运算规则相同,运算符也完全相同。

【例 3 - 9】　求两矩阵的和。

```
>> A = magic(3)          % 生成魔方矩阵


A =
   8   1   6
   3   5   7
   4   9   2


>> B = eye(3)            % 生成单位矩阵


B =
   1   0   0
   0   1   0
```

```
    0   0   1

>> C = A + B                    %进行矩阵相加

C =
    9   1   6
    3   6   7
    4   9   3
```

2. 矩阵与数组的乘法运算

数组相乘是对应元素的相乘,这与矩阵相乘是不同的。矩阵 A、B 相乘要求 A 的列数和 B 的行数相等,除非其中一项是标量。设 A 是 $m \times s$ 矩阵,B 是 $s \times n$ 矩阵,则 A、B 相乘得到 $m \times n$ 矩阵 C,可表示为 $C(i,j) = \sum_{k=1}^{s} A(i,k)B(k,j)$。

【例 3 - 10】 接例 3 - 9,进行两个矩阵或数组相乘。

```
%矩阵乘法运算
>> D = A * C

D =
    99   68   73
    70   96   74
    71   76   93
```

事实上,以上乘法也可以通过 MATLAB 程序的循环语句得到相同结果。关于程序设计见第 4 章。

```
m = 3；n = 3；
for i = 1：m
    for j = 1：n
      D(i,j) = A(i,:) * C(:,j);
    end
end
```

显然,这种循环运算不及使用矩阵乘法运算符来得方便。

```
%数组点乘运算
>> D1 = A. * C

D1 =
    72    1   36
     9   30   49
    16   81    6

>> D2 = 3 * magic(3)          %标量与矩阵/数组相乘

D2 =
    24    3   18
```

```
    9   15   21
   12   27    6
```

若您对此书内容有任何疑问，可以凭在线交流卡登录MATLAB中文论坛与作者交流。

▶▶▶ 思考与练习

体会并手工验算上述结果。

3. 矩阵与数组的除法运算

数组的除法分为 $A./B$ 即 $A(i,j)/B(i,j)$，$A.\backslash B$ 即 $B(i,j)/A(i,j)$。

矩阵的除法分为 $A\backslash B$（左除）和 A/B（右除）。一般来说，$X = A\backslash B$ 是方程 $AX = B$ 的解，且 $A\backslash B = A^{-1}B$。当 A 为非奇异的 $n \times n$ 方阵时，B 为 n 维列向量，采用高斯消去法（Gaussian elimination）得到解；当 A 为非奇异的 $m \times n$ 矩阵，B 为 m 维列向量时，得到最小二乘解。

相应的，$X = A/B$ 是方程 $XB = A$ 的解，且 $A/B = AB^{-1}$。

【例 3-11】 已知方程组 $\begin{cases}8x_1 + x_2 + 6x_3 = 1 \\ 3x_1 + 5x_2 + 7x_3 = 2 \\ 4x_1 + 9x_2 + 2x_3 = 3\end{cases}$，用矩阵除法求解。

```
>> A = [8 1 6;3 5 7;4 9 2];
>> B = [1 2 3]';
>> X = A\B

X =
   0.0500
   0.3000
   0.0500
```

4. 矩阵与数组的乘方运算

矩阵乘方 A^B 的各种运算情况由表 3.3 给出。

表 3.3　矩阵乘方运算的各种情况

不同运算情况	说　明
A 为方阵，B 为大于 1 的整数	A 自乘 B 次，即 A 的 B 次幂
A 为方阵，B 为负整数	A^{-1} 自乘 $\|B\|$ 次，仅对非奇异矩阵成立
A 为方阵，B 为非整数	$A^B = V * \begin{bmatrix} d_{11}^B & & \\ & \ddots & \\ & & d_{nn}^B \end{bmatrix} * V^{-1}$。将 A 分解为 $A = VD/V$，其中 V 为方阵 A 的特征向量矩阵，$D = \begin{bmatrix} d_{11} & & \\ & \ddots & \\ & & d_{nn} \end{bmatrix}$ 为方阵 A 的特征值对角矩阵
A 为标量，B 为方阵	$A^B = V * \begin{bmatrix} A^{d_{11}} & & \\ & \ddots & \\ & & A^{d_{nn}} \end{bmatrix} * V^{-1}$。将 B 分解为 $B = VD/V$，其中 V 为方阵 B 的特征向量矩阵，$D = \begin{bmatrix} d_{11} & & \\ & \ddots & \\ & & d_{nn} \end{bmatrix}$ 为方阵 B 的特征值对角矩阵
A、B 均为矩阵	错误

数组乘方要求 A 和 B 为同维数组，或其中的一个为标量。以 A 中的元素为底，B 中相应位置的元素为幂做乘方运算。

【例 3 - 12】　进行如下矩阵乘方运算。

```
>> A = magic(3);
>> B = 2;
>> C = A^B

C =
  91  67  67
  67  91  67
  67  67  91

>> B^A

ans =
 1.0e + 004 *

 1.0942  1.0906  1.0921
 1.0912  1.0933  1.0924
 1.0915  1.0930  1.0923
```

【例 3 - 13】　进行如下数组乘方运算。

```
>> A = [1 1 1;1 2 3;1 3 6]
>> X = A.^2

X =
  1   1   1
  1   4   9
  1   9  36

>> X1 = 2.^A

X1 =
  2   2   2
  2   4   8
  2   8  64

>> C = X.^B

C =
  1   1     1
  1  16    81
  1  81  1296
```

若您对此书内容有任何疑问，可以凭在线交流卡登录 MATLAB 中文论坛与作者交流。

5. 矩阵与数组的转置

当 A 中元素均为实数时，A' 表示矩阵转置；若 A 为复数矩阵，则为共轭转置。

$A.'$ 表示数组转置，不管其元素是否为实数，不进行共轭转置。

【例 3 - 14】 进行如下矩阵与数组的转置运算。

```
>> A = magic(3)            %生成 3 阶魔方矩阵

A =

   8   1   6
   3   5   7
   4   9   2


>> A'                      %进行矩阵转置

ans =

   8   3   4
   1   5   9
   6   7   2


>> B = i * eye(3)          %生成一个复数矩阵

B =

   0.0000 + 1.0000i   0.0000 + 0.0000i   0.0000 + 0.0000i
   0.0000 + 0.0000i   0.0000 + 1.0000i   0.0000 + 0.0000i
   0.0000 + 0.0000i   0.0000 + 0.0000i   0.0000 + 1.0000i

>> C = (A + B)'            %复数矩阵的转置,结果为共轭转置

C =

   8.0000 - 1.0000i   3.0000 + 0.0000i   4.0000 + 0.0000i
   1.0000 + 0.0000i   5.0000 - 1.0000i   9.0000 + 0.0000i
   6.0000 + 0.0000i   7.0000 + 0.0000i   2.0000 - 1.0000i

>> C = (A + B).'           %数组转置,不进行共轭转置

C =

   8.0000 + 1.0000i   3.0000 + 0.0000i   4.0000 + 0.0000i
   1.0000 + 0.0000i   5.0000 + 1.0000i   9.0000 + 0.0000i
   6.0000 + 0.0000i   7.0000 + 0.0000i   2.0000 + 1.0000i
```

3.2.2 关系运算

关系运算符对比较的两个数组 A 和 B 进行关系运算。返回值为一个与 A 和 B 维数相同的数组。当 A 和 B 相应位置进行关系运算的结果为真时,结果数组的相应位置置 1,否则

置 0。A 和 B 可以是标量。以下给出关系运算的示例。

【例 3 - 15】　进行如下关系运算。

```
>> A = magic(3)

A =
     8   1   6
     3   5   7
     4   9   2

>> B = [3 4 5;6 9 7;1 8 2]

B =
     3   4   5
     6   9   7
     1   8   2

>> A >= B          %A元素大于或等于B元素时,相应位置置1,否则为0

ans =
     1   0   1
     0   0   1
     1   1   1

>> A ~= B          %A元素不等于B元素时,相应位置置1,否则为0

ans =
     1   1   1
     1   1   0
     1   1   0
```

3.2.3　逻辑运算

逻辑运算符对进行比较的两个数组 A 和 B 进行逻辑运算。非零元素表示真(1),0 元素表示假(0)。逻辑运算返回值为一个与 A 和 B 维数相同的数组。当 A 和 B 的相应位置进行逻辑运算的结果为真时,结果数组的相同位置置 1,否则置 0。A 和 B 可以是标量。此外,MATLAB 还提供了大量函数用于逻辑判断,表 3.4 给出几例。用户可以通过"is *"搜索MATLAB 帮助文档,查询更多状态测试函数及其帮助。

MATLAB 还提供了先决与(&&)和先决或(‖)运算符。&& 是当其左边的值为 1 时,才继续执行右边的运算;‖ 则是当其左边为 1 时,就不需要继续执行右边的运算,而立即得到结果为 1。在程序设计中这经常被作为对多个条件的判断,如 if (A && B),if (A ‖ B),while (A && B),while (A ‖ B)等。

45

表 3.4　逻辑判断函数及其说明

函　数	说　明	函　数	说　明
all	测试是否所有的元素都为零	isnan	测试非数值(NaN)元素
any	测试是否存在非零元素	isinf	测试 inf 元素
find	搜索非零元素的索引和值		

【例 3-16】 进行如下逻辑运算。

```
>> A=[1 0 2;3 0 5]

A =
   1   0   2
   3   0   5

>> B=[2 6 1;0 0 8]

B =
   2   6   1
   0   0   8

>> A&B          % 矩阵与运算
ans =
   1   0   1
   0   0   1

>> A|B          % 矩阵或运算

ans =
   1   1   1
   1   0   1

>> ~A           % 矩阵非运算

ans =
   0   1   0
   0   1   0

>> xor(A,B)     % 矩阵异或运算

ans =
   0   1   0
   1   0   0
```

【例 3 - 17】 给出的程序判断用户是否输入了非空字符串,如果输入则打印出来。

```
str = input('input a string:\n','s');          % 提示用户输入字符串
if ~isempty(str) && ischar(str)                 % 判断是否为非空,且是否为字符串
   sprintf('Input string is ''%s''', str)       % 打印输出
end
```

运行结果:

```
input a string:
MATLAB is great(注:由用户输入)


ans =
Input string is 'MATLAB is great'
```

3.2.4　运算优先级

正如其他高级程序设计语言一样,对不同运算符,MATLAB 设定了运算符的优先级 (operator precedence)。以下同一优先级,程序遵循先左后右执行;优先级不同时,先高级后低级执行。

1) 括号( )。

2) 数组转置(.'),数组幂(.^),共轭转置 ('),矩阵乘方 (^)。

3) 一元加 (unary plus,+), 一元减(unary minus ,-),非 (~)。

4) 点乘 (.*),右点除 (./),左点除 (.\),矩阵乘(*),矩阵右除(/),矩阵左除(\)。

5) 加减 (+,-)。

6) 冒号运算 (:)。

7) 小于 (<), 小于或等于 (<=),大于 (>), 大于或等于 (>=),等于 (= =),不等 (~=)。

8) 与 (&)。

9) 或 (|)。

10) 先决与(short-circuit AND,&&)。

11) 先决或 (short-circuit OR,‖)。

3.3　MATLAB 的基本符号运算

MATLAB 的符号数学工具箱(Symbolic Math Toolbox)将符号运算结合到 MATLAB 的数值运算环境中。符号数学工具箱与其他工具箱不同,它不针对特殊专业或专业分支,而适用于广泛的用途;它使用字符串来进行符号分析,而不是数值分析。它涉及微积分、简化、复合、求解代数方程及微分方程等,有丰富的线性代数工具,支持 Fourier、Laplace、Z 变换及逆变换。

47

3.3.1 符号运算基本函数

常用符号表达式的创建方法有两种,需根据使用场合进行选择。创建符号型数据变量有专门的函数 sym 和 syms。

sym 函数的用处之一是创建单个的符号变量。这种创建方式不需要在前面有任何说明,使用非常快捷。正因如此,此创建过程中,包含在表达式内的符号变量并未得到说明,也就不存在于工作空间。

syms 函数与 sym 函数相反,它需要在具体创建一个符号表达式之前,将这个表达式所包含的全部符号变量创建完毕。

【例 3-18】 使用 syms 函数与 sym 函数建立符号表达式。

```
>> clear
>> f = sym('a * x^2 + b * x + c')        %创建符号表达式

f =
a * x^2 + b * x + c
>> f - a                                 %不可运算
Undefined function or variable 'a'.

>> syms a b c x                          %创建符号变量
>> f1 = a * x^2 + b * x + c              %创建符号表达式

f1 =
a * x^2 + b * x + c

>> f1 - a                                %可进行运算

ans =
a * x^2 + b * x + c - a

>> clear
>> A = sym('[a b;c d]')                  %定义符号数组

A =
[ a, b]
[ c, d]

>> C = [a b;c d]                         %不能使用符号数组中的元素
Undefined function or variable 'a'.

>> syms a b c d;                         %定义符号变量
```

```
>> C1 = [a b;c d]                    % 使用符号变量生成数组


C1 =
[a, b]
[c, d]
```

▶▶▶ **思考与练习**

上述例题中,为什么 $f-a$ 出现错误提示,而 $f1-a$ 能给出正确结果? 为什么创建符号变量 C 时出现错误?

如前所述,符号运算工具箱涉及面如此之广,非本节所能完全概括。因此,下面仅通过一些例子演示其部分应用,意在引起读者兴趣。更具体、深入的使用请认真查阅该工具箱帮助文档或阅读相关文献。

3.3.2　符号代数方程和微分方程的求解

MATLAB 提供了 solve 函数对代数方程进行求解,提供了 dsolve 函数对符号常微分方程进行求解。

1. solve 函数的一般使用形式

```
S = solve(eqn1,eqn2,...,eqnM,var1,var2,...,varN)
S = solve(eqn1,eqn2,...,eqnM,var1,var2,...,varN,'ReturnConditions',true)


[S1, ,SN] = solve(eqn1,eqn2,...,eqnM,var1,var2,...,varN)
[S1, ,SN,params,conds] = solve(eqn1,...,eqnM,var1,var2,...,varN,'ReturnConditions',true)
```

其中,符号表达式 eqn1,eqn2,...,eqnM 组成 M 个方程联立的方程组。如果只有一个方程,则求取一个方程的解。方程可以是含等号的方程,如果不含等号,此时指等于零的方程。符号变量 var1,var2,...,varN 为指定变量。

注:以上所述的等号,在函数中需要使用 == 的形式来代替。

本函数的旧版本是将方程和变量作为字符输入,其新版本将不再支持此种形式。

【例 3 - 19】　分别求解以下方程:

① $ax^2 + bx + c = 0$;

② $\sin x + \cos x = 0$。

求解方程①的代码如下:

```
>> syms a b c x
>> solx = solve(a * x^2 + b * x + c == 0,x)


solx =
 -(b + (b^2 - 4*a*c)^(1/2))/(2*a)
 -(b - (b^2 - 4*a*c)^(1/2))/(2*a)
```

若您对此书内容有任何疑问,可以凭在线交流卡登录 MATLAB 中文论坛与作者交流。

以下指定变量为 b,则:

```
>> solb = solve(a * x^2 + b * x + c == 0,b)      % a * x^2 + b * x + c == 0 若只写为 a * x^2 + b * x + c,
                                                 % 系统会默认与前者相同

solb =
 -(a * x^2 + c)/x
```

求解方程②的代码如下:

```
>> syms x
>> solx = solve(sin(x) + cos(x) == 0,x)

solx =
 - pi/4
```

默认情况下,函数只给出一个解。欲求出所有解,需使用以下函数。

```
>> syms x
>> [solx  param cond] = solve(sin(x) + cos(x) == 0,x,'ReturnConditions',true)

solx =
 pi * k - pi/4

param =
 k

cond =
 in(k, 'integer')
```

给出了全部求解结果:$-\pi/4+\pi k$,其中 k 为整数。

【例3-20】 求解方程组 $\begin{cases} 2x^2+3x+y=0 \\ y^2-25x=0 \end{cases}$。

程序如下:

```
>> clear
>> syms x y
>> S = solve([2 * x^2 + 3 * x + y == 0,y^2 - 25 * x == 0],[x,y])

S =

    x: [4x1 sym]
    y: [4x1 sym]
```

这种方式直接将计算结果置于 S 结构数组中。可通过操作结构数组的方法读取到各组结果。

```
>> [S.x,S.y]

ans =
[      0,        0]
[      1,      - 5]
[ - 2 - 3i/2, 5/2 - 15i/2]
[ - 2 + 3i/2, 5/2 + 15i/2]
```

也可以[S1,S2]＝solve([2 * x^2＋3 * x＋y＝＝0,y^2－25 * x＝＝0],[x,y])的形式返回所有计算结果。但如果对多个变量求解,这样的方式会带来书写的不便,不及只返回一个结构体形式的结果。

2. dsolve 函数的一般使用形式

```
S = dsolve(eqn),S = dsolve(eqn,cond)

Y = dsolve(eqns),Y = dsolve(eqns,conds)

[y1,...,yN] = dsolve(eqns),[y1,...,yN] = dsolve(eqns,conds)
```

其中,eqn1 或 eqns 可以是符号表达式,也可以是字符串。在符号表达式中使用 diff 函数表示微分,如 diff(y)表示对 y 的一阶微分,diff(y,2)表示对 y 的二阶微分,等;而以字符串表示时,则以字母 D 表示,如 Dy 表示对 y 的一阶微分,D2y 表示对 y 的二阶微分。它们的使用区别见例 3－21 的参考程序。cond 或 conds 为初始条件。返回值 S 为符号数组,Y 为结构数组,y1,…,yN 为求解的所有变量值。

注:符号表达式需用＝＝表示等号,而在字符串表达式中可以用＝＝或＝。

【例 3－21】　① 求微分方程 $y'=2x$ 的通解及当 $y(1)=2$ 时的特解;
② 求微分方程 $y''-3y'+2y=x$ 的通解及当 $y(0)=1,y(1)=2$ 时的特解。

方程①的参考程序:

```
>> clear
>> syms y(x)
>> dsolve(diff(y,x) == 2 * x)              %求得通解

ans =
 x^2 + C17

>> y1 = dsolve(diff(y,x) == 2 * x,y(1) == 2)  %求得特解

y1 =
 x^2 + 1
```

也可以使用如下的形式分别求得通解和特解：

```
>> y1 = dsolve('Dy = 2 * x','x')
>> y2 = dsolve('Dy = 2 * x','y(1) = 2','x')
```

方程②的参考程序：

```
>> clear
>> syms y(x)
>> y1 = dsolve(diff(y,x,2) - 3 * diff(y,x) + 2 * y == x)        %求得通解

y1 =
 x/2 + C5 * exp(x) + C4 * exp(2 * x) + 3/4


>> y = dsolve(diff(y,x,2) - 3 * diff(y,x) + 2 * y == x,y(0) == 1,y(1) == 2)  %求得给定初始条
                                                               %件的特解

y =

x/2 + (exp(2 * x) * (exp(1) - 3))/(4 * (exp(1) - exp(2))) - (exp(x) * (exp(2) - 3))/(4 * (exp
(1) - exp(2))) + 3/4


>> pretty(y)                      %显示为符合习惯的表达式
x     exp(2 x) (E - 3)        exp(x) (exp(2) - 3)        3
- +  ---------------   -   ------------------   +  -
2     (E - exp(2)) 4        (E - exp(2)) 4             4
```

也可以使用如下的形式求解：

```
y1 = dsolve('D2y - 3 * Dy + 2 * y = x','y(0) = 1,y(1) = 2','x')        %微分方程表示为字符串形式
```

3.3.3 符号微积分运算

符号工具箱提供了求微分和积分的相关函数,见表 3.5。

表 3.5 求微分和积分的相关函数

微分函数	说　明	积分函数	说　明
diff(S)	求 S 对自由变量的一阶微分	int(S)	对自由变量的不定积分
diff(S,'v')	求 S 对符号变量 v 的一阶微分	int(S,v)	对符号变量 v 的不定积分
diff(S,n)	求 S 对自由变量的 n 阶微分	int(S,a,b)	对自由变量的定积分,积分上下限为 a,b
diff(S,'v',n)	求 S 对符号变量 v 的 n 阶微分	int(S,v,a,b)	对符号变量 v 的定积分,积分上下限为 a,b

【例 3 − 22】　求 $\int x\sin(2x)\mathrm{d}x$；求 $f = x\sin 2x$ 的微分。

```
>> syms x
>> int(x * sin(2 * x))          %求积分

ans =
sin(2 * x)/4 + (x * (2 * sin(x)^2 − 1))/2

>> syms x
>> diff(x * sin(2 * x))         %求微分

ans =
sin(2 * x) + 2 * x * cos(2 * x)
```

3.3.4　Laplace 变换及其反变换、Z 变换及其反变换

1. Laplace 变换及其反变换

Laplace 变换 $F = F(t) \Rightarrow L = L(s)$ 定义为

$$L(s) = \int_0^\infty F(t)\mathrm{e}^{-st}\,\mathrm{d}t$$

Laplace 反变换 $L = L(s) \Rightarrow F = F(t)$ 定义为

$$F(t) = \int_{c-j\infty}^{c+j\infty} L(s)\mathrm{e}^{st}\,\mathrm{d}s$$

在符号工具箱中采用函数 $L = \mathrm{laplace}(F)$ 和 $F = \mathrm{ilaplace}(L)$ 进行变换与反变换。laplace 函数的用法及其意义如下。

$L = \mathrm{laplace}(F)$：F 是待进行变换的时域函数表达式，默认自变量是 t，得到拉普拉斯变换函数 $L(s)$。

$L = \mathrm{laplace}(F,t)$：$F$ 以变量 x 为积分变量，按公式 $L(t) = \int_0^\infty f(x)\mathrm{e}^{-tx}\,\mathrm{d}x$ 计算，结果为变量 t 的函数。

$L = \mathrm{laplace}(F,w,z)$：$F$ 以变量 w 为积分变量，按公式 $L(z) = \int_0^\infty F(w)\mathrm{e}^{-zw}\,\mathrm{d}w$ 计算，结果为变量 z 的函数。

ilaplace 函数的用法及其意义如下。

$F = \mathrm{ilaplace}(L)$：L 为待变换的拉普拉斯函数，反变换为时域函数 F。

$F = \mathrm{ilaplace}(L,y)$：反变换结果 F 为 y 的函数，计算公式为 $F(y) = \int_{c-j\infty}^{c+j\infty} L(y)\mathrm{e}^{sy}\,\mathrm{d}s$。

$F = \mathrm{ilaplace}(L,y,x)$：关于 y 进行逆变换，并按公式 $F(x) = \int_{c-j\infty}^{c+j\infty} L(y)\mathrm{e}^{xy}\,\mathrm{d}y$ 计算，结果为 x 的函数。

【例 3 − 23】　求函数 $f(t) = \mathrm{e}^{-at}$，$f_1(t) = \sin(xt + 2t)$ 的拉普拉斯变换；求函数 $F(s) =$

$\dfrac{1}{(s-a)^2}$ 拉普拉斯反变换。

```
>> syms a t s x
>> laplace(exp( - a * t))              % 求 Laplace 变换

ans =
1/(a + s)

>> L1 = laplace(sin(x * t + 2 * t))    % 求 Laplace 变换

L1 =
(x + 2)/((x + 2)^2 + s^2)

>> f1 = ilaplace(1/(s - a)^2)          % 求 Laplace 反变换

f1 =
t * exp(a * t)
```

2. Z 变换及其反变换

Z 变换 $f = f(n) \Rightarrow F = F(z)$ 定义为

$$F(z) = \sum_{n=0}^{\infty} \frac{f(n)}{z^n}$$

Z 反变换 $f = f(n) \Rightarrow F = F(z)$ 定义为

$$f(n) = \frac{1}{2\pi i} \oint_{|z|=R} F(z) z^{n-1} \mathrm{d}z, n = 1, 2, \cdots$$

在符号工具箱中采用函数 F = ztrans(f) 和 f = iztrans(F) 进行变换与反变换。
ztrans 函数的用法及其意义如下。

F = ztrans(f):返回独立变量 n 关于符号向量 $\boldsymbol{f}$ 的 Z 变换函数。

F = ztrans(f,w):按式 $F(w) = \sum_{n=0}^{\infty} \dfrac{f(n)}{w^n}$ 变换,结果为 w 的函数。

F = ztrans(f,k,w):指定变量变换,计算公式为 $F(w) = \sum_{k=0}^{\infty} \dfrac{f(k)}{w^k}$。

iztrans 函数的用法及其意义如下。

f = iztrans(F):返回独立变量 z 关于符号向量 $\boldsymbol{F}$ 的 Z 反变换函数。

f = iztrans(F,k):返回独立变量 k 关于符号向量 $\boldsymbol{F}$ 的 Z 反变换函数,结果是 k 的函数。

f = iztrans(F,w,k):返回独立变量 w 关于符号向量 $\boldsymbol{F}$ 的 Z 反变换函数,结果是 k 的
函数。

【例 3 - 24】 求时域序列函数 $f(kT) = \cos(kaT)$ 和 $f_1(kT) = (kT)^2 \mathrm{e}^{-akT}$ 的 Z 变换,并
对结果进行反变换检验。

```
>> syms n a w k z T

>> Z1 = ztrans(cos(w * a * T))                 % 进行 Z 变换

Z1 =
(z * (z - cos(T * a)))/(z^2 - 2 * cos(T * a) * z + 1)

>> Z2 = ztrans((k * T)^2 * exp(- a * k * T))    % 进行 Z 变换

Z2 =
(T^2 * z * exp(T * a) * (z * exp(T * a) + 1))/(z * exp(T * a) - 1)^3

>> iztrans(Z1,k)                               % 对 Z₁ 进行 Z 反变换,结果与给定序列函数一致

ans =
cos(T * a * k)

>> simplify(iztrans(Z2,k))                     % 化简结果

ans =

T^2 * exp(- T * a)^k * (3 * k + 2 * nchoosek(k - 1, 2) - 2)
```

% 查询帮助文档可知,函数 nchoosek(N,K)的返回结果为 $(kT)^2 e^{-akT}$,因此,以上结果可化为 $(kT)^2 e^{-akT}$,与给定序列函数一致

▷▷▷ **思考与练习**

对于给定的拉普拉斯函数,对其如何进行 Z 变换? 试对 $F(s) = 1/(s-a)^2$ 进行 Z 变换。(提示:首先对拉普拉斯函数进行反变换,转换到时域。在进行 Z 变换时,注意把时间参数都替换成 nT。)

3.3.5　MuPAD Notebook 简介

MATLAB 的符号数学工具箱包括了 MuPAD 语言,用来处理符号数学表达式的运算。它提供了微积分、线性代数以及数论、组合数学等 MuPAD 函数库。用户还可以使用 MuPAD 语言自定义符号函数和函数库。

直接在 MATLAB 的 APPS 选项卡下选择 MuPAD Notebook 选项,即可打开程序窗口,如图 3.4 所示。窗口右侧还提供了命令条(Command Bar)窗口供输入命令时使用。

还可以在命令窗口用输入命令 mupad 的方式调出图 3.4 所示窗口,或输入 mupadwelcome 命令调出欢迎对话框,进行操作选择。

以上 MuPAD Notebook 独立使用,不与 MATLAB 进行通信。

如果需要 MuPAD Notebook 与 MATLAB 进行通信,可以使用如下命令:

```
>> nb = mupad
```

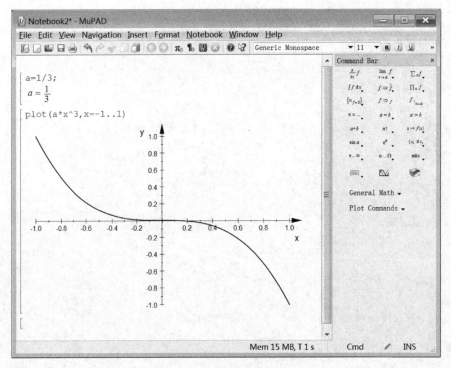

图 3.4　MuPAD Notebook 窗口

本 章 小 结

1) MATLAB 具有强大的数值计算及符号计算功能。数值计算使用已定义的变量进行计算,而符号计算则可以使用未定义的符号变量。

2) 数组与矩阵的基本操作可以归结为数组与矩阵的输入、输出操作及对其元素的操作。介绍了 5 种输入方法、不同的元素操作方法和输出方法。

3) 数值运算主要包含算术运算、关系运算、逻辑运算及它们的组合运算。分别介绍了这些运算,并在最后说明了运算的优先级。

4) 符号运算内容丰富。介绍了代数方程和微分方程求解、符号微积分计算、Laplace 变换及其反变换与 Z 变换及其反变换的符号运算。

此外,简要介绍了 MuPAD Notebook 的使用。

第**4**章

MATLAB 语言的程序设计

作为程序设计语言,MATLAB 同样支持程序设计所需要的各种结构,并提供相应指令语句。MATLAB 程序以 . m 为扩展名的文件(M-file)保存。这样的 M 文件有两种:脚本(scripts)文件和函数(functions)文件。

脚本文件只是包含一系列 MATLAB 语句,无需输入参数,也不返回输出参数。它与命令窗口的交互式输入及运行结果共享基本工作空间,可对工作空间的变量进行操作,产生的新变量也存放于工作空间中。为此,特别需要注意避免变量覆盖所造成的程序错误。

函数文件则有自己特有的格式要求,接收输入数据,并有返回输出参数。它使用自己的局部变量,形成独立的工作空间,只有在程序调试时才可从基本工作空间转换进入查看。

MATLAB 程序的结构与其他高级语言类似。建议有其他高级语言基础的读者在学习中注意 MATLAB 与其他高级语言的异同,以方便理解。当然,在使用中也要防止产生混淆。此外,特别要注意函数的编写,因为函数文件是 MATLAB 程序设计的主流。本章将其结构与 C 语言作对比进行介绍。没有 C 语言基础也不影响理解。

MATLAB 程序可以在任何文本编辑器中编辑完成,但使用 MATLAB 自身的编辑器是个不错的选择,因为它还兼具调试功能。关于 MATLAB 的编辑/调试器在第 1 章的编辑/调试窗口一节中已经介绍过,这里不再重复。

本章分为 3 部分内容:一是脚本文件和函数文件所共有的流程结构;二是 MATLAB 函数的编写;三是程序设计中应注意的问题。

4.1 MATLAB 语言的流程结构

MATLAB 提供了循环语句结构、条件语句结构、开关语句结构以及类似于 C++和 Java 语言等面向对象语言的试探语句。以下对这些结构分别进行介绍。

4.1.1 if, else 和 elseif 组成的条件转移结构

条件转移结构是一般结构化程序设计语言都支持的最常见的程序结构。MATLAB 下最基本的转移结构为:

```
if   条件表达式
   语句段
end
```

也可以用 else 语句和 elseif 语句扩展转移语句:

```
if 条件表达式 1
    语句段 1
elseif 条件表达式 2
    语句段 2
else
    语句段 3
end
```

基本的转移结构流程为:如果满足条件表达式 1,则执行语句段 1;否则,跳过语句段 1,执行 end 之后的语句。

扩展转移结构的流程为:如果条件表达式 1 不满足,再判断 elseif 的条件表达式 2,如果所有的条件均不满足,则执行 else 的语句段 3。可以扩展多个 elseif 条件表达式及相应语句段。

结构中各关键字与 end 标识了语句段的起止,语句段不需像 C 语言中用"{}"包围。这点在其他结构中类同,不再重复强调。

请在使用中注意 elseif 和 else if 的区别。使用 else if 命令将引入一个嵌套的 if 结构,并且必须与 end 匹配使用。

4.1.2　switch,case 和 otherwise 组成的开关结构

开关结构是有多个分支结构的条件转移结构,其基本形式为:

```
switch 开关表达式
    case 表达式 1
        语句段 1
    case {表达式 2,表达式 3,...,表达式 m}
        语句段 2
    ......
    otherwise
        语句段 n
end
```

该结构中开关表达式依次与 case 表达式相比较。当开关表达式的值等于某个 case 语句后面的条件时,程序将转移到该语句段中执行,执行完成后程序转出整个开关体继续向下执行。如果都不满足,则转到 otherwise 的语句段 n 并执行之。

注意:该结构中的开关表达式只能是标量或字符串;case 后面的表达式可以是标量、字符串或单元数组。单元数组表示只要满足这几个条件之一都去执行同一语句段。

此结构与 C 语言的主要区别在于:MATLAB 用 otherwise 语句表示不符合任何条件时默认执行,而 C 语言是用 default 语句完成此功能;MATLAB 执行完某 case 语句段后即自动转出开关体而无需加 break 指令,而 C 语言需要在下一个 case 语句前加 break 语句才能跳出,否则要继续执行后面所有 case 的语句。

4.1.3　while/for 循环结构

循环结构由 while 或 for 语句引导,以 end 结束,这两个语句之间的部分称为循环体。

（1）for 语句循环结构

该结构按预定次数执行循环体语句。它的基本结构为：

```
for 循环变量 = v     %v 一般为行向量
   语句段
end
```

在 for 循环结构中，v 一般为行向量，循环变量每次从 v 向量中取一个数值，执行一次循环体的内容，如此下去，直至执行完 v 向量中所有的分量，将自动结束循环体的执行。循环次数即是 v 的列数。

这里对 v 一般以快捷方式给出，形式多为 v＝initval:endval 或 v＝initval:stepval:endval，也可以直接给出向量的具体值。

特别地，v 也可以是矩阵，这时每次的循环变量值是当次的列向量。

（2）while 语句循环结构

与 for 语句循环结构不同，while 语句循环结构循环的次数不确定。它的基本形式为：

```
while 条件表达式
   语句段
end
```

while 语句循环结构的条件表达式是一个逻辑表达式。只要其值为真（非零），就将自动执行语句段。一旦表达式为假就结束循环。

在以上的循环结构中可以加入 break 语句和 continue 语句进行程序流程的控制。break 结束循环，并跳出本循环结构；而 continue 仅是略过本次循环，继续下次的判断与循环执行。这两者的意义同 C 语言。

需要注意的是，循环结构的执行速度较慢，所以在实际编程时，如果能对整个矩阵进行运算，尽量不要采用循环结构而采取向量化编程（vectorization）以提高代码的执行效率。

4.1.4　try 和 catch 组成的试探结构

MATLAB 提供了试探性的语句结构，其调用格式如下：

```
try
   语句段 1
catch
   语句段 2
end
```

该结构首先试探性地执行语句段 1，如果在此段语句执行过程中出现错误，则将错误信息赋给保留的 lasterr 变量，并放弃这段语句的执行，转而执行 catch 后的语句段 2。当语句段 2 出现错误，则终止该结构。这一结构是 C 语言所没有的。不过，在 C＋＋、Java 等语言中都具有这一结构。

try - catch 结构也可嵌套使用。以下是其嵌套使用的基本结构：

```
try
    语句段 1              %试探性地执行语句段 1
catch
  try
    语句段 2              % 尝试执行语句段 2
  catch
    语句段 3              % 捕获错误
  end
end
```

该结构提供了一种异常捕获机制,在 catch 语句段捕获错误并说明错误的原因。

4.1.5 MATLAB 程序设计举例

下面按照前面所讲的次序,分别进行程序设计举例。仅凭所举示例还不足以使用户熟练掌握 MATLAB 的程序设计,还应在实际应用中不断加深理解。

【例 4 - 1】 对函数 $y = \begin{cases} -1, & x<0 \\ 0, & x=0 \\ 1, & x>0 \end{cases}$,以分支结构编写程序,输入一个 x 值,输出函数 y 值。

```
x = input('please input x:');        %由用户交互输入 x
y = 0;
if x<0
y = - 1                               %当 x<0 时,给 y 赋值 - 1
elseif x == 0                         %注意 == 是比较符
  y = 0                               %当 x = 0 时,给 y 赋值 0
else
  y = 1                               %其他情况即 x>0 时,给 y 赋值 1
end
```

测试运行：

```
please input x:4

y =
  1

please input x:0

y =
  0
```

```
please input x: - 34

y =
   - 1
```

【例 4 - 2】　要求按照考试成绩的等级输出百分制分数段,试用开关结构编写程序。

```
g = input('please input grade:','s');        % 由用户交互输入成绩等级
switch (g)                                    % 判断用户输入
  case {'A','a'}
    disp('85~100');                           % 用户输入 A,a 时,输出 85~100
  case {'B','b'}
    disp('70~84');                            % 用户输入 B,b 时,输出 70~84
  case {'C','c'}
    disp('60~69');                            % 用户输入 C,c 时,输出 60~69
  case {'D','d'}
    disp('<60');                              % 用户输入 D,d 时,输出 <60
  otherwise
    disp('输入错误! ')                         % 用户输入其他信息时,输出输入错误!
end
```

测试运行:

```
please input grade:a
85~100

please input grade:f
输入错误!
```

【例 4 - 3】　用循环结构完成题目:设 x 的初始值为 1.2,迭代表达式 $f(x)=x^2-1$,计算 $f(f(f\cdots(f(x))))$ 共 10 次复合,即 $f^{10}(x)$ 的值。

```
x = 1.2;                % 给出迭代初值
for n = 1:10            % 设定循环次数
  y = x^2 - 1;          % 迭代表达式
  x = y;                % 将本次运行结果赋给 x
end
y                       % 输出迭代运算结果
```

测试运行:

```
y =
   - 0.9996
```

以上示例也可用 while 循环修改为：

```
x = 1.2;                    % 给出迭代初值
n = 1;                      % 设定循环变量初值 n = 1
while n <= 10               % 当循环次数小于或等于 10 次时
  y = x^2 - 1;             % 迭代表达式
  x = y;                    % 将本次运行结果赋给 x
  n = n + 1;              % 循环计数增加
end
y                          % 输出迭代运算结果
```

▶▶▶ **分析**

while 循环运行结果与 for 循环结果是一致的。不过,从程序可以看出,对这种已知循环次数的情况,while 循环比 for 循环要烦琐一些。

【例 4 - 4】 以循环结构给出魔方矩阵各行的和。

```
% 循环表达式为矩阵
A = magic(3)               % 生成魔方矩阵
sum = zeros(3,1);          % 生成一个 3 行 1 列矩阵空间
for n = A                  % 给定循环表达式,循环次数为 A 的列数,第一次取出 A 的第一列赋给 n,
                           % 依此类推共 3 次
  sum = sum + n;           % 将当前循环所取列与 sum 相加
end
sum'                       % 输出结果,以行向量的形式给出
```

测试运行：

```
A =

    8   1   6
    3   5   7
    4   9   2


ans =
   15   15   15
```

【例 4 - 5】 运行以下示例,比较循环和向量化编程的运行效率。

```
tic;                       % 计时开始
x = 0.01;                  % 给 x 赋初值
for k = 1:10000            % 设定循环次数
  y(k) = log10(x);        % 依次求 y 值
  x = x + 0.01;           % x 递增
end
```

```
t1 = toc                          % 将程序运行时间赋给 t1
tic;                              % 计数开始
x = 0.01:0.01:100;                % 设定 x 所有值，以向量形式给出
y = log10(x);                     % 求出对应 x 的所有 y,y 为向量
t2 = toc                          % 将程序运行时间赋给 t2
```

测试运行：

```
t1 =
  0.1811


t2 =
  0.0040
```

▶▶▶ 分析

从以上不同运行时间来看，向量化编程对提高运行效率还是很明显的。注意，运行时间随所用计算机配置的不同有所不同，但总的结果还应是向量化编程效率较高。

【例 4-6】　根据用户输入的下标值，以试探结构取出向量中的对应元素值。

```
a = [5 6 7 9 8];                  % 设定一向量
index = input('请输入元素下标:');   % 提示用户输入元素下标
try
  disp(int2str(a(index)));        % 试探输出对应下标的元素值
catch
  disp('下标不在范围内，请重新尝试。'); % 如果输入不在向量范围内，给出错误提示
end
```

测试运行：

```
请输入元素下标:5
8

请输入元素下标:8
下标不在范围内，请重新尝试。
```

4.2　MATLAB 函数的编写

如前所述，MATLAB 提供两种源程序文件格式：一种是脚本文件；另一种是函数文件。脚本文件执行简单，用户只要在 MATLAB 的提示符下输入该文件的文件名，MATLAB 就会自动执行该 M 文件中的各条语句。它只能对 MATLAB 工作空间中的数据进行处理，文件中所有语句的执行结果也完全返回到工作空间中，适用于用户需要立即得到结果的小规模运算。函数文件除了输入和输出变量外，其他在函数内部产生的所有变量都是局部变量，只有在调试

过程中可以查看,在函数调用结束后这些变量均将消失。

4.2.1 MATLAB 函数的基本结构

下面以一个 MATLAB 自身的函数源程序及其帮助文件为例来分析 MATLAB 函数的基本结构。

```
>> type magic    % 查看函数 magic 的源程序

function M = magic(n)
% MAGIC   Magic square.
%    MAGIC(N) is an N-by-N matrix constructed from the integers
%    1 through N^2 with equal row, column, and diagonal sums.
%    Produces valid magic squares for all N > 0 except N = 2.

%    Copyright 1984-2011 The MathWorks, Inc.

n = floor(real(double(n(1))));

if mod(n,2) == 1
   % Odd order
   M = oddOrderMagicSquare(n);
elseif mod(n,4) == 0
   % Doubly even order.
   % Doubly even order.
   J = fix(mod(1:n,4)/2);
   K = bsxfun(@eq,J',J);
   M = bsxfun(@plus,(1:n:(n*n))',0:n-1);
   M(K) = n*n+1 - M(K);
else
   % Singly even order.
   p = n/2;    % p is odd.
   M = oddOrderMagicSquare(p);
   M = [M M+2*p^2; M+3*p^2 M+p^2];
   if n == 2
      return
   end
   i = (1:p)';
   k = (n-2)/4;
   j = [1:k (n-k+2):n];
   M([i; i+p],j) = M([i+p; i],j);
   i = k+1;
   j = [1 i];
```

```
    M([i; i + p],j) = M([i + p; i],j);
end


function M = oddOrderMagicSquare(n)
p = 1:n;
M = n * mod(bsxfun(@plus,p',p-(n+3)/2),n) + mod(bsxfun(@plus,p',2 * p-2),n) + 1;
```

```
>> help magic    % 查看函数 magic 的帮助
 magic   Magic square.
magic(N) is an N - by - N matrix constructed from the integers 1 through N^2 with equal row, column,
and diagonal sums. Produces valid magic squares for all N > 0 except N = 2.
```

从函数 magic 的源程序来看,MATLAB 函数的基本结构为如下几部分。

函数定义行:function　[返回变量列表]＝函数名(输入变量列表)。

帮助文本:注释说明语句段,由％引导,其中第一行被称为 H1 行帮助文本,有特殊作用。

函数主体:函数体语句段(其中由％引导的是注释语句)。

函数最后的 end 语句可选。

(1) 函数定义行

函数定义行定义了函数的名称。函数首行以关键字 function 开头,并在首行中列出全部输入、输出参量以及函数名。函数名应置于等号右侧,虽没作特殊要求,但一般函数名与对应的 M 文件名相同。输出参量紧跟在 function 之后,常用方括号括起来(若仅有一个输出参量则无需方括号);输入参量紧跟在函数名之后,用圆括号括起来。如果函数有多个输入或输出参数,输入变量之间用“,”分隔,返回变量用“,”或空格分隔。与输入或输出参数相关的两个特殊变量是 varargin 和 varargout,它们都是单元数组,分别获取输入和输出的各元素内容。这两个参数对可变输入或输出参数特别有用。

(2) H1 行帮助文本

H1 行是函数帮助文本的第一行,以％开头,用来概要说明该函数的功能。在 MATLAB 中用命令 lookfor 查找某个函数时,查找到的就是函数 H1 行及其相关信息。

(3) 函数帮助文本

在 H1 之后而在函数体之前的说明文本就是函数帮助文本。它可以有多行,每行均以％开头,是对该函数比较详细的注释,说明函数的功能与用法、函数开发与修改的日期等。在 MATLAB 中用命令“help 函数名”查询帮助时,就会显示函数 H1 行与帮助文本的内容。

(4) 函数主体

函数体是函数的主要部分,是实现该函数功能、进行运算所有程序代码的执行语句。函数体中除了进行运算外,还包括函数调用与程序调用的必要注释。注释语句段每行用％引导,％后的内容不执行,只起注释作用。

此外,函数结构中一般都应有变量检测部分。如果输入或返回变量格式不正确,则应该给出相应的提示。输入和返回变量的实际个数分别用 nargin 和 nargout 两个 MATLAB 保留变

量给出,只要进入函数,MATLAB 就将自动生成这两个变量。nargin 和 nargout 可以实现变量检测。

与其他程序语言一样,MATLAB 也有子函数(subfunction)的概念。一个 M 文件中的第一个函数为主函数,其函数名就是调用 M 文件的文件名,而同一个文件中的其他函数则为子函数,这些子函数只对同一个文件中的主函数和其他子函数有效。

4.2.2 MATLAB 函数编写举例

以下通过示例,说明函数的编写和子函数的调用以及函数对可变输入、输出参数的处理。

【例 4 - 7】 试编写函数计算输入向量的平均值和标准方差。

对于题目要求,可以通过在同一函数中实现全部功能,也可建立函数并在函数中调用子函数来实现其全部要求。

1) 在同一函数中实现全部功能,并以文件名为 stat.m 进行保存。

```
% STAT 本函数用来演示 MATLAB 的函数编写方法,按照函数基本结构编写
% [mean,stdev] = stat(x)将计算出输入向量的各元素平均值和标准方差

% version 1.0
function [mean,stdev] = stat(x)          % 定义函数
if nargout>2                             % 对输出参数个数判断并给出错误信息
  error('Too many output arguments.');
end
if nargin~ = 1                           % 对输入参数个数判断并给出错误信息
  error('Wrong number of input arguments.');
end

n = length(x);                           % 得到向量 x 的元素个数
mean = sum(x)/n;                         % 求各元素的平均值
stdev = sqrt(sum((x - mean).^2/n));      % 求标准方差
```

查看帮助:

```
>> help stat    % 显示帮助信息

STAT 本函数用来演示 MATLAB 的函数编写方法
[mean,stdev] = stat(x)将计算出输入向量的各元素平均值和标准方差
```

测试运行:

```
>> [a,b] = stat(1:10)

a =
  5.5000
b =
```

```
2.8723

>> [a,b] = stat()

Error using stat (line 12)
Wrong number of input arguments.
```

2）通过调用子函数实现要求功能，以文件名为 sub_stat.m 进行保存。

```
% 以下示例使用子函数 avg 实现求均值功能，在主函数中调用了这个子函数求标准方差
% SUB_STAT    本函数用来演示 MATLAB 的子函数
% [mean,stdev] = sub_stat(x)将调用子函数 avg 求均值，在主函数中求取标准方差

% version 1.0
% 注：在程序中省略了对输入和输出参数值和个数的判断
function [mean,stdev] = sub_stat(x)          % 定义函数
n = length(x);                               % 得到向量 x 的元素个数
mean = avg(x,n);                             % 调用子函数求各元素的平均值
stdev = sqrt(sum((x - avg(x,n)).^2)/n);      % 求标准方差

function mean = avg(x,n)                      % 定义求平均值的子函数
mean = sum(x)/n;                             % 求平均值
```

测试运行：

```
>> [a,b] = sub_stat(1:10)

a =
  5.5000

b =
  2.8723
```

在有子函数的情况下，即文件中包含多个函数时，主函数应置于第一位，而其他子函数则可以任意排序。子函数可以被主函数调用，也可以被其他子函数调用。

【例 4-8】　编写 MATLAB 函数，实现如下算法。

利用分布图法可以剔除疏失误差，即剔除既不具有确定分布规律，也不具有随机分布规律，显然与事实不符的误差。分布图算法如下：

首先对 n 个测量结果从小到大进行排序，得到测量序列 $x_1,x_2,\cdots,x_n$，其中 x_1 为下极限，x_n 为上极限。

再定义中位值为

$$x_m = x_{\frac{n+1}{2}}, n \text{ 为奇数}$$

若您对此书内容有任何疑问，可以凭在线交流卡登录MATLAB中文论坛与作者交流。

$$x_m = \frac{x_{\frac{n}{2}} + x_{\frac{n+1}{2}}}{2} , n \text{ 为偶数}$$

下四分位数 F_l 为区间 $[x_1, x_m]$ 的中位值,上四分位数 F_u 为区间 $[x_m, x_n]$ 的中位值。四分位离散度为

$$dF = F_u - F_l$$

认定测量结果中与中位数的距离大于 βdF 的数据为奇异数据,应该剔除。这里 β 为常数,其大小取决于系统的测量精度,通常取 1、2 等值。

```matlab
function remainP = distri_method(a)          % 定义函数,剔除输入向量 a 的奇异数据
b = sort(a);                                  % 对输入向量 a 排序
xm = getXm(b);                                % 调用子函数求向量 b 的中值
fl = b(1:ceil(length(b)/2));                  % 取向量的前半部分
if rem(length(b),2) == 0                      % 如向量长度是 2 的整数倍时
  fl = [fl xm];                               % 添加中位值
end
fll = getXm(fl);                              % 调用子函数,求取下四分位数

if rem(length(b),2) ~= 0                       % 如向量长度不是 2 的整数倍时
  fu = b(ceil(length(b)/2):length(b));        % 取向量 b 的后半部分
else
  fu = [xm,b((length(b)/2+1):length(b))];     % 否则添加 xm
end
fuu = getXm(fu);                              % 调用子函数,求取上四分位数

remainP = b(find(abs(b) <= 2*(fuu - fll)));   % 求取剔除奇异数据后的向量,取 β = 2

function xm = getXm(b)                         % 子函数定义。求向量中位值
if rem(length(b),2) ~= 0                        % 当向量长度不是 2 的整数倍时
  index = ceil(length(b)/2);
  xm = b(index);                              % 中位值取为中间值
else
  index = length(b)/2;
  xm = (b(index) + b(index+1))/2;             % 否则,中位值取为中间两个值的均值
end
```

测试运行:

```matlab
>> a = [2  3  4  5  16  8  9  10]            % a 的长度为偶数值
>> remainP = distri_method(a)


remainP =
  2  3  4  5  8  9  10
```

```
>> b = [2  3  4  5  8  9  10  121  344]          %b的长度为奇数值
>> remainP = distri_method(b)


remainP =
  2  3  4  5  8  9  10
```

程序定义了子函数用于求取向量中值，并在求取上四分位数和下四分位数时得到调用。需要说明的是，这里为了演示，作者自行编制了求取中值的子函数。在 MATLAB 中可以直接调用 median 函数实现中值的求取，调用 prctile 函数求取分位值。用户可以尝试直接调用函数实现本算法。

【例 4-9】 编写函数求取多个数连乘。

MATLAB 提供的单元变量 varargin 和 varargout 可以分别获取输入和输出的各元素内容。本例通过单元变量 varargin 获取输入的不同数值，然后逐个取出并相乘。

```
function a = multi(varargin)          %定义函数,输入向量数目可变
a = 1;                                %设定返回值初值
for i = 1:length(varargin)            %设定循环次数为输入向量个数
  a = a * varargin{i};                %依次取输入值并相乘
end                                   %循环结束
```

测试运行：

```
>> a = multi(3,4,5,6,7)               %调用 multi 函数


a =
    2520


>> b = multi(1,3,5,6,7,10)


b =
    6300
```

由测试结果看，程序可处理不同个数输入的情况。

4.3　MATLAB 程序设计中应注意的问题

在 MATLAB 程序设计中，注意编写中的一些问题，有助于程序的规范、通用，保证其正确，也有利于提高程序的运行效率和可维护性。

（1）符合规范的函数或程序文件命名

虽然 MATLAB 没有要求函数名和文件名一定相同，但最好保持二者相同，而且函数名或程序文件名最好能表明其实现功能。

（2）采用结构化的程序设计

同其他程序设计语言一样,尽可能采用结构化的程序设计。在总体功能划分上则尽可能模块化,通常采用函数调用的方式。这时要注意其函数的编写及子函数的调用等问题。

（3）详细对程序进行注释

程序的注释有助于提高程序的可维护性。需要养成按照规范添加注释的习惯。在文件前的注释一般应包括程序功能描述,编写日期、作者及版本信息,以及输入输出参数、程序使用说明等。

（4）采取一定措施提高运行效率

尽量避免使用循环结构,尽可能使用向量化编程方法。这一点在前面的循环结构与向量化编程比较中应已有体会。

预先定义数组或矩阵维数。虽然在 MATLAB 中无需明确定义和指定维数,但在使用时每当数组或矩阵维数超出现有维数时,系统就会自动为该数组或矩阵扩维,因此无形中降低了程序的运行效率。如果预先指定维数并分配好内存,就可避免每次临时扩充维数,从而提高程序运行效率。

以上粗略地列出了程序设计中应注意的一些问题。更多提高效率的技巧还需在使用中不断总结。

本 章 小 结

1）MATLAB 语言程序的分类。MATLAB 语言程序以. m 为扩展名的文件(M-file)保存。MATLAB 源程序文件格式有两种:脚本文件和函数文件。

2）MATLAB 程序的编辑。MATLAB 程序可以在任何文本编辑器中编辑完成,但使用 MATLAB 自身的编辑器是个不错的选择,因为它兼有调试功能。

3）MATLAB 程序的流程结构。有条件转移、循环、开关结构以及试探结构。

4）MATLAB 函数的编写调试。尽量按规范编写程序,以便调试和维护,增强可用性。

5）程序设计中应注意的一些问题。这需要在实践中去不断总结积累。

第 5 章

MATLAB 语言的绘图基础

MATLAB 不仅提供了强大的数值分析功能,还提供了使用方便的绘图功能。用户只需指定绘图方式,并提供充足的绘图数据,就可以得到所需的图形。此外,用户也可根据需要应用 MATLAB 的图形修饰功能对图形进行适当的修饰。本章主要介绍二维图形、三维图形、特殊应用图形和符号函数图形的绘制,以及图形的修饰。

5.1 二维图形的绘制

5.1.1 绘制二维图形的基本函数及示例

绘制二维曲线最基本的函数是 plot(),其基本调用格式为:

```
plot(x,y)
```

其中,x 和 y 为长度相同的向量,分别用于存储 x 坐标和 y 坐标数据。

【例 5-1】 绘制 $y = \sin 3t, t \in [0, 2\pi]$ 的图形。

```
>> t = 0:pi/100:2*pi;              %给定时间范围
>> alpha = 3;
>> y = sin(alpha*t);               %给定函数
>> plot(t,y)                       %绘制函数曲线
```

程序运行结果如图 5.1 所示。

例 5-1 显示了 plot 函数的基本用法。以下是其参数为其他情况时的说明及示例。

1) 当 X, Y 是同维矩阵时,则以 X, Y 对应列元素为横、纵坐标分别绘制曲线,曲线条数等于矩阵的列数。

【例 5-2】 分析对 $X = \begin{bmatrix} 1 & 2 \\ 3 & 4 \end{bmatrix}, Y = \begin{bmatrix} 5 & 6 \\ 8 & 12 \end{bmatrix}$ 应用 plot(x,y) 作图的结果。

```
X = [1 2;3 4];                     %给定 X 矩阵
Y = [5 6;8 12];                    %给定 Y 矩阵
plot(x,y)                          %绘制曲线
```

程序运行结果如图 5.2 所示。

从图 5.2 可得,结果生成了两条曲线,一条曲线连接了(1,5)和(3,8)两点,另一条曲线连

接了(2,6)和(4,12)两点。

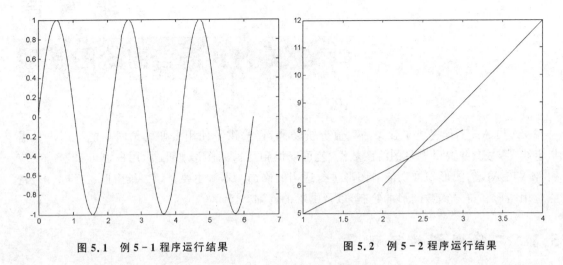

图 5.1　例 5－1 程序运行结果　　　　图 5.2　例 5－2 程序运行结果

2) 当 **X** 是向量,**Y** 是有一维与 **X** 同维的矩阵时,则绘制出多根不同色彩的曲线。曲线条数等于 **Y** 矩阵的另一维数,**X** 被作为这些曲线共同的横坐标。

【例 5－3】　分析以下程序结果:

```
t = 0:pi/100:2 * pi;              % 给定时间范围
alpha = 3;
y1 = sin(alpha * t);              % 给定函数 y1
y2 = cos(alpha * t);              % 给定函数 y2
y = [y1;y2];                      % y1 和 y2 组成矩阵
plot(t,y)                         % 绘制曲线
```

程序运行结果如图 5.3 所示。

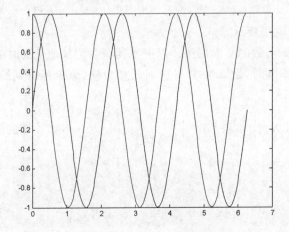

图 5.3　例 5－3 程序运行结果

3) plot 函数最简单的调用格式是只包含一个输入参数：plot(x)。这种调用格式以 x 为纵坐标，系统根据 x 向量的元素序号自动生成从 1 开始的向量作为横坐标。如果 x 为复向量时，则 plot(x) 相当于 plot(real(x),imag(x))，即以实部为横坐标，以虚部为纵坐标。

【例 5 - 4】　某工厂 2000 年各月总产值（单位：万元）分别为 22,60,88,95,56,23,9,10, 14,81,56,23,试绘制折线图以显示该厂总产值的变化情况。

```
p = [22,60,88,95,56,23,9,10,14,81,56,23];          %给定值
plot(p)                                            %绘制曲线
```

程序运行结果如图 5.4 所示。

【例 5 - 5】　分析以下程序运行结果，并将所绘制图形与例 5 - 2 作比较。

```
x = [1 2;3 4];          %给定复向量实部
y = [5 6;8 12];         %给定复向量虚部
z = x + i * y;          %复向量
plot(z)                 %绘制复向量曲线
```

程序运行结果如图 5.5 所示。

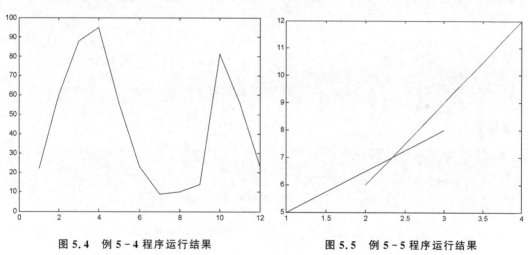

图 5.4　例 5 - 4 程序运行结果　　　　　　图 5.5　例 5 - 5 程序运行结果

由其运行结果可见，例 5 - 5 与例 5 - 2 的运行结果图形是一致的。

5.1.2　图形的修饰及示例

根据需要进行图形的修饰在有些时候是必需的。例如，例 5 - 3 的两条曲线如用其他方式区别效果会更好。MATLAB 给出了图形属性设置参数，便于进行修饰。这些修饰主要包括：对线型的修饰，对点类型和曲线颜色的设置，添加特殊字符、文字标注，以及坐标的设置等。

1. 图形参数的设置

对曲线参数的设置见表 5.1,包括可以对曲线颜色、曲线线型和曲线的数据点形分别进行设置。

73

表 5.1　曲线参数设置表

曲线颜色		曲线线型		数据点形	
选　项	意　义	选　项	意　义	选　项	意　义
b	蓝色(blue)	—	实线(默认)	·	实点
c	青色(cyan)	:	点线	+	十字形
g	绿色(green)	—·	点画线	o	圆圈
k	黑色(black)	——	虚线	*	星号
m	红紫色(magenta)			×	叉号
r	红色(red)			s	正方形
w	白色(white)			d	菱形
y	黄色(yellow)			h	六角形
				p	五角形
				V	下三角
				∧	上三角
				>	右三角
				<	左三角

【例 5 - 6】　用不同的修饰方式分别绘制 $y = \sin x$ 和 $y = \sin x + \cos x$ 的曲线。

程序 1：

```
t = 0:pi/20:2*pi;
y = sin(t);
plot(t,y,'-.or')        %用点画线,圆圈点形,红色修饰
```

程序 2：

```
t = 0:pi/10:2 * pi;
y = sin(t) + cos(t);
plot(t,y,'<')           %只用左三角点形修饰,没有用线型,此时只画出点形
```

程序 1 运行结果如图 5.6 所示,程序 2 运行结果如图 5.7 所示。

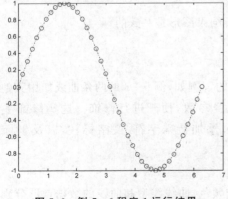

图 5.6　例 5 - 6 程序 1 运行结果

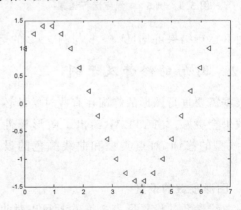

图 5.7　例 5 - 6 程序 2 运行结果

2. 图形坐标轴、坐标背景网格、坐标框的手工设置

（1）坐标轴的设置

plot 函数根据坐标参数自动确定坐标轴的范围。但用户也可根据需要用坐标控制命令 axis 控制坐标的特性，基本用法为：

```
axis([xmin xmax ymin ymax])    %设定横坐标与纵坐标的起始与终止值
```

【例 5－7】　比较以下两程序的不同结果。

程序 1：

```
x = 0:.025:pi/2;
plot(x,tan(x),'-bo')             %绘制正切曲线,修饰为实线,蓝色,圆圈点形
```

程序 2：

```
x = 0:.025:pi/2;
plot(x,tan(x),'-bo')             %绘制正切曲线,修饰为实线,蓝色,圆圈点形
axis([0 pi/2 0 5])               %横坐标设置为0~π/2,纵坐标设置为0~5
```

程序 1 的运行结果如图 5.8 所示，程序 2 在程序 1 的基础上增加了控制坐标的语句，即得到图 5.9 所示结果。可见，如果恰当地选择坐标范围，有助于更清晰地查看所关心的局部信息。

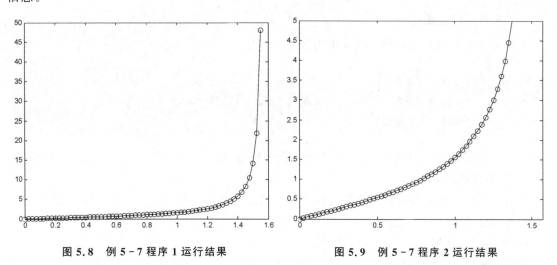

图 5.8　例 5－7 程序 1 运行结果　　　　图 5.9　例 5－7 程序 2 运行结果

（2）坐标背景网格的设置

坐标背景网格可用 grid 命令设置，其基本用法为：

```
grid on          %显示网格线
grid off         %去除网格线
grid             %切换有无网格的状态
```

【例 5－8】 为例 5－1 的图形加上网格线。

```
t = 0:pi/100:2 * pi;
alpha = 3;
y = sin(alpha * t);
plot(t,y);                %绘制曲线
grid on                   %显示网格线
```

例 5－8 程序的运行结果如图 5.10 所示。

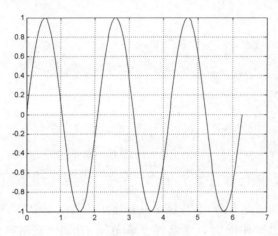

图 5.10　例 5－8 程序运行结果

（3）坐标框的设置

可以设置是否显示坐标框。其基本用法是：

```
box on     %添加坐标边界
box off    %去除坐标边界
box        %切换有无坐标边界的状态
```

坐标框的设置与 grid 类似,用户可依照上例进行练习。

3. 图形标注的添加

有时为图形添加必要的标注会更方便理解。图形标注可以分为图名标注、坐标轴标注、图例标注和文字注释。

- 图名标注:使用 title('string')命令。
- 坐标轴标注:使用 xlabel('string')、ylabel('string')命令为横纵坐标添加标注。
- 图例标注:使用 legend('string1','string2',…)命令的不同形式为图形添加图例。
- 文字注释:通过 text(x,y,'string')命令在图形坐标(x,y)处书写注释。

在以上的标注过程中,可能需要将特殊字符添加到标注中。表 5.2 给出了部分字母与符号。更详细的清单可查询 MATLAB 有关 text 的帮助。

还允许用户对字体大小、风格等进行设置。例如,通过"\fontname{fontname}"进行字体名称的设置,通过"\fontsize{fontsize}"进行字体大小的设置,通过"\bf"(表示黑体)、"\it"(表

示斜体)及"\rm"(表示正体)等设置字体风格,通过^{string}、_{string}设置"string"为上标或下标格式。

表 5.2　图形标注所用特殊字符表

命　　令	所代表字符	命　　令	所代表字符
\alpha	α	geq	≥
\beta	β	neq	≠
\gamma	γ	\equiv	≡
\delta	δ	\approx	≈
\omega	ω	\leq	≤
\zeta	ζ	\leftarrow	→
\eta	η	\uparrow	↑
\lambda	λ	\downarrow	↓
\xi	ξ	\rightarrow	→
\pi	π		

【例 5 - 9】　对例 5 - 1 图形进行适当标注。

```
t = 0:pi/100:2 * pi;
alpha = 3;
y = sin(alpha * t);
plot(t,y);                                          % 绘制曲线
grid on                                             % 添加网格
xlabel('\fontsize{20}\itt\rm/s');                   % 添加横坐标,字体大小为 20
ylabel('\fontsize{20}y = sin(\alphat)');            % 添加纵坐标,字体大小为 20
title('\fontsize{20}\itPlot of y = sin(\alphat)(\alpha = 3)');  % 添加标题,字体大小为 20,斜体格式
```

程序运行结果如图 5.11 所示。

也可通过曲线的 LineStyle,LineWidth,Marker,MarkerEdgeColor,MarkerFaceColor,MarkerSize 各属性值设定曲线的属性。

【例 5 - 10】　观察以下程序运行结果。

```
t = 0:pi/20:2 * pi;
plot(t,sin(t).^2,'-mo',...                          % 绘制曲线,红紫色,圆圈点形
        'LineWidth',3,...                           % 线宽为 3
        'MarkerEdgeColor','g',...                   % 修饰圆圈边色为绿
        'MarkerFaceColor',[.5 1 .3]...              % 修饰圆圈表面色由[.5 1 .3]给定
        'MarkerSize',12)                            % 修饰圆圈大小为 12
xlabel('\itt');ylabel('sin^{2}\itt');               % 添加标目
```

程序运行结果如图 5.12 所示。

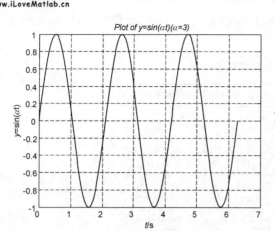

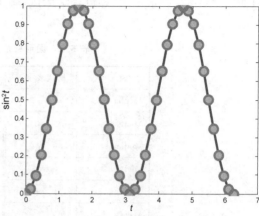

图 5.11　例 5 - 9 运行结果图　　　　　　图 5.12　例 5 - 10 运行结果图

5.1.3　多图绘制函数及示例

很多时候,将不同图形绘制在一幅图上是必需的。这涉及多图绘制问题。多图绘制有不同方法,如例 5 - 3 就将不同的曲线同时绘制在了一个坐标图中。总结一下,至少可以有以下几种方法。

1. 使用 subplot 函数在同一窗口绘制多个子图

subplot 函数的基本用法如下:

```
subplot(m,n,p)          %将图形窗口分为 m×n 幅子图,第 p 幅成为当前图
subplot(mnp)            %意义同上,省略了","
```

【例 5 - 11】　用 subplot 函数画多个子图。

```
t = 0:pi/100:2 * pi;                    %给定时间范围
y1 = sin(t);                            %曲线 1
y2 = cos(t);                            %曲线 2
y3 = sin(t) + cos(t);                   %曲线 3
y4 = sin(t). * cos(t);                  %曲线 4
subplot(2,2,1)                          %指定位置 1
plot(t,y1)                              %绘制曲线 1
xlabel('\itt\rm/s');                    %设定曲线 1 的 x 轴标注
ylabel('y_1 = sin(t)');                 %设定曲线 1 的 y 轴标注
subplot(2,2,2)                          %指定位置 2
plot(t,y2)                              %绘制曲线 2
xlabel('\itt\rm/s');                    %设定曲线 2 的 x 轴标注
ylabel('y_2 = cos(t)');                 %设定曲线 2 的 y 轴标注
subplot(2,2,3)                          %指定位置 3
plot(t,y3)                              %绘制曲线 3
grid                                    %添加网格
xlabel('\itt\rm/s');                    %设定曲线 3 的 x 轴标注
```

```
ylabel('y_3 = sin(t) + cos(t)');          % 设定曲线 3 的 y 轴标注
subplot(2,2,4)                             % 指定位置 4
plot(t,y4)                                 % 绘制曲线 4
grid                                       % 添加网格
xlabel('\itt\rm/s');                       % 设定曲线 4 的 x 轴标注
ylabel('y_4 = sin(t)* cos(t)');            % 设定曲线 4 的 y 轴标注
```

程序运行结果如图 5.13 所示。

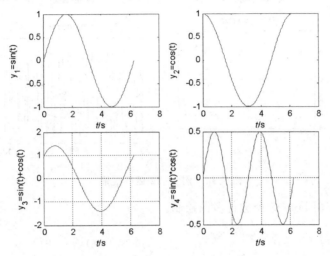

图 5.13　例 5-11 程序运行结果

多图绘制时各个子窗口不必都是 plot 函数绘制的曲线。下面的例子显示了不同类型图形在同一幅图形上绘制的情形。其具体意义将在下篇系统仿真程序设计中进行更深入的讲解。

【例 5-12】　在同一幅图上绘制不同类型的图形。

```
h = tf([4 8.4 30.8 60],[1 4.12 17.4 30.8 60]);   % 建立一个系统的传递函数
subplot(221)
bode(h)                                           % 在子窗口 1 中绘制系统 Bode 图
subplot(222)
step(h)                                           % 在子窗口 2 中绘制系统阶跃响应曲线
subplot(223)
pzmap(h)                                           % 在子窗口 3 中绘制系统零极点分布图
subplot(224)
plot(rand(1, 100))                                % 在子窗口 4 中绘制随机数曲线
title('Some noise')                               % 为子窗口 4 的图形添加标题
```

例 5-12 的程序运行结果如图 5.14 所示。

2. 通过 hold 命令保持上次的图形而进行多次叠加

hold 命令的基本用法如下：

```
hold on      % 保持当前坐标系和图形
hold off     % 不保持当前坐标系和图形
hold         % 切换以上两种状态
```

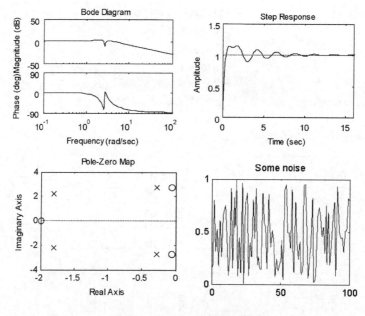

图5.14　例5-12运行结果

【例5-13】　使用hold命令进行多图绘制。

```
x = 0:pi/100:4 * pi;                                    % 设定 x 范围
y1 = sin(2 * x);                                        % 设定 y1
plot(x,y1,'r - - ');                                    % 绘制 y1,修饰为红色、虚线
hold on;                                                % 保持 y1
y2 = 2 * cos(2 * x);                                    % 设定 y2
plot(x,y2);                                             % 绘制 y2
axis([0 4 * pi - 2 2]);                                 % 设定图形坐标范围
title('y = sin(2x)及其导数曲线 ');                      % 设定图形标题
xlabel('x');                                            % 横坐标标注
ylabel('y');                                            % 纵坐标标注
legend('sin(2x)','2cos(2x)','Location','NorthEastOutside' );% 设定图例及其位置
grid on;                                                % 添加网络
hold off;                                               % 释放当前坐标系和图形
```

程序运行结果如图5.15所示。

【例5-14】　结合程序设计和绘图知识,完成以下要求:

一个简单的二元二次迭代式(Hénon 映射)为

$$\begin{cases} x_{n+1} = 1 - ax_n^2 + y_n \\ y_{n+1} = bx_n \end{cases}$$

绘制这个迭代得到的二元点(相空间)的轨迹图形。

　　分析题目,绘制二元点轨迹图形,就是把迭代出的 (x_i, y_i) 作为平面上的点,然后把这些点逐个在平面上绘制出来。在绘制时要保持前次绘制的点。程序为:

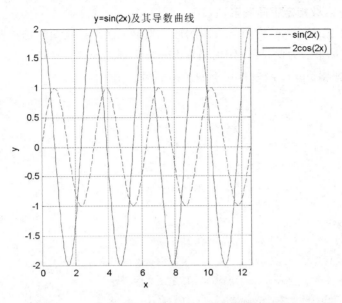

图 5.15　例 5 - 13 的程序运行结果

```
N = 1000;                          % 设定迭代次数
x = 0.3;y = 0.5;                    % 给变量赋值作为迭代初值
a = 1.2;b = 0.3;                   % 设定系数值
for i = 1:N                        % 进行循环
    x1 = 1 - a * x^2 + y;          % 迭代式
    y1 = b * x;                    % 迭代式
    plot(x1,y1,' * ')              % 绘制点
    hold on;                       % 保持图形
    x = x1;                        % 迭代
    y = y1;                        % 迭代
end
xlabel('\itx'),ylabel('\ity');     % 坐标标注
```

程序运行结果如图 5.16 所示。

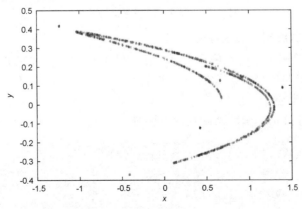

图 5.16　例 5 - 14 程序运行结果

3. 使用 figure 函数指定不同图形窗口

系统默认使用"Figure No.1"窗口绘制图形。当第二次继续绘图时仍在默认窗口绘制,即将以前的图形覆盖掉了。为此,可以使用函数 figure(h)来指定打开相应窗口。

【例 5 - 15】 使用 figure 函数指定不同图形窗口绘制多图。

```matlab
x = 0:pi/100:4 * pi;              % 指定 x 范围
y1 = sin(2 * x);                  % y1 函数
plot(x,y1,'r - -');               % 绘制函数 y1
title('\fontsize{16}y_1 = sin(2x)')   % 设定标题
xlabel('\itx'),ylabel('\itsin(2x)');  % 坐标标注
figure(2)                         % 开新窗口 2
y2 = 2 * cos(2 * x);              % y2 函数
plot(x,y2);                       % 绘制函数 y2
axis([0 4 * pi - 2 2]);           % 设定窗口 2 图形坐标
title('\fontsize{16}y_2 = 2cos(2x)'); % 设定图 2 的标题
xlabel('\itx'),ylabel('\it2cos(2x)'); % 坐标标注
grid on;                          % 添加网格
```

程序运行结果如图 5.17 所示。

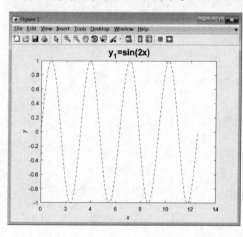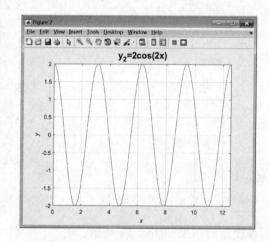

图 5.17　例 5 - 15 程序运行结果

4. 使用 plotyy 函数绘制双纵坐标图

使用 plotyy 函数绘制出的图形两边都有标注。plotyy(x1,y1,x2,y2)以左右不同纵轴绘制两条曲线。左纵坐标与横坐标组成的坐标系用于$(x1,y1)$数据,而右纵坐标与横坐标组成的坐标系用于$(x2,y2)$数据。

【例 5 - 16】 使用 plotyy 函数绘制双纵坐标图。

```matlab
x = 0:0.01:20;                    % 设定 x 范围
y1 = 200 * cos(x);                % 函数 y1
y2 = 0.8 * (cos(x) + sin(x));     % 函数 y2
h1 = plotyy(x,y1,x,y2);           % 绘制双纵坐标图
```

```
ylabel(h1(1),'\it200 * cos(x)')              % 设置 y1 曲线纵坐标
ylabel(h1(2),'\it0.8 * (cos(x) + sin(x))')   % 设置 y2 曲线纵坐标
xlabel('\itx');                              % 设置横坐标
```

程序运行结果如图 5.18 所示。

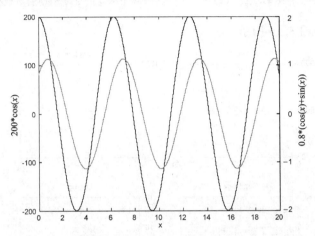

图 5.18 例 5-16 程序运行结果

由图可看出，即使两条曲线幅值相差悬殊，仍可在一幅图上各自展现。

5.1.4 特殊应用二维图形的绘制

除标准二维曲线绘制函数外，MATLAB 还提供了具有不同特殊意义的图形绘制函数。表 5.3 给出了常用的特殊应用二维图形函数及其说明。

表 5.3 常用特殊应用二维图形函数及其说明

函 数	说 明	函 数	说 明
loglog(x1,y1,…)	对数图	hist(y,x)	直方图
semilogx(y),semilogy(…)	半对数图	pareto(y,x)	Pareto 图，排列图
stairs(x,y)	阶梯图	errorbar(x,y,L,U)	误差限图
area(x,y)	填充绘图	stem(x,y)	火柴杆图
pie(x)	饼状图	polar(theta,rho)	极坐标图
feather(U,V)	羽状图	compass(U,V)	罗盘图
comet(x,y)	慧星状图	spy(S)	稀疏模式图
bar(x,y),barh(…)	二维条形图		

【例 5-17】 对于数组 $x = y = 0:1000$，试用对数函数、半对数函数分别绘制其曲线。

```
clear;
x = 0:1000;y = 0:1000;
subplot(2,2,1);
plot(x,y);title('Plot');grid on;              % 子图 1 绘制原曲线
```

```
subplot(2,2,2);
semilogx(x,y);title('Semilogx');grid on;          % 子图 2 的 x 轴取对数排列
subplot(2,2,3);
semilogy(x,y);title('Semilogy');grid on;          % 子图 3 的 y 轴取对数排列
subplot(2,2,4);
loglog(x,y);title('Loglog');grid on;              % 子图 4 的 x,y 轴均取对数排列
```

程序运行结果如图 5.19 所示。

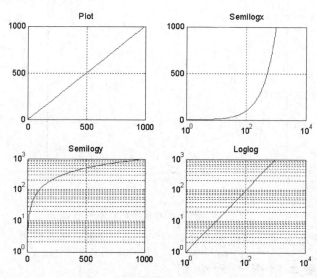

图 5.19　例 5-17 程序运行结果

【例 5-18】　分析下面程序及其所绘图形。

```
x = [10 30 50 25 20];              % 给定向量中各部分值
explode = [0 0 0 0 1];             % 标明要突出显示的分块
pie(x,explode)                     % 按各分块所占比例画饼状图,突出显示第 4 部分
figure(2)                          % 新建图形窗口
x = - pi:pi/20:pi;                 % 给定 x 范围
stairs(x,sin(x))                   % 绘制阶梯图
xlabel('\itx'),ylabel('\itsin(x)');  % 坐标标注
```

程序运行结果如图 5.20 所示。

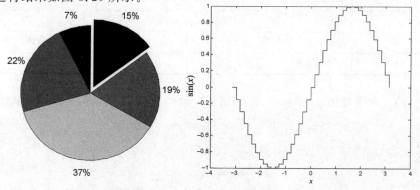

图 5.20　例 5-18 运行结果

5.2　三维图形的绘制

三维图形的绘制包括三维曲线图、三维网线图和三维曲面图的绘制。

5.2.1　三维图形绘制函数

三维曲线图绘制函数的基本调用格式为：

```
plot3(x,y,z,…)
```

其中，x,y,z 为维数相同的向量，分别存储 3 个坐标的值。类似于 plot 函数，plot3 也可以绘制多条曲线，并可以分别对不同曲线进行修饰。

绘制三维网线图和曲面图的基本函数及其说明见表 5.4。除表中所示基本调用格式外，MATLAB 允许用户进行更精细的控制(可进一步查阅相关帮助文档)。

表 5.4　三维网线图和曲面图基本函数及其说明

函　数	说　明
mesh(x,y,z)	常用的网线图调用格式
surf(x,y,z)	常用的曲面图调用格式
contour(x,y,z)	常用的等高线调用格式

三维网线图和曲面图的区别：网线图的线条有颜色，而空当是无颜色的；曲面图的线条是黑色的，空当有颜色(把线条之间的空当填充颜色，沿 z 轴按每一网格变化)。

三维网线图和曲面图的绘制比三维曲线图稍显复杂，主要表现于：绘图数据的准备，三维图形的色彩、明暗、光照和视点处理。

绘制函数 $z=f(x,y)$ 所代表的三维空间曲面，需要做以下数据准备。

1) 确定自变量 x,y 的取值范围和取值间隔：

```
x = x1:dx:x2;y = y1:dy:y2;
```

2) 构成 Oxy 平面上的自变量"格点"矩阵：

```
[X,Y] = meshgrid(x,y);
```

3) 计算在自变量采样"格点"上的函数值，即 $z=f(x,y)$。

5.2.2　三维图形绘制举例

【例 5 - 19】　绘制 $\begin{cases} x=\cos(t) \\ y=\sin(t) \\ z=t \end{cases}$ 所表示的曲线。

若您对此书内容有任何疑问，可以凭在线交流卡登录 MATLAB 中文论坛与作者交流。

```
t = 0:pi/30:10 * pi;                              % 设定时间范围
plot3(cos(t),sin(t),t,'- b','LineWidth',4)        % 绘制三维曲线,并作修饰
grid on                                           % 加网格
axis square                                        % 坐标为方形
figure(2)                                          % 新建图形窗口 2
stem3(cos(t),sin(t),t,'- .g')                     % 绘制三维火柴杆图
```

程序运行结果如图 5.21 所示。

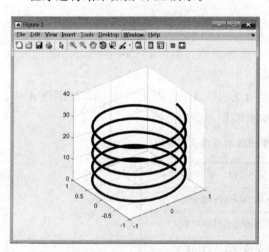
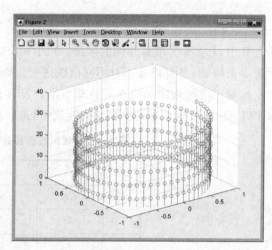

图 5.21　例 5 - 19 程序运行结果

【例 5 - 20】 绘制二元方程 $z = \dfrac{\sin(\sqrt{x^2+y^2})}{\sqrt{x^2+y^2}}$ 的三维曲面,x,y 的取值范围为 $[-8,8]$。

```
x = - 8:0.5:8;                                     % x 范围
y = - 8:0.5:8;                                     % y 范围
[xx,yy] = meshgrid(x,y);                           % 构成格点矩阵
c = sqrt(xx.^2 + yy.^2) + eps;
z = sin(c)./c;                                     % 计算采样格点上的函数值
subplot(2,2,1)
surf(xx,yy,z);title('Surf plot');                  % 子图 1 绘制三维图形
subplot(2,2,2)
mesh(xx,yy,z);title('Mesh plot');                  % 子图 2 绘制三维网线图
subplot(2,2,3)
surf(xx,yy,z);title('Surf plot');                  % 子图 3 绘制三维曲面
shading interp;                                     % 图形表面插值方式着色,表面光滑形式显示
subplot(2,2,4)
contour(xx,yy,z);title('Contour plot');            % 子图 4 绘制等高线
```

注意:程序中的 c 变量作分母,为避免其为 0 的情况,通过加 eps 来处理。

程序运行结果如图 5.22 所示。

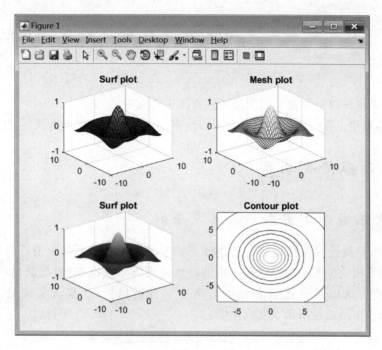

图 5.22 例 5 - 20 程序运行结果

5.3 图形的图形化编辑

可以利用图形窗口的编辑功能来编辑图形。

图形窗口不仅可以被动显示图形,而且还允许用户对图形进行编辑操作。图形窗口提供丰富的菜单选项,可以不同方式观察图形,也可对图形对象的属性进行编辑,如图 5.23 所示。

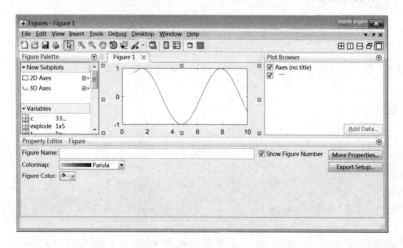

图 5.23 图形窗口编辑功能

若您对此书内容有任何疑问,可以凭在线交流卡登录 MATLAB 中文论坛与作者交流。

图中曲线及图形窗口由以下程序生成：

```
x = linspace(1,10,30);
y = sin(x);
plot(x,y)
plottools
```

利用图 5.23 中窗口提供的不同工具可进行图形的编辑。

也可以直接利用工作空间的变量进行图形绘制。这在 1.1.5 中已有描述，此处略。

5.4　符号函数绘制图形

5.4.1　符号函数绘制图形的函数及示例

在第 3 章中，已阐述过符号运算的基本知识。为了将符号函数的数值计算结果可视化，MATLAB 提供了相应绘图函数。这些函数的特点是无需数据准备，直接画出字符串函数或符号函数的图形。这一系列函数名称的前两个字符冠以"ez"，其含义就是 Easy-to-use。表 5.5 所列为这些常用的绘图函数及其说明。

表 5.5　符号函数的常用绘图函数及其说明

函　数	说　明	函　数	说　明
ezplot(fun,[min,max])	二维曲线	ezsurf(fun,domain)	曲面图
ezplot3(funx,funy,funz,[tmin,tmax])	三维曲线	ezsurfc(fun,domain)	带等位线的曲面图
ezpolar(fun,[a,b])	极坐标	ezmesh(fun,domain)	网线图
ezcontourf(fun,domain)	填色等位图	ezmeshc(fun,domain)	带等位线的网线图
ezcontour(fun,domain)	等高线		

【例 5-21】　绘制三维符号表达式 $\begin{cases} x = \cos(t) \\ y = \sin(t) \\ z = t \end{cases}$ 曲线。

具体程序如下：

```
x = sym('cos(t)');                    %给定符号函数 x
y = sym('sin(t)');                    %给定符号函数 y
z = sym('t');                         %给定符号函数 z
ezplot3(x,y,z,[0,10 * pi],'animate')  %绘制给定符号函数的三维曲线,以动画形式展示
```

程序绘制曲线结果如图 5.24 所示。图形以动画形式显示了曲线绘制趋势。

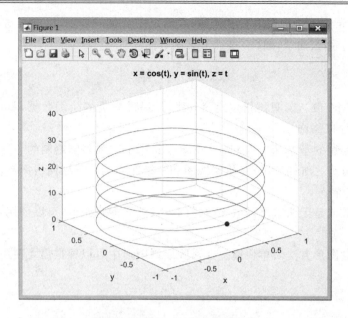

图 5.24 例 5 – 21 程序运行结果

5.4.2 符号函数的图形化绘制方式

符号函数绘制也可以通过图形化的方式进行。MATLAB 提供了图形化的符号函数计算器 funtool,其运行界面如图 5.25 所示。

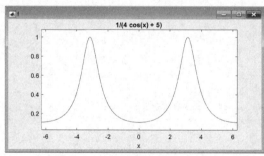

(a) 函数 f 的图形窗口

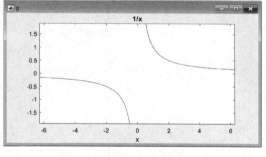

(b) 函数 g 的图形窗口

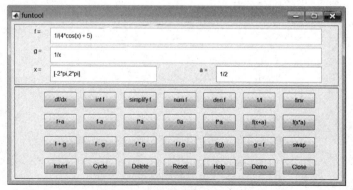

(c) 输入函数的窗口

图 5.25 funtool 运行界面

图 5.25(c)中允许用户输入 f 和 g 函数,并给定变量 x 的范围,设定参与运算的常数 a 的值。图(a)显示了 f 函数曲线,图(b)显示了 g 函数曲线。

本 章 小 结

1) 用户应用 MATLAB,只需指定绘图方式,并提供充足的绘图数据,就可以得到所需的图形,也可对图形加以修饰。

2) 二维图形绘制的基本函数为 plot。本章还给出了二维多图绘制的 4 种基本方法。

3) 三维图形分为三维曲线图、三维网线图和三维曲面图。三维网线图和曲面图的绘制比三维曲线图稍显复杂。

4) 对符号函数或是无法求出函数参数之间显式关系的隐函数,可以使用符号函数绘制图形的函数。

5) 图形化绘制图形方法简单快捷。在实际绘制图形中可以根据需要使用这种方法。

第 6 章

MATLAB GUI 程序设计初步

GUI(graphical user interface)即图形用户界面。MATLAB 的 GUI 程序设计可以用两种方法实现:一种是借助于 GUI 开发工具 GUIDE(GUI design environment)的设计方法;另一种是利用 M 文件代码构建界面的方法。采用 GUIDE 进行设计的方法所见即所得,直观方便,很容易上手。本章主要介绍利用 GUIDE 方法进行设计的步骤。有兴趣的用户可以进一步了解、学习全部利用 M 文件代码构建界面及执行程序的方法。

6.1 GUI 设计工具 GUIDE 简介

MATLAB 提供了用户图形界面开发程序 GUIDE,支持可视化编辑。它是一种基于事件或者说是事件驱动(event driven)的程序,类似于 Visual Basic 的开发方式。

6.1.1 GUIDE 的启动

在命令行输入 guide 命令即可。其启动界面如图 6.1 所示。还可以选择 HOME|FILE|New|Graphical User Interface 打开。

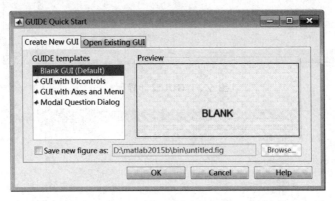

图 6.1 GUIDE 启动界面

6.1.2 GUI 的创建

如图 6.1 所示,用户可以创建新的 GUI,也可以打开已有的 GUI。创建界面时还可在模板基础上进行。在选择 GUI 模板时,启动界面右侧提供了预览。图 6.2 是以 GUI with Axes and Menu 模板创建的 GUI 的初始界面。

如果对界面左侧的控件不够熟悉,可以通过 File|Preferences 选项,选中 Show names in component palette 复选框,如图 6.3 所示。GUI 设计界面在显示控制图标的同时,还显示控件名称,如图 6.4 所示。

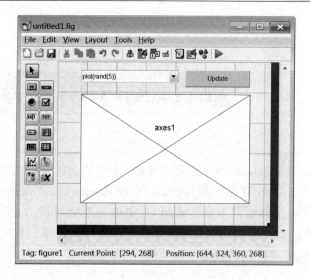

图 6.2　基于模板的 GUI 的初始界面

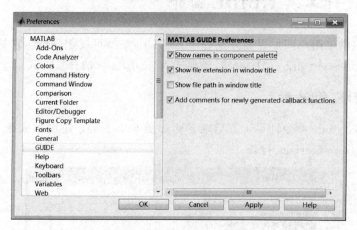

图 6.3　GUI 设计界面

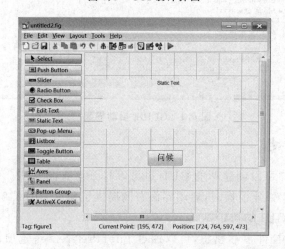

图 6.4　显示控件名称的设置界面

6.2　GUI 程序设计示例

　　本节通过两个示例,演示 MATLAB 的 GUI 程序设计。一个是"Hello World"程序,用于初步了解;另一个是用来演示控制系统传递函数典型环节的响应曲线,具有一定的实用性。

6.2.1　"Hello World"程序的设计

　　下面以程序"Hello World"为例,讲解 GUIDE 的有关知识。

1. 功能描述

　　程序设计的目标是当按下【问候】按钮时,由文本控件显示"Hello World"。

2. 程序界面设计

　　GUI 设计中的界面设计部分比较容易。在窗口上添加一个按钮控件(Push Button)和一个文本控件(Static Text)。可以双击控件调出属性编辑器进行其属性的设置。如在本例中,设按钮控件的 String 属性为"问候",Tag 属性为 helloBt,见图 6.5;设置文本控件的 String 属性为空,表示初始状态下不显示任何信息,Tag 属性为 helloStr,为显示清楚,设其 FontSize 属性为 28,见图 6.6。需要注意的是,Tag 属性设置要唯一,因为 Tag 属性是唯一标识控件的。至此,界面设计工作已完成。在保存时,会生成两个文件,一个是 helloworld.fig;另一个是 helloworld.m。

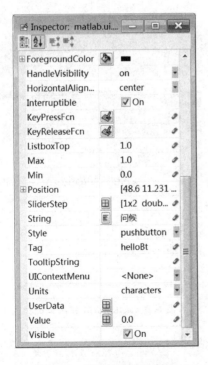

图 6.5　按钮控件属性设置

图 6.6　文本控件属性设置

　　此外还可以根据需要,通过 Tools|Menu Editor 进行类似于 Windows 程序的菜单设计。其编辑窗口如图 6.7 所示,菜单效果如图 6.8 所示。

若您对此书内容有任何疑问,可以凭在线交流卡登录MATLAB中文论坛与作者交流。

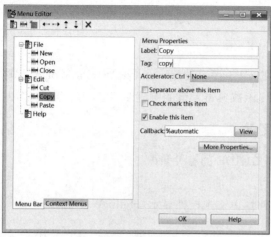

图 6.7　菜单设计的编辑窗口

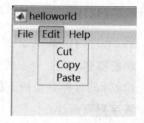

图 6.8　菜单效果图

3. 程序代码设计

按照要求,可以给按钮添加动作,即给它编写一个回调函数(Callback)。通过单击鼠标右键,选择 View Callbacks|Callback 自动打开 helloworld. m 文件并指向该回调函数,根据需要为其添加语句。程序将句柄集 handles 的 helloStr(即文本控件)String 属性设置为 Hello World,即完成了设计要求。这段程序的意思是:当单击按钮时,即由程序设置文本控件的 String 属性值为 Hello World。

```
function helloBt_Callback(hObject, eventdata, handles)
set(handles.helloStr,'String','Hello World！');
```

这里要注意回调函数的概念,它指的是在对象的某一个事件发生时,MATLAB 内部机制允许自动调用的函数。其几个参数的意思分别为:hObject 表示当前窗口的句柄;eventdata 表示事件代码,为保留值;handles 是该窗口中的所有句柄的集合。回调函数有的是针对窗口而言的,有的是对具体控件而言的,学会回调函数的编写有助于高效编写 MATLAB GUI 程序。

4. 程序测试运行

在程序编辑窗口运行测试,或在命令窗口键入程序名称 helloworld,即可运行。如果没有任何错误,单击【问候】按钮后,其运行界面应如图6.9所示。

图 6.9　helloworld 程序运行界面

>>> 提示

当不小心将 helloworld. fig 关掉后,再次编辑需要重新打开。此时可以通过 File|New|GUI|Open Existing GUI 来打开。如果按照一般理解选择 File|Open 项,则只能打开其运行窗口而不可编辑。这一点务请注意。

6.2.2　控制系统典型环节的演示程序

1. 程序功能描述

进行控制系统典型环节的演示,包括典型环节运行效果的演示与代码的展示。也可以在代码区输入绘制曲线语句并通过单击定制曲线按钮绘制曲线。

2. 程序界面设计

根据程序功能要求,添加不同控件,并设置控件各自的属性。

1) Axes 控件的作用为显示图形,典型环节的阶跃响应曲线及定制曲线都在此处进行显示。Tag 属性设为 myAxes。

2) Panel 控件用来盛放其他控件,这里盛放的是代码区。Tag 属性设为 uipanel;Title 属性设为空。

3) Edit Text 控件用于输入和显示文本,此处作为代码区,主要作用为展示典型环节的代码、输入用户定制的曲线代码。Tag 属性设为 strCode。对该控件的大小控制,可直接在设计时拖动控件的右下角;也可打开其属性窗口,调整 Position 属性的值。

String 属性设为:

```
Please input command

for example:

x = 0:0.1:4 * pi;

y = sin(x);
```

这为用户定制曲线提供了一个例程。

4) Static Text 控件作为标识,提示位于其下方的 Listbox 控件选项是进行典型环节演示的。Tag 属性设为 txtDemo;String 属性设为典型环节演示。

5) ListBox 控件类似于一组复选框,用户可以从中选择不同选项。Tag 属性设为 lstBox。String 属性设为:

```
比例环节

惯性环节

比例微分环节

比例积分环节
```

表示此列表控件共有 4 项内容,即 4 个典型环节可选。

6) Push Button 控件表现为一个按钮。本例中使用了两个此控件。一个用于定制曲线的绘制,方法是:用户在代码区输入绘制曲线语句后,单击此按钮进行曲线的绘制。Tag 属性设为 btnDraw;String 属性设为定制曲线;TooltipString 属性设为在代码区中输入曲线参数,绘制任意曲线。这样,当用户将光标置于按钮之上时,会有相应的提示信息。另一个用于关闭运行窗口,方法是:Tag 属性设为 btnClose;String 属性设为关闭;TooltipString 属性设为关闭窗口。

设定完成的界面草图如图 6.10 所示。

若您对此书内容有任何疑问,可以凭在线交流卡登录 MATLAB 中文论坛与作者交流。

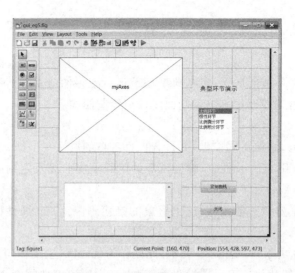

图 6.10　程序界面设计草图

　　至此,本例所需的控件已设置完毕。在最初按照草图添加部署了所有的控件后,这些控件往往不会排列得很整齐。此时可根据需要进行控件的排列。如在本例中,要将位于窗口右侧的 4 个控件竖排整齐,则可在窗口选 Tools|Align Objects,在弹出的窗口中选择控件的排列方式,如图 6.11 所示。

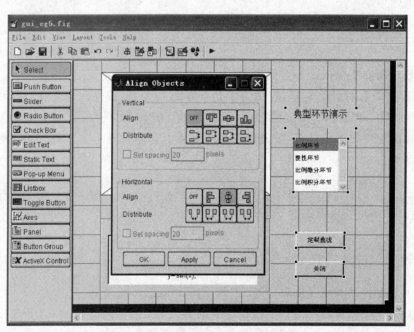

图 6.11　界面控件布局设置

3. 程序代码设计

　　根据要求,在选择典型环节时需要设置回调函数。此外,对两个按钮控件也要设置回调函数。

　　回调函数的生成在前一个例子已讲过,不再重复。这里只给出相应的代码段供参考。

(1) 定制曲线按钮的回调函数

```matlab
function btnDraw_Callback(hObject, eventdata, handles)

try
    str = char(get(handles.strCode,'String'));    % 将在代码区输入的代码转换成数组
    str0 = [];
    for ii = 1:size(str,1)                         % 对 str 的每行操作
        str0 = [str0,deblank(str(ii,:))];          % 将 str 第 ii 行去掉空格后作为向量 str0 的一个元素
    end
    eval(str0);                                     % 执行代码
    axes(handles.myAxes);                           % 将 myAxes 设为当前坐标系
    plot(x,y);                                       % 绘制曲线
catch
    errordlg('请重新检查输入数据！');                % 如有数据错误,捕获并给出提示
end
```

(2) 典型环节列表框的回调函数

```matlab
function lstBox_Callback(hObject, eventdata, handles)

v = get(handles.lstBox,'value');                   % 取出所选项的值
% 对不同选项,进行对应环节曲线的绘制和代码的展示
switch v
    case 1,                                         % 比例环节
        str1 = 'nump = 3;denp = 1;';                % 绘制比例环节曲线的代码
        str2 = 't = 0:0.1:10;';
        str3 = '[y,t,x] = step(nump,denp,t);';
        % 将代码作为数组赋值给代码区的 String 属性,即展示代码
        set(handles.strCode,'String',char(str1,str2,str3));
        % 将所选环节名称显示在 panel 控件上
        set(handles.uipanel,'Title','比例环节');
    case 2,                                         % 惯性环节
        str1 = 'numg = 1;deng = [0.2 1];';
        str2 = 't = 0:0.1:10;';
        str3 = '[y,t,x] = step(numg,deng,t);';
        set(handles.strCode,'String',char(str1,str2,str3));
        set(handles.uipanel,'Title','惯性环节')
    case 3,                                         % 比例微分
        str1 = 'K = 2;T = 0.1;N = 5;numpd = [K * T K];denpd = [T/N 1];';
        str2 = 't = 0:0.1:10;';
        str3 = '[y,t,x] = step(numpd,denpd,t);';
        set(handles.strCode,'String',char(str1,str2,str3));
        set(handles.uipanel,'Title','比例微分环节');
```

若您对此书内容有任何疑问,可以凭在线交流卡登录 MATLAB 中文论坛与作者交流。

```
    case 4,                              % 比例积分
        str1 = 'K = 4;T = 0.2;numpi = [K * T K];denpi = [T 0];';
        str2 = 't = 0:0.1:10;';
        str3 = '[y,t,x] = step(numpi,denpi,t);';
        set(handles.strCode,'String',char(str1,str2,str3));
        set(handles.uipanel,'Title','比例积分环节');
end
btnDraw_Callback(hObject,eventdata,handles)        % 调用定制曲线按钮的回调函数进行曲线绘制
```

（3）关闭窗口按钮的回调函数

```
function btnClose_Callback(hObject, eventdata, handles)

close(gcf);                    % 关闭当前图形窗口
```

4. 程序测试运行

运行程序后,出现如图 6.12 所示的界面。

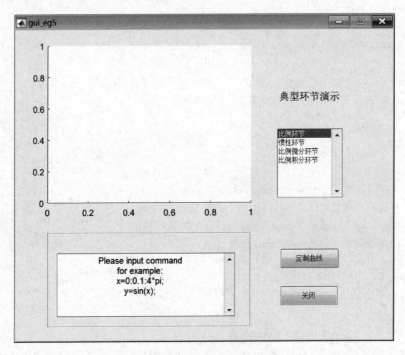

图 6.12　程序首界面

输入绘制曲线的代码,如

```
x = 0:0.1:4 * pi;
y = cos(x);
```

单击【定制曲线】按钮后,出现如图 6.13 所示的运行结果。

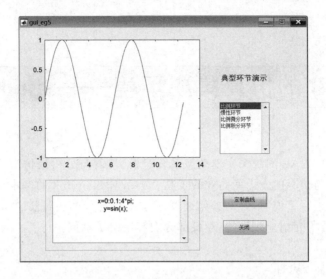

图 6.13　定制曲线运行结果

以惯性环节的演示为例,运行结果如图 6.14 所示。

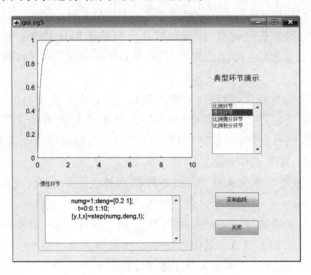

图 6.14　惯性环节的演示结果

本 章 小 结

1) MATLAB 的 GUI 程序设计可以由两种方式实现,一种是借助 GUI 开发工具 GUIDE;另一种是利用 M 文件代码构建界面。采用 GUIDE 进行设计的方法所见即所得,直观方便,容易上手。

2) GUIDE 提供了类似 Visual Basic 的程序设计方法。它将界面设计与代码编写分离。

3) 利用 GUIDE 进行 MATLAB 的 GUI 程序设计,最核心的是回调函数的编写。

若您对此书内容有任何疑问,可以凭在线交流卡登录MATLAB中文论坛与作者交流。

第 7 章

MATLAB 的仿真集成环境——Simulink

Simulink 是 MATLAB 的一个实现动态系统建模、仿真与分析的仿真集成环境软件工具包,是控制系统计算与仿真的先进而高效的工具。本章对 Simulink 的基本界面操作和功能模块、仿真环境的设置进行了说明,并对如何建立子系统与进行模块封装、如何通过编写 S-函数建立功能模块进行了介绍。相应的,对各部分内容给出了示例。

7.1 Simulink 概述

在 Simulink 帮助文档中,将 Simulink 概括为基于模型的设计工具(Tool for Model Based Design)、仿真工具(Tool for Simulation)和分析工具(Tool for Analysis)。

Simulink 是对动态系统进行建模、仿真和综合分析的图形化软件。它可以处理线性和非线性、离散、连续和混合系统,也可以处理单任务和多任务系统,并支持具有多种采样频率的系统。

Simulink 的图形化仿真方式,使其具有更直观形象、更简单方便与灵活的优点。比如,由 Simulink 创建的控制系统动态方框图模型,是系统最基本的直觉图形化形式,非常直观,容易理解。并且可以在仿真进行的同时,就能看到仿真结果。这样可以大大简化设计流程,减轻设计负担和降低设计成本,提高工作效率。

此外,Simulink 内置有各种分析工具,如多种仿真算法、系统线性化以及寻找平衡点等,都是非常先进而实用的。

Simulink 仿真的结果能够以变量的形式保存到 MATLAB 的工作空间,供进一步的分析、处理和利用。它还可以将 MATLAB 工作空间中的数据导入到模型中。

更为优秀的是,Simulink 具有开放的体系结构,允许用户自己开发各种功能的模块,并可无限制地将其添加到 Simulink 中,以满足不同的任务要求。

可以通过单击 ⍰ ,进入帮助文档的主页面。在其中选择 Simulink 即可查阅其全部帮助内容。其中 Examples 下的例程可供了解 Simulink 的强大功能。

7.2 Simulink 的基本界面操作

在 MATLAB 命令窗口键入 simulink,或在开发环境的 HOME 选项卡下选择 Simulink Library 分项,即可打开 Simulink Library Browser,如图 7.1 所示。单击该窗口中的【New Model】按钮,即可打开一个空白模型窗口。也可通过在 HOME|FILE 分项下选择 New|SIMULINK|Simulink Model 打开。此时就可以在模型窗口中建立模型并进行仿真工作,如图 7.2 所示。

图 7.1 Simulink Library Browser 界面

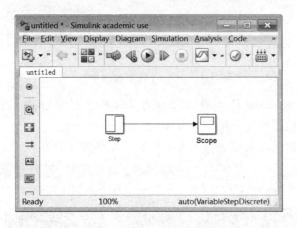

图 7.2 Simulink 模型窗口

在模块库中选择构建系统模型所需的模块,并把它们直接拖放到所建立的系统模型窗口中。之后需要做的工作是按照系统的信号流程将各系统模块正确连接起来。用鼠标单击并移动所需功能模块至合适位置,将光标指向源模块的输出端口,此时光标变成"＋"。单击鼠标左键并拖动至目标模块的输入端口,在接近到一定程度时光标会由红色虚线变为黑色实线。此时松开鼠标按键就完成了连接。另一种快速连接两个模块的方法是先单击选中的源模块,按下 Ctrl 键,再单击目标模块,这样将直接建立起两个模块的连接。连接成功后在连接点处出现一个箭头,表示系统中信号的流向。

在详细介绍功能模块及其操作之前,不妨先通过一个简单例子的演示,体验 Simulink 的方便快捷,体会 Simulink 的基本操作步骤。

【例 7 – 1】 创建一个正弦信号的仿真模型。

1) 打开 Simulink。可以用前面介绍的两种方法中任意一种打开。

2）新建一个空白模型。打开空白模型窗口，并保存。这里保存为 simu_eg11.mdl。

3）选取建立模型必需的模块。在左侧的 Sources 子模块库里查找到 Sine Wave 模块（正弦信号模块），将其拖到模型窗口中。

4）按同样的步骤在 Sinks 子模块库里找到 Scope 模块（示波器模块）。

5）各模块的正确连接。按照前面提到的方法，将 Sine Wave 模块的输出端连接到 Scope 模块的输入端，从而连接起两个模块。

建立起的模型如图 7.3 所示。

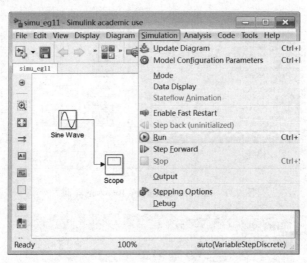

图 7.3　例 7-1 仿真模型窗口

6）仿真。选择 Simulation│Run 项，或直接在工具栏上选 ▶（Run），仿真开始。之后双击示波器模块，可看到示波器图形上的正弦曲线，如图 7.4 所示。

通过这个例子，用户可以对仿真的基本步骤有个粗略的了解。

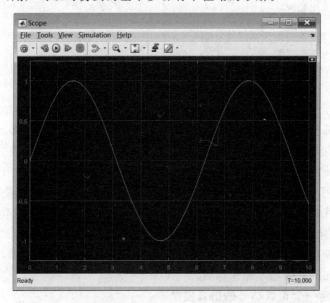

图 7.4　例 7-1 仿真结果图

7.3　Simulink 的功能模块及其操作

为便于仿真,Simulink 模块库提供了丰富的功能模块。这些模块分属于不同功能、不同类别的子模块库。下面对 Simulink 的主要功能模块及其操作进行简要介绍。

7.3.1　Simulink 的功能模块

功能模块既可以通过右击左侧的子模块库选择 Open ＊＊ library(＊＊代表相应的子模块库名)打开,也可以直接双击右侧的子模块库查看。

为便于叙述和用户对照学习,此处仍按照图 7.1 软件窗口所列的顺序进行介绍。

1. 常用模块组(Commonly Used Blocks)

这个模块组是由其他模块组中的模块组成的,如图 7.5 所示。将常用的模块集中到一起,主要是方便用户,利于提高建模速度。这些模块的使用在其他模块组中会有介绍。

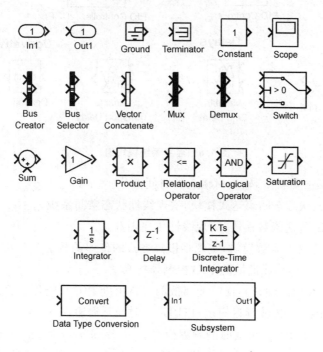

图 7.5　常用模块组

2. 连续系统模块组(Continuous)

连续系统模块组包括以下一些常用的连续模块,如图 7.6 所示。

1) Integrator:积分器模块,输出对输入的时间积分。

2) Integrator Limited:限幅积分器模块,对积分输出进行限幅。

3) Integrator Second - Order:二阶积分器模块,输出对输入两次积分。

4) Integrator Second - Order Limited:二阶限幅积分器模块,对两次积分结果进行限幅。

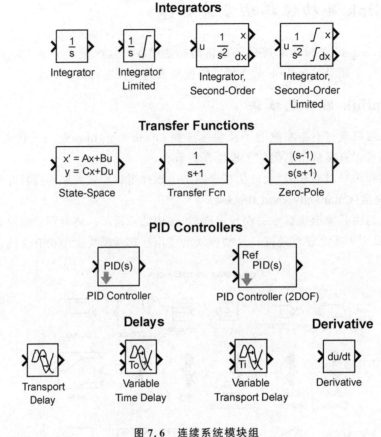

图 7.6　连续系统模块组

5）Derivative：微分器模块，输出对输入的时间微分。

6）State – Space：状态空间表达式模块，实现线性状态空间系统。

7）Transfer Fcn：传递函数模块，实现线性传递函数。

8）Zero – Pole：零极点函数模块，实现零极点方式的传递函数。

9）PID Controller：连续或离散的 PID 控制器仿真。

10）PID Controller（2 DOF）：连续或离散的二自由度 PID 控制器仿真。

11）Transport Delay：传输延迟模块，以固定的时间延迟输入。

12）Variable Time Delay：可变时间延迟模块。$y(t)=u(t-t_0)=u(t-\tau(t))$。

13）Variable Transport Delay：可变传输延迟模块，以变化的时间量延迟输入。$y(t)=u(t-t_d(t))$。

3. 非线性系统模块组（Discontinuities）

非线性系统模块组包含了常用的非线性模块，如图 7.7 所示。

1）Backlash：磁滞回环模块。

2）Saturation：饱和非线性模块。

3）Saturation Dynamic：动态饱和非线性模块。

4）Dead Zone：死区非线性模块。

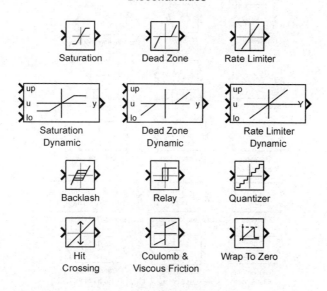

图 7.7　非线性系统模块组

5）Dead Zone Dynamic：动态死区非线性模块。

6）Relay：继电模块。

7）Quantizer：量化模块。

8）Coulomb & Viscous Friction：库伦与黏性摩擦非线性模块。

9）Rate Limiter：静态限制信号的变化速率。

10）Rate Limiter Dynamic：动态限制信号的变化速率。

11）Hit Crossing：过零检测非线性模块。

12）Wrap to Zero：环零非线性模块。

4.　离散系统模块组（Discrete）

离散系统模块组包含了常用的线性离散模块，如图 7.8 所示。常用的模块如下。

1）Unit Delay：单位时间延迟，延迟信号一个采样周期。

2）Discrete Transfer Fcn：离散系统的传递函数。

3）Discrete Zero-Pole：离散系统的零极点函数。

4）Discrete State-Space：离散系统的状态方程。

5）First-Order Hold：一阶保持器。

6）Zero-Order Hold：零阶保持器。

7）Memory：记忆模块，用于返回上一时刻值。

8）Discrete Filter：离散滤波器，实现 IIR 和 FIR 离散滤波器。

在 Aditional Math & Discrete|Aditional Discrete 模块组中还有丰富的附加离散系统模块，可供使用。

5.　数学运算模块组（Math Operations）

数学运算模块组用于构造任意复杂的数学运算，如图 7.9 所示，主要有数学运算、向量/矩阵运算、复数向量的转换等。常用的模块如下。

若您对此书内容有任何疑问，可以凭在线交流卡登录 MATLAB 中文论坛与作者交流。

106

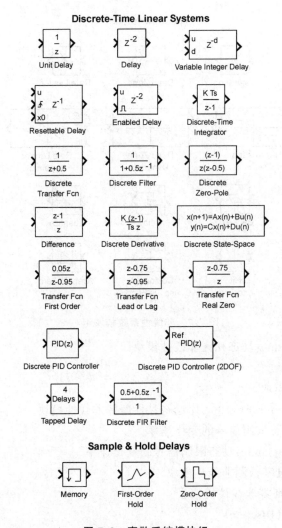

图 7.8　离散系统模块组

1）Gain：增益函数模块，输入乘以一个常数，执行比例运算。

2）Slider Gain：可调增益函数模块。

3）一般数学函数，如 Add（求和函数）、Substract（减法函数）、Product（乘法函数）、Divide（除法函数）、Abs（绝对值函数）、Sign（符号函数）、Trigonometric Function（三角函数）、Rounding Function（取整函数）及 Sum（求和函数）等。

4）Math Function：数据函数模块，包括指数函数、对数函数、求平方和开方等函数。

5）Algebraic Constraint：代数约束模块，强制输入信号为零。

6）Complex to Real-Imag：复数的实部虚部提取模块，输出复数输入信号的实数和虚数部分。

7）Complex to Magnitude-Angle：复数变换成幅值幅角的模块，输出复数输入信号的幅值和相位。

在 Aditional Math & Discrete|Aditional Math：Increment-Decrement 模块组中还有递增和递减的数学模块，可供使用。

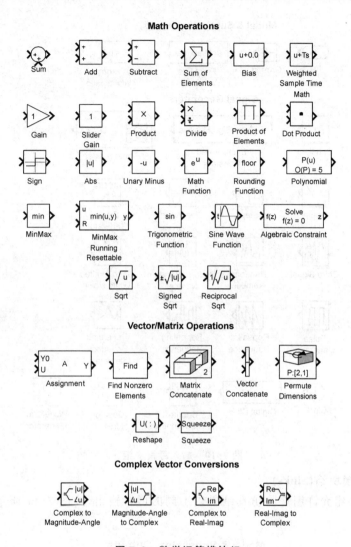

图 7.9　数学运算模块组

6. 输入源模块组 (Sources)

输入源模块组中各模块作为系统的输入信号源,如图 7.10 所示。其主要模块如下。

1) In1:输入端口模块,为子系统或外部输入生成一个输入端口。

2) Constant:常数输入模块,生成一个常值。

3) Signal Generator:普通信号发生器,生成正弦、方波、锯齿波和随意波波形。

4) From File:读文件模块,加载文件读数据。

5) From Workspace:读工作空间模块。

6) 不同类型的输入信号,如 Step(阶跃输入)、Ramp(斜坡输入)、Pulse Generator(脉冲信号)、Sine Wave(正弦信号)、Band Limited White Noise(带宽限幅白噪声)等,Signal Builder 模块还允许由用户自己创建信号,Repeating Sequence 模块构造可重复的输入信号。

7) Clock:时间信号模块,显示并输出当前的仿真时间。

8) Ground:接地线模块,用来连接输入端口未与其他模块相连的模块。

若您对此书内容有任何疑问,可以凭在线交流卡登录MATLAB中文论坛与作者交流。

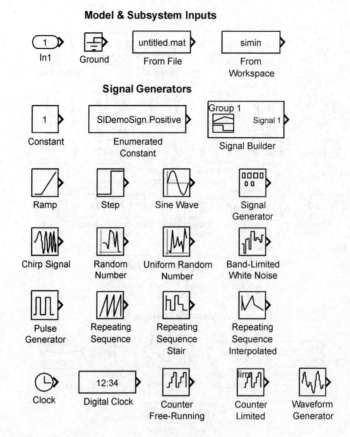

图 7.10　输入源模块组

7. 输出显示模块组 (Sinks)

　　输出显示模块组允许用户将仿真结果以不同的形式输出,如图 7.11 所示。其主要模块如下。

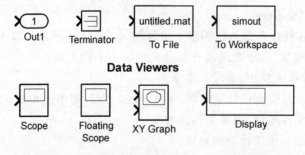

图 7.11　输出显示模块组

1）Out1：输出端口模块，为子系统或外部输出创建一个输出端口。

2）Terminator：信号终结模块，终止一个未连接的输出端口。

3）Scope/Floating Scope：示波器模块，显示仿真期间生成的信号。

4）XY Graph：XY 示波器，使用 MATLAB 图形窗口显示信号的 XY 图。

5）To Workspace：工作空间写入模块，将数据写入到工作空间的变量。

6）To File：写文件模块，将数据写入到文件。

7）Display：数字显示模块，显示输入值。

8）Stop Simulation：仿真终止模块，当输入为非零时停止仿真。

7.3.2　功能模块的基本操作

对功能模块的基本操作主要有对其外在属性的操作（如移动位置、改变大小等），也有对内在属性的设定（如参数设定、模块输入输出信号设定等）。

在对模块或模块组进行操作之前，首先应该选中该模块或模块组。模块或模块组被选中的标志为四周出现黑点。

选择一个模块时用鼠标单击就可以选中。选择一些模块则可以首先在选择区域的一角按下鼠标左键，然后拖动鼠标到区域斜对角处释放。此时整个区域内所有的模块均被选中。选择任意模块组合时可按下 Shift 键，再单击各备选模块即可。以上操作类同于 Windows 操作。当模块被选中后，可进一步完成如下不同的操作。

（1）移　动

选中模块，按住鼠标左键将其拖曳到所需的位置；如要脱离线而移动，可先按住 Shift 键，再进行拖曳。

（2）复　制

选中模块，然后按住鼠标右键进行拖曳即可复制出同样的一个功能模块；也可先按住 Ctrl 键，再左键选中功能模块进行复制。

（3）删　除

选中模块，按 Delete 键即可。若要删除多个模块，可以同时按住 Shift 键，再用鼠标选中多个模块，按 Delete 键即可。也可以用鼠标选取某区域，再按 Delete 键就可以把该区域中的所有模块和线等全部删除。

（4）转　向

为了能够顺序连接功能模块的输入和输出端，功能模块有时需要转向。在菜单 Rotate & Flip 中选择 Flip Block 旋转 180°，也可选择 Clockwise 或 Counterclockwise 顺时针或逆时针旋转 90°。或者直接按 Ctrl＋F 键执行 Flip Block，按 Ctrl＋R 键执行 Rotate Block。

（5）改变大小

选中模块，对模块出现的四个黑色标记进行拖曳即可。

（6）模块命名

先用鼠标在需要更改的名称上单击，然后直接更改即可。名称在功能模块上的位置也可

109

以变换 180°，可以通过选择菜单 Rotate & Flip|Flip Block Name 实现。Hide Name 可以隐藏模块名称。

（7）颜色设定

Format 菜单中的 Foreground Color 可以改变模块的前景颜色，Background Color 可以改变模块的背景颜色；Shadow 菜单项将给选中的模块加阴影效果；而模型窗口的颜色可以通过在模型窗口空白处单击右键，在 Canvas Color 菜单下选择来改变。

（8）参数设定

用鼠标双击模块，就可以进入模块的参数设定窗口，从而对模块进行参数设定。参数设定窗口包含了该模块的基本功能帮助，为获得更详尽的帮助，可以单击其上的 Help 按钮。通过对模块的参数设定，就可以获得需要的功能模块。

（9）属性设定

选中模块，右击 Block Properties，或打开 Edit 菜单的 Block Properties 可以对模块进行属性设定，包括 Description 属性、Priority 属性、Tag 属性和 Callbacks 属性等。其中，当指定 Callbacks 函数名时，则当该模块被双击之后，Simulink 就会调用该函数执行，这种函数在 MATLAB 中称为回调函数。

（10）模块的输入输出信号

模块处理的信号包括标量信号和向量信号。标量信号是一种单一信号；而向量信号为一种复合信号，是多个信号的集合，它对应着系统中几条连线的合成。默认情况下，大多数模块的输出都为标量信号。对于输入信号，模块都具有一种"智能"的识别功能，能自动进行匹配。某些模块通过对参数的设定，可以使模块输出向量信号。

（11）字体设定

选中若干个模块，选择 Format 菜单中的 Font Style 菜单项，则将自动得出标准的字体设置对话框。可以通过选择不同的字体选项得出不同的字体显示效果。

【例 7-2】 对例 7-1 图中的模块进行属性设置。

双击例 7-1 图中的正弦信号模块，可得到如图 7.12 所示的正弦信号属性设置界面。可以按要求对其属性（如幅值和频率等）参数进行设置。

示波器在 Simulink 仿真中使用频繁。这里顺便简述一下示波器的参数设定。在如图 7.4 所示的示波器窗口，可选择 File|Number of Input Ports 设定示波器测试信号通道的数量。而在 Tools 菜单下则有丰富的选项可用以对波形进行变焦放大、坐标刻度设定以及信号的统计分析。View 菜单下的 Layout 用于进行示波器多个图形子窗口的布局；选择 View|Configuration Properties 选项可打开窗口，如图 7.13（a）所示，在不同选项卡下可设定示波器信号通道数量、采样时间，选择测试数据的保存格式（可选择数据集、结构体、带时间信息的结构体、数组等格式），限定采集点数量等。

选择 View|Style 可以对示波器显示图形进行格式设置，如图 7.13（b）所示，可设定颜色、绘制类型、绘制图形的线型参数等。

如果有多条曲线输入示波器的话，允许分别对不同曲线进行相应设置。

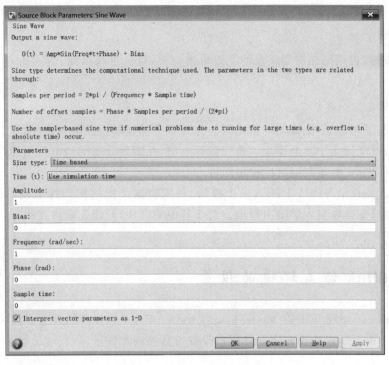

图 7.12　正弦信号属性设置界面

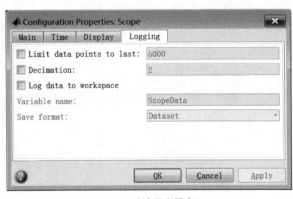

(a) 示波器配置窗口

(b) 示波器图形格式设置窗口

图 7.13　示波器属性设置窗口

7.3.3　功能模块的连接操作

　　Simulink 模型的构建是通过用连接线将各种功能模块进行连接而构成的。用鼠标可以在功能模块的输入与输出端之间直接连线。连接线可传输标量或向量信号。Simulink 模型中的连接线可以改变粗细、设定标签,也可以折弯或分支。

　　(1) 设定标签

　　只要在线上双击鼠标,即可输入该线的说明标签,也可以通过选中线,然后右键选择 Sig-

nal Properties 进行设定。其中 Signal name 属性的作用是标明信号的名称。

（2）线的折弯

按住 Shift 键,再用鼠标在要折弯的线处单击一下,就会出现圆圈,表示折点,利用折点就可以改变线的形状。

（3）线的分支

在某些情况下,一个系统模块的输出同时作为多个其他模块的输入,这时需要从此模块中引出若干连线,以连接多个其他模块。按住鼠标右键,在需要分支的地方拉出即可。或者按住 Ctrl 键,在要建立分支的地方用鼠标拉出即可。

如果用户需要在信号连线上插入一个模块,只需将这个模块移到线上就可以自动连接。注意,这个功能只支持单输入单输出模块。对于其他的模块,只能先删除连线,放置模块,然后再重新连线。

7.4 Simulink 仿真环境的设置

当选择 Simulation 菜单下的 Model Configuration Parameters 项,就会弹出一个配置参数界面,如图 7.14 所示。在此界面中允许用户设置仿真控制参数。

（1）Solver 页

它允许用户设置仿真的开始和结束时间,选择解法器,配置解法器参数及选择一些输出选项,如图 7.14 所示。

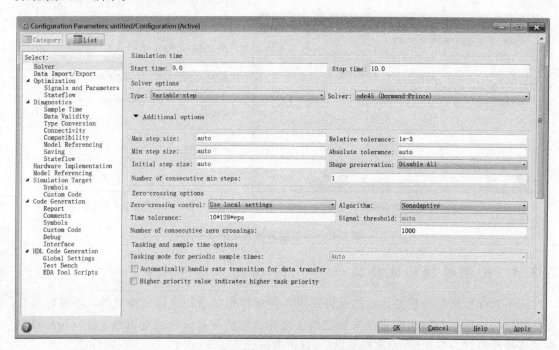

图 7.14　Simulink 仿真环境的 Solver 设置界面

Simulation time:仿真时间的设置。这里的时间概念与真实的时间并不一样,只是计算机仿真中对时间的一种表示,比如 10 s 的仿真时间,如果采样步长定为 0.1,则需要执行 100 步,若把步长减小,则采样点数增加,那么实际的执行时间就会增加。一般仿真开始时间设为 0,而结束时间视不同的因素而选择。总的说来,执行一次仿真要耗费的时间依赖于很多因素,包括模型的复杂程度、解法器及其步长的选择、计算机时钟的速度等。仿真时间由参数对话框中的开始时间和停止时间框中的内容来确定,它们均可被修改,默认的开始时间为 0.0 s,停止时间为 10.0 s。在仿真过程中允许实时修改仿真的停止时间。

Solver options:解法器选择与设置。其中可选择变步长类型和固定步长类型。为了保证仿真精度,一般建议选择变步长算法。在不同类型下对应有不同算法。用户可以选择不同算法进行仿真分析。对于定步长和变步长都对应有不同的参数设置,如变步长模式下的最大步长和最小步长,相对误差和绝对误差,过零控制等。

（2）Data Import/Export 页

其作用是管理模型从 MATLAB 工作空间输入数据和输出数据到工作空间。比如在图 7.15 的状态,选中将仿真时间向量和输出向量分别存到工作空间中,其名为 tout 和 yout。这样,在仿真结束后,可以使用 plot(tout,yout) 来绘制图形,其结果应与示波器的显示相同。

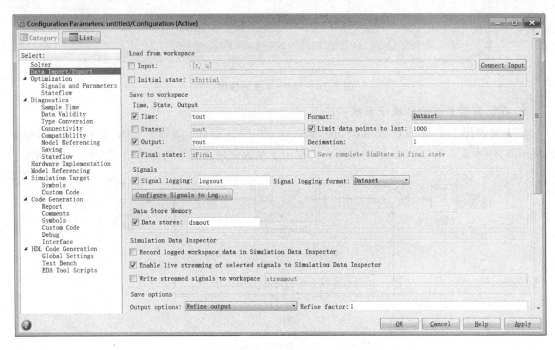

图 7.15　Simulink 仿真环境的数据导入导出设置界面

7.5　子系统及封装技术

对于简单的系统而言,可以直接建立系统模型并对其进行分析。但对于复杂系统来说,因含有大量模块将显得杂乱而不利于分析。子系统的概念正是基于此提出的。它可以将联系比较紧密、相关的模块进行封装,便于系统分层结构的建立,更有利于仿真应用和组态。组合后的子系统可以进行类似于模块的设置,在模型仿真过程中可以作为一个模块。

7.5.1 子系统的建立

子系统建立的方法主要有两种，下面结合实例进行介绍。

【例 7-3】 已有系统模型如图 7.16 所示，创建子系统。

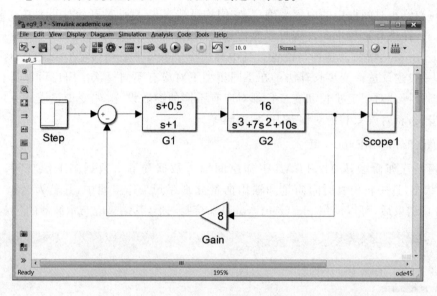

图 7.16 例 7-3 系统模型

1. 在已有的系统中创建子系统

选中要创建子系统的模块部分，如选择 G_1 和 G_2。右击，选择 Create Subsystem from Selection，即生成如图 7.17 所示的模型。再双击子系统仍可查看其内部结构，如图 7.18 所示。

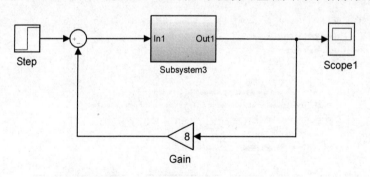

图 7.17 建立子系统的系统模型

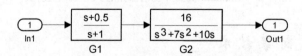

图 7.18 子系统内部结构

2. 直接创建子系统

如图 7.19 所示，直接使用子系统模块创建简单系统模型。系统模型中子系统模块在 Ports&Subsystems 模块组中选 Subsystem 得到。双击子系统，在子系统窗口中编辑模块，如

图 7.20 所示。

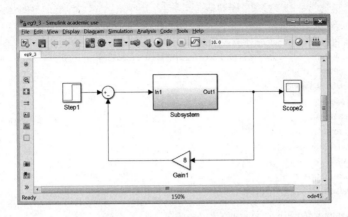

图 7.19　含子系统的简单模型

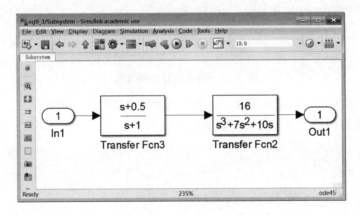

图 7.20　子系统内部模型

从例 7-3 看,这两种子系统创建方法的效果是一样的。不同之处在于创建顺序正好相反。在已有的系统中创建,相当于是先建立模型,再为其编辑界面;而直接创建子系统,相当于先编辑界面,再在该界面下建立模型。

7.5.2　子系统的封装

子系统的封装(masking),是将子系统的内部结构隐藏起来,以便访问该模块时只出现一个对话框来进行内部参数的设置。

子系统封装的操作为:选中要封装的部分,右键单击,选择 Mask|Create Mask,即调出子系统封装编辑器(Mask Editor),如图 7.21 所示。对已经封装的子系统可右键单击,选择 Mask|Edit Mask 进行再次编辑。

1. 首项 Icon & Ports 的设置

首项 Icon & Ports 是对子系统标签的设置。该项中 Icon Drawing commands 可以通过命令的形式在图标上绘制图形或显示图片。因为窗口下方都提供了语法示例,使用起来是很方便的。此外,还可以通过 Block frame 项设置是否显示图标的矩形边框;通过 Icon transparency 项设置图标是否透明;通过 Icon units 项设置计量单位,这一选项仅对标签的 plot 和 text

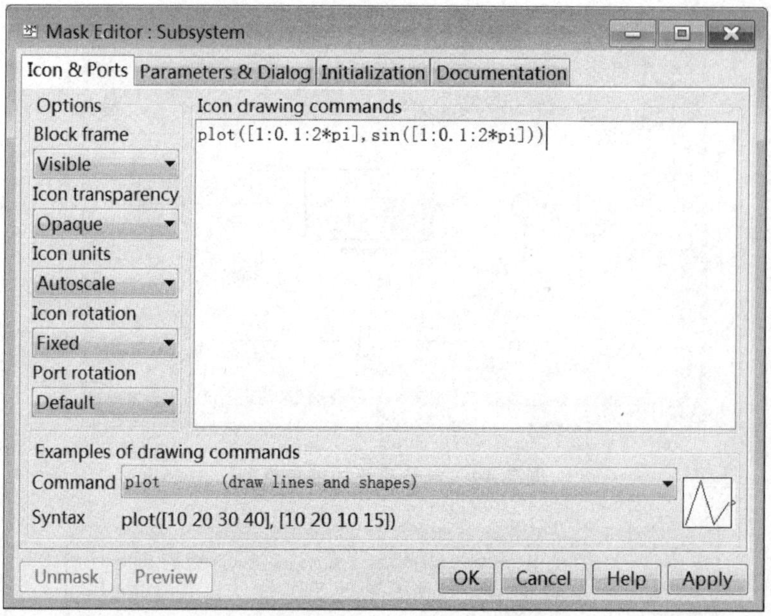

图 7.21　子系统封装编辑器

绘制命令有效；通过 Icon rotation 项设置在翻转或旋转模块时图标是否保持之前的方向；通过 Port rotation 项设置端口的旋转类型。如果在 Icon Drawing commands 文本区域填写语句：

```
plot([1:0.1:2*pi],sin([1:0.1:2*pi]))
```

则子系统显示出正弦波形的图标，如图 7.22 所示。

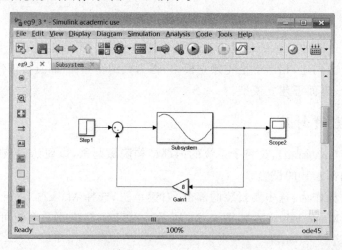

图 7.22　设置图标后的子系统

2. Parameters & Dialog 项的设置

Parameters & Dialog 项允许通过 Parameters、Display 和 Action 等组件下的对话框控件(Controls)设计丰富的对话框，用户不必打开子系统进行参数设置，而是直接通过对话框进行。可将控件直接拖放到 Dialog box 中直接创建对话框。在属性编辑器(Property editor)中还可以对控件进行属性编辑。

对例 7-3 中的参数进行修改，将 G_2 分子改为变量 k。选择表盘(Dial)控件并拖放到 Dialog box 区域。将其提示标识(Prompt)设为 Gain，名称设为 k，并将最大值设为 50，如图 7.23 所示。

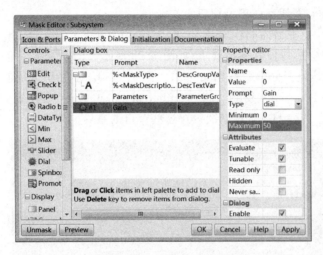

图 7.23 子系统参数对话框设置窗口

设置变量后的系统框图及其参数设置对话框，分别如图 7.24 和图 7.25 所示。

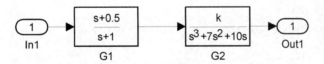

图 7.24 带变量的子系统

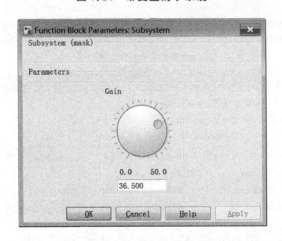

图 7.25 设置后的子系统参数设置对话框

3. 其 他

Initialization 项对子系统进行初始化处理。

Documentation 项用于设置子系统的文字说明，主要编写子系统的相应说明和 Help 文档。

7.6　用 Simulink 建立系统模型示例

【例 7 - 4】　观察单位阶跃函数经惯性环节后的仿真曲线。

1) 打开 Simulink,新建空白模型窗口。

2) 在子模块库中选取必需的模块:Step 模块、Transfer Fcn 模块、Scope 模块。

3) 设置模块的属性,以使其满足要求,如图 7.26 所示。图 7.26(a)通过双击惯性环节模块得到,可直接设置其分子分母系数向量参数。图 7.26(b)通过双击示波器模块后,并选择 View|Configuration Properties 得到。将 Number of input ports 项设置为 2,表示有两路输入。其后还可以通过 View|Layout 继续设置这些窗口的布局。

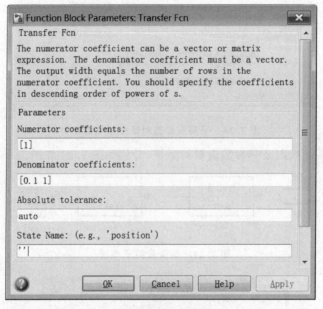

(a) 惯性环节参数设置

(b) 示波器属性设置(双坐标系)

图 7.26　例 7 - 4 的模块属性设置

4）正确连接各模块,得到系统模型如图 7.27 所示。

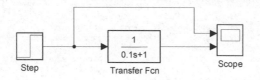

图 7.27　例 7-4 系统模型

5）开始仿真,并观察仿真结果,如图 7.28 所示界面。

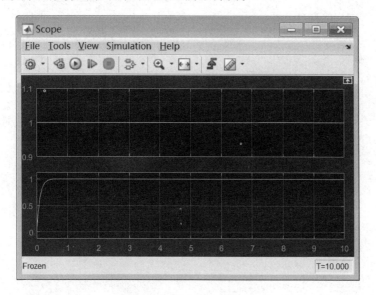

图 7.28　例 7-4 仿真结果

【例 7-5】　用 Simulink 求微分方程 $\dot{x}=-5x+u$。

1）打开 Simulink,新建空白模型窗口。

2）在子模块库中选取必需的模块。因为要对 $\dot{x}$ 求积分才能求出 x,所以引入积分器。积分器的输入是 $\dot{x}$,而其输出为 x。依此,选取 Itegrator 模块、Gain 模块、Sum 模块、Scope 模块、Mux 模块和 To Workspace 模块。选用 Sin Wave 模块作为变化的 u 值。

3）设置模块的属性,以使其满足要求。调整 Sum 模块。其中|表示该路没有信号。这里根据需要设置 Sum 模块的 List of signs 属性为|＋－,如图 7.29 所示。设置 To Workspace 模块数据输出存储到工作空间,名为 simout,存储格式为 Array,如图 7.30 所示。

4）正确连接各模块,建立系统模型,如图 7.31 所示。

5）开始仿真。从结果看,示波器将两个输入信号叠加输出,而不是求两个信号的和,如图 7.32所示,满足了要求。这里为显示需要,通过选择 View|Style 打开格式设置窗口,将背景和线型进行了设置。这是因为 Mux 模块将各路信号组成了一路信号,各路信号成为这一路信号的各分量。而示波器也允许多路信号的集中输入,而将各路信号识别出来并分开显示。事实上,这正是向量化的处理,将各路信号作为输出的一维向量。这可以通过在 MATLAB 命令窗口使用如下命令输出,其结果如图 7.33 所示。

```
>> plot(tout,simout)
```

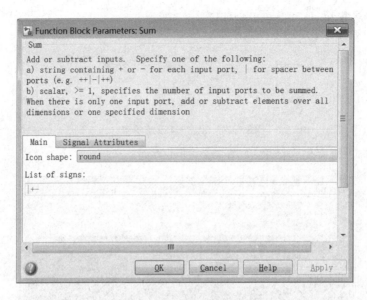

图 7.29　Sum 模块的属性设置

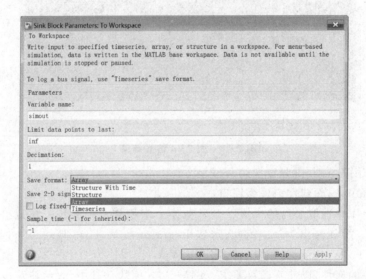

图 7.30　To Workspace 模块设置

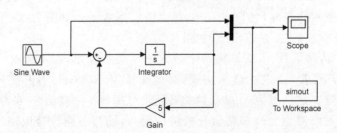

图 7.31　例 7 – 5 系统仿真模型

▷▷▷ 思考与练习

　　结合 MATLAB 图形绘制知识,体会例 7 – 4 和例 7 – 5 的两种不同多图显示方法。

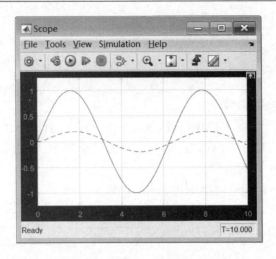

图 7.32　例 7 - 5 仿真结果图

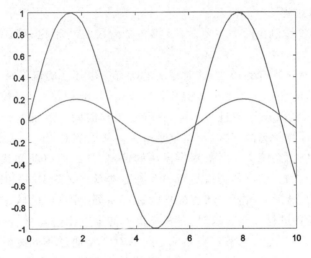

图 7.33　MATLAB 命令窗口输出的仿真结果

7.7　Simulink 的高级应用——S-函数的编写

用户可以通过 Simulink 模块库中的内置模块构建系统模型。但有时会发现,特殊应用无法由这些内置模块完成。S-函数提供了增强和扩展 Simulink 的强大机制。

S-函数是系统函数(system-functions)的简称,具有固定的程序编写格式。用户可采用 MATLAB 语言编写 S-函数,还可采用 C,C++,Fortran 或 Ada 等语言编写。不过,用这些语言编写程序时,要将其编译生成动态链接库(DLL)文件,才可在 Simulink 中直接调用。

S-函数允许用户向模型中添加自己编写的模块,只要按照简单的规则,就可以在 S-函数添加算法。编写完 S-函数之后,将 S-函数的名称放在 S-Function 模块中,利用 Simulink 中的封装功能自定义模块的用户接口。

以下主要介绍用 MATLAB 语言设计 S-函数的方法,并通过例子介绍 S-函数的应用与技巧。

7.7.1　S-函数的工作原理

在编写 S-函数之前，首先来了解一下模块的数学模型，仿真运行过程。这样便于理解 S-函数的编写过程。

1. Simulink 模块的数学模型

Simulink 模块由输入、状态和输出组成，如图 7.34 所示。其中输出是时间、状态和输入的函数。Simulink 将状态向量分为两部分：第一部分为连续状态；第二部分为离散状态。对于没有状态的模块，x 是一个空的向量。

模型中各个参数的数学关系可由下式表示。

输出：$y = f(x, u, t)$；

连续状态方程：$\dot{x}_c = f_d(x_c, u, t)$；

离散状态方程：$x_{di+1} = f_u(x_d, u, t)$。

其中，$x = x_c + x_d$。

图 7.34　Simulink 模块的数学模型

2. Simulink 仿真过程

Simulink 的仿真过程包含两个主要阶段：第一个阶段是初始化；第二个阶段是仿真运行阶段。

在初始化阶段初始化所有的模块，这时模块的所有参数都已确定下来了。

在仿真运行阶段，仿真过程是由求解器和系统（Simulink 引擎）交互控制的。求解器的作用是传递模块的输出，对状态导数进行积分，并确定采样时间。系统的作用是计算模块的输出，对状态进行更新，计算状态的导数，产生过零事件。从求解器传递给系统的信息包括时间、输入和当前状态；反过来，系统为求解器提供模块的输出、状态的更新和状态的导数。计算连续状态包含两个步骤：首先，求解器为待更新的系统提供当前状态、时间和输出值，系统计算状态导数，传递给求解器；然后求解器对状态的导数进行积分，计算新的状态的值。状态计算完成后，模块的输出更新再进行一次。这时，一些模块可能会发出过零警告，促使求解器探测出发生过零的准确时间。实际上，求解器和系统之间的对话是通过不同的标志来控制的。求解器在给系统发送标志的同时也发送数据。系统使用这个标志来确定所要执行的操作，并确定所要返回的变量的值。

S-函数是 Simulink 的重要组成部分，由于它同样是 Simulink 的一个模块，所以说它的仿真过程与 Simulink 的仿真过程完全一样，即 S-函数的仿真过程也包括初始化阶段和运行阶段。当初始化工作完成以后，在每一个仿真步长（time step）内完成一次求解，如此反复，形成一个仿真循环，直到仿真结束。

在一次仿真过程中，Simulink 在以下的每个仿真阶段调用相应的 S-函数子程序。S-函数的仿真过程，可以概括如下。

（1）初始化

在仿真开始前，Simulink 在这个阶段初始化 S-函数。

1）初始化结构体 SimStruct，它包含了 S-函数的所有信息。

2）设置输入/输出端口数。

3）设置采样时间。

4）分配存储空间。

（2）数值积分

用于连续状态的求解和非采样过零点。如果 S-函数存在连续状态，Simulink 就在 minor step time 内调用 mdlDerivatives 和 mdlOutput 两个 S-函数的子函数；如果存在非采样过零点，Simulink 将调用 mdlOutput 和 mdlZeroCrossings 子函数（过零点检测子函数），以定位过零点。

（3）更新离散状态

此子函数在每个步长处都要执行一次，可以在这个子函数中添加每一个仿真步都需要更新的内容，如离散状态的更新。

（4）计算输出

计算所有输出端口的输出值。

（5）计算下一个采样时间点

只有在使用变步长求解器进行仿真时，才需要计算下一个采样时间点，即计算下一步的仿真步长。

（6）仿真结束

在仿真结束时调用，可以在此完成结束仿真所需的工作。

3. S-函数的工作方式及 S-函数的设计模板简介

S-函数的引导语句为 $function[sys, x_0, str, ts] = fun(t, x, u, flag, p1, p2, \cdots)$。其中，fun 为 S-函数的函数名；t、x、u 分别为时间、状态和输入信号；flag 为标志位；p1，p2，…表示用户输入的附加参数。

S-函数的调用顺序是通过 flag 标志来控制的。

flag 标志为 0 时，进入仿真初始化阶段，调用初始化子函数，对参数进行初始设置。

flag 标志为 1 时，调用相应子函数更新连续状态变量。

flag 标志为 2 时，调用相应子函数更新离散状态变量。

flag 标志为 3 时，计算模块的输出信号。

flag 标志为 4 时，请求 S-函数计算下一个采样时间，并提供采样时间。

flag 标志为 9 时，做结束的处理工作，终止仿真过程。

flag 取不同值时调用的子函数及其作用见表 7.1。

表 7.1　flag 取不同值时调用的子函数及其作用

flag	调用子函数	函数作用
0	mdlInitializeSizes	定义 S-Function 模块的基本特性，包括采样时间、连续或者离散状态的初始条件和 sizes 数组
1	mdlDerivatives	计算连续状态变量的微分方程
2	mdlUpdate	更新离散状态、采样时间和主时间步的要求
3	mdlOutputs	计算 S-Function 的输出
4	mdlGetTimeOfNextVarHit	计算下一个采样点的绝对时间，即在 mdlInitializeSizes 里说明了一个可变的离散采样时间
9	mdlTerminate	实现仿真任务的结束

若您对此书内容有任何疑问，可以凭在线交流卡登录MATLAB中文论坛与作者交流。

以 MATLAB 提供的 S-函数模板文件为例,进一步分析主函数组成及调用子函数过程。为节省版面和容易理解,此处去掉了大部分原注释并加了一些简单注释。

```matlab
function[sys,x0,str,ts] = sfuntmpl(t,x,u,flag)        % 主函数
switch flag,                                          % 标志位作为开关条件

  case 0,
    [sys,x0,str,ts] = mdlInitializeSizes;             % 调用初始化子函数

  case 1,
    sys = mdlDerivatives(t,x,u);                      % 调用微分计算子函数

  case 2,
    sys = mdlUpdate(t,x,u);                           % 调用状态更新子函数

  case 3,
    sys = mdlOutputs(t,x,u);                          % 调用结果输出子函数

  case 4,
    sys = mdlGetTimeOfNextVarHit(t,x,u);              % 调用计算下一个采样点的绝对时间的子函数

  case 9,
    sys = mdlTerminate(t,x,u);                        % 调用仿真结束子函数

  otherwise
    error(['Unhandled flag = ',num2str(flag)]);       % 打印错误信息

end


%===============================================================
% mdlInitializeSizes
% Return the sizes, initial conditions, and sample times for the S-function.
%===============================================================
%
function [sys,x0,str,ts] = mdlInitializeSizes         % 初始化子函数
sizes = simsizes;                                     % 获得系统默认的系统参数变量 sizes

sizes.NumContStates  = 0;                             % 连续状态的个数
sizes.NumDiscStates  = 0;                             % 离散状态的个数
sizes.NumOutputs     = 0;                             % 输出变量的个数
sizes.NumInputs      = 0;                             % 输入变量的个数
sizes.DirFeedthrough = 1;                             % 布尔变量,表示有无直接馈入。0 表示
                                                      % 没有,1 表示有直接馈入
```

```
sizes.NumSampleTimes = 1;                    % 采样时间个数,S-函数支持多采样系统
sys = simsizes(sizes);                       % 将结构体 sizes 赋值给 sys

x0 = [];                                     % 初始状态变量

str = [];                                    % 系统保留值,必须为空

ts = [0 0];                                  % 采样周期变量

%===============================================================
% mdlDerivatives
% Return the derivatives for the continuous states.
%===============================================================
%
function sys = mdlDerivatives(t,x,u)         % 连续状态变量的更新子函数

sys = [];

%
%===============================================================
% mdlUpdate
% Handle discrete state updates, sample time hits, and major time step
% requirements.
%===============================================================
%
function sys = mdlUpdate(t,x,u)              % 离散状态变量的更新子函数

sys = [];

%
%===============================================================
% mdlOutputs
% Return the block outputs.
%===============================================================
%
function sys = mdlOutputs(t,x,u)             % 系统结果输出子函数
sys = [];

%
%===============================================================
% mdlGetTimeOfNextVarHit
% Return the time of the next hit for this block. Note that the result is
% absolute time. Note that this function is only used when you specify a
```

若您对此书内容有任何疑问,可以凭在线交流卡登录 MATLAB 中文论坛与作者交流。

```
% variable discrete-time sample time [-2 0] in the sample time array in
% mdlInitializeSizes.
%==================================================================
%
function sys = mdlGetTimeOfNextVarHit(t,x,u)      % 计算下一个采样点的绝对时间的子函数

sampleTime = 1;                                   % Example, set the next hit to be one second later.
sys = t + sampleTime;


%==================================================================
% mdlTerminate
% Perform any end of simulation tasks.
%==================================================================
%
function sys = mdlTerminate(t,x,u)                 % 结束仿真子函数

sys = [];
```

模板文件的结构非常清晰。它使用 switch 语句结构,当条件表达式为不同值时,即调用相应的子函数进行处理。要正确使用模板文件进行 S-函数的编写,需要对主函数的输入输出参数有详细的了解。表 7.2 给出了输入参数及其说明,表 7.3 给出了输出参数及其说明。

表 7.2　S-函数的主函数输入参数及其说明

输入参数	说　明
t	当前仿真时间。通常用于决定下一个采样时刻,或者在多采样速率系统中,用来区分不同的采样时刻点,并据此进行不同处理
x	状态向量。即使在系统中不存在状态时这个参数也是必需的
u	输入向量
flag	标识符。控制在每一个仿真阶段调用哪一个子函数,由 Simulink 在调用时自动取值

表 7.3　S-函数的主函数输出参数及其说明

输出参数	说　明
sys	通用的返回参数,其返回值的意义取决于 flag 的值
x0	初始状态值
str	保留值,必须设为空矩阵
ts	采样周期变量,两列分别表示采样时间间隔和偏移

用户在使用时应将模板名换成期望的函数名,如果需要额外的输入参数,还可以在输入参数列表后增加。

7.7.2　S-函数的设计实例

【例 7-6】　系统 $G(s) = \dfrac{1}{3s+2}$，如选取状态变量 $x = y$，则其状态空间方程可表示为

$$\begin{cases} \dot{x} = (-2x+u)/3 \\ y = x \end{cases}$$

。对系统建立 S-函数，绘制此控制系统的阶跃响应曲线。

1. S-函数的编写

套用模板文件，并取名为 sfun_eg. m。

```
function [sys,x0,str,ts] = sfun_eg(t,x,u,flag,x_initial)   % 状态变量的初始值,需要在 Simulink
                                                           % 对系统仿真前由用户手工赋值

switch flag,
  case 0,
    [sys,x0,str,ts] = mdlInitializeSizes(x_initial);       % 初始化
  case 1,
    sys = mdlDerivatives(t,x,u);                           % 计算模块导数
  case 2,
    sys = mdlUpdate(t,x,u);                                % 更新离散状态,因是连续时间系统,
                                                           % 不设置
  case 3,
    sys = mdlOutputs(t,x,u);                               % 计算模块输出
  case 4,
    sys = mdlGetTimeOfNextVarHit(t,x,u);                   % 计算下一个仿真时间点,只在离散系
                                                           % 统中有用
  case 9,
    sys = mdlTerminate(t,x,u);                             % 仿真结束
  otherwise
    error(['Unhandled flag = ',num2str(flag)]);            % 错误处理
end

function [sys,x0,str,ts] = mdlInitializeSizes(x_initial)   % 初始化子函数
sizes = simsizes;
sizes.NumContStates = 1;                                   % 连续状态变量个数为1
sizes.NumDiscStates = 0;
sizes.NumOutputs = 1;                                      % 系统输出个数为1
sizes.NumInputs = 1;                                       % 系统输入个数为1
sizes.DirFeedthrough = 0;
sizes.NumSampleTimes = 1;
sys = simsizes(sizes);                                     % 设置完成后赋值给 sys 输出
x0 = x_initial;                                            % 设定状态变量的初始值
str = [];
```

```
ts = [0 0];

function sys = mdlDerivatives(t,x,u)          % 计算模块导数子函数
dx = ( -2 * x + u)/3;                          % 对应于系统状态空间方程
sys = dx;                                      % 计算结果输出给 sys


function sys = mdlUpdate(t,x,u)                % 更新离散状态,本例无需设置
sys = [];


function sys = mdlOutputs(t,x,u)              % 系统输出子函数
sys = x;                                       % 输出为 y = x


function sys = mdlGetTimeOfNextVarHit(t,x,u)  % 计算下一采样时刻,只对离散采样系统有
                                               % 用,本例无需设置

sampleTime = 1;
sys = t + sampleTime;


function sys = mdlTerminate(t,x,u)            % 仿真结束,可采用默认设置
sys = [];
```

2. 仿真与验证

在 Simulink 中新建模型,选取所需模块,其中在 User - Defined Functions 子模块库选 S - Function 模块,如图 7.35 所示。

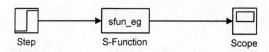

Step   S-Function   Scope

图 7.35 例 7 - 6 使用 S - Function 模块的框图

模块参数的设置。双击 S - Function 模块,打开如图 7.36 所示界面,选择已经编辑好的 S - Function 文件,并设置 x_initial。注意,前四项输入参数由系统自动传入,无需设置。

开始仿真。在 MATLAB 命令窗口输入参数值:

```
>> clear
>> x_initial = 0;
```

之后进行仿真,结果如图 7.37 所示。

可以搭建如图 7.38 所示模型,进行验证。不难发现,其仿真结果是一致的。这说明上面建立的 S - 函数是成功和有效的。

【例 7 - 7】 系统状态方程为 $\begin{cases} \dot{x} = Ax + Bu \\ y = Cx + Du \end{cases}$,其中

图 7.36　模块参数的设置界面

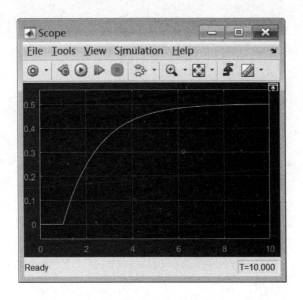

图 7.37　仿真结果图

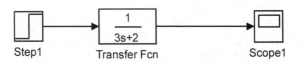

图 7.38　系统验证模型

$$\boldsymbol{A}=\begin{bmatrix} -0.09 & -0.01 \\ 1 & 0 \end{bmatrix}, \boldsymbol{B}=\begin{bmatrix} 1 & -7 \\ 0 & 2 \end{bmatrix}, \boldsymbol{C}=\begin{bmatrix} 0 & 2 \\ 1 & -5 \end{bmatrix}, \boldsymbol{D}=\begin{bmatrix} -3 & 0 \\ 1 & 0 \end{bmatrix}$$

用 S-函数实现此系统功能。

1. S-函数的编写

这里取名为 sfuntmpl3. m。

```
function [sys,x0,str,ts] = sfuntmpl3(t,x,u,flag)
A = [-0.09 - 0.01;1 0];
B = [1 - 7;0 - 2];
C = [0 2;1 - 5];
D = [-3 0;1 0];
switch flag,

  case 0,
    [sys,x0,str,ts] = mdlInitializeSizes(A,B,C,D);        %初始化

  case 1,
    sys = mdlDerivatives(t,x,u,A,B,C,D);                  %求导

  case {2,4,9},                                          %不执行动作
    sys = [];

  case 3,                                                %计算系统输出
    sys = mdlOutputs(t,x,u,A,B,C,D);

  otherwise
    error(['Unhandled flag = ',num2str(flag)]);          %捕获错误并提示

end


function [sys,x0,str,ts] = mdlInitializeSizes(A,B,C,D)    %初始化子函数

sizes = simsizes;

sizes.NumContStates = 2;                                  %连续状态变量个数
sizes.NumDiscStates = 0;
sizes.NumOutputs = 2;                                     %系统输出个数
sizes.NumInputs = 2;                                      %系统输入个数
sizes.DirFeedthrough = 1;
sizes.NumSampleTimes = 1;


sys = simsizes(sizes);
```

```
x0 = zeros(2,1);

str = [];

ts = [0 0];

function sys = mdlDerivatives(t,x,u,A,B,C,D)        % 计算模块导数子函数

sys = A * x + B * u;

function sys = mdlOutputs(t,x,u,A,B,C,D)            % 系统输出子函数

sys = C * x + D * u;
```

2. 使用 S−函数建立系统模型并仿真

在 Simulink 中新建模型，选取所需模块。在 User-Defined Functions 子模块库选 S−Function模块，如图 7.39 所示。因为系统为双输入双输出，这里选取其输入分别为正弦信号和随机信号。

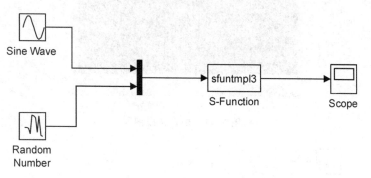

图 7.39　例 7−7 使用 S-Function 模块的框图

模块参数的设置。双击 S−Function 模块，打开如图 7.40 所示界面，选择已经编辑好的 S−Function文件 sfutmpl3.m。

直接进行仿真，其仿真结果如图 7.41 所示。

对于本系统，同样可以使用状态空间模型建立系统模型，如图 7.42 所示。这一模型可以验证使用 S−函数模型的正确性。经仿真运行，其结果与图 7.39 所示系统的仿真结果是相同的。

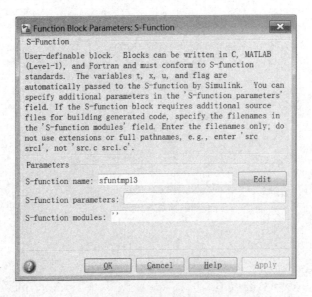

图 7.40　模块参数的设置界面

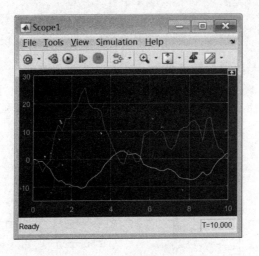

图 7.41　仿真结果图

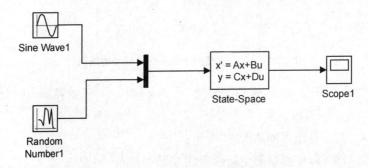

图 7.42　例 7 – 7 使用状态空间模型的框图

本 章 小 结

1）Simulink 是 MATLAB 中一个用于实现动态系统建模、仿真与分析的仿真集成环境软件工具包。熟练掌握 Simulink，可以使控制系统计算与仿真更加方便高效。

2）为便于仿真，Simulink 模块库提供了丰富的功能模块。这些模块分属于不同功能、不同类别的子模块库。需要熟悉这些模块所在位置以及它们的功能和使用方法。

3）子系统建立与封装。子系统可以将联系比较紧密、相关的模块进行封装，便于系统分层结构的建立，更有利于仿真应用和组态。组合后的子系统可以进行类似于模块的设置，在模型仿真过程中可以作为一个模块。子系统的封装可进一步将子系统的内部结构隐藏起来，在访问该模块时只通过对话框即可进行内部参数的设置。

4）S-函数提供了增强和扩展 Simulink 的强大机制。S-函数允许用户向模型中添加自己编写的模块，只要按照简单的规则，就可以在 S-函数添加算法。编写完 S-函数之后，将 S-函数的名称放在 S-Function 模块中，利用 Simulink 中的封装功能自定义模块的用户接口。

第 8 章
MATLAB/Simulink 与 Arduino 交互控制

以 R2015b 版本为例，MATLAB/Simulink 提供了对 ARM、运行 Android 和 Apple iOS 的设备、开源硬件 Arduino、Raspberry Pi 等 70 余种嵌入式硬件的开发支持。本章以开源电子设计平台 Arduino 为例，讨论 MATLAB/Simulink 与 Arduino 的交互控制，展示 MATLAB/Simulink 对硬件的强大支持。这对于实现结合硬件的在线实时仿真有重要意义。以下案例使用软件版本分别为 MATLAB 2015b、Arduino 1.6.6。

8.1　Arduino 简介

8.1.1　Arduino 及其特点

Arduino 起源于意大利的 Ivrea 交互设计学院（Ivrea Interaction Design Institute），是一款便捷灵活、方便上手的开源电子原型平台，包含硬件（各种型号的 Arduino 板）和软件（Arduino IDE）。用户利用 Arduino 编程语言（基于 Wiring）和 Arduino 软件开发环境（基于 Processing），使用 Arduino 控制板可以读取输入、控制外设、在线发布信息等，适用于艺术家、设计师和对于"互动"感兴趣的用户。正因如此，世界范围的创客们，包括学生、艺术家、程序员和专业人士，都聚集到这一开源平台，并做出自己的贡献。

近几年，Arduino 成为从日常用品到复杂科学仪器等成千上万项目的"大脑"。从物联网应用到可穿戴设备、3D 打印机都可见到它的身影。

Arduino 的型号有很多，如 Arduino Uno、Arduino Nano、Arduino LilyPad、Arduino Mega 2560、Arduino Due、Arduino Leonardo、Arduino Yún。不同型号的控制板性能有别，可根据应用场合选择。此外，配套的还有功能齐全的各种扩展功能板可供选择。

Arduino 具有如下特点和应用优势：

（1）价格低廉，应用方便

Arduino 开源平台使用 AVR 系列控制器，相比其他微控制器平台，价格更低。最便宜的 Arduino 甚至可以自己手工装配。平台可以采用 USB 接口直接供电而不需外接电源，也可使用外部 9V 直流电源供电；可简单地与传感器、各类电子元件连接，轻松实现系统应用；在 bootloader 支持下，可以 ISP 方式在线加载程序。这对于将其应用于教学，作为"口袋实验室"随时随地开展实验有重要意义。

（2）良好的跨平台性

Arduino IDE 可以在 Windows、Macintosh OS X、Linux 三大主流操作系统上运行，而大多数其他的控制器系统只限于 Windows。

（3）简单清晰的编程环境

Arduino 基于 Processing 的开发环境对于初学者来说极易使用，同时对于高级用户也有着足够的灵活性。而 Arduino 语言基于 Wiring 语言开发，不需要太多的单片机基础、编程基础，简单学习后，即可以快速进行开发。

（4）开源及可扩展的硬件和软件

Arduino 的硬件原理图、电路图、IDE 软件及核心库文件都是开源的，在开源协议范围内可以任意修改原始设计及相应代码。

（5）应用更加丰富

基于 Arduino 的项目，可以只包含 Arduino，也可以包含 Arduino 和与其通信的 PC 互动程序，比如 Flash，Processing，MaxMSP。一些著名的 IT 厂商也提供了对 Arduino 的开发支持，这使得其表现力强、表现形式非常丰富、应用更加广泛。

（6）便于开发

Arduino 不仅是全球最流行的开源硬件，也是一个优秀的硬件开发平台。Arduino 简单的开发方式使得开发者可以更加关注创意与实现，更快地完成自己的项目开发，大大节约了学习成本，缩短了开发周期。

8.1.2　Arduino 硬件资源

如前所述，Arduino 控制板型号众多，这里分别列出本节所使用的 Arduino Uno 和 Arduino Mega 2560 两种型号的硬件资源，方便后续理解。

1. Arduino Uno 硬件资源

Arduino Uno 控制板如图 8.1 所示，其硬件资源有：

模拟输入端口有 6 个，即 A0～A5。A 代表模拟端口，以区别于数字端口。

数字输入输出端口有 14 个，即 0～13。其中可用作 PWM 端口的有 6 个，分别为 3、5、6、9、10、11，板子上对应的端口号前加了"～"作为标识。

以上部分引脚还兼有特殊功能。

SPI 通信引脚，分别是 10（SS），11（MOSI），12（MISO），13（SCK）。

I2C 通信引脚，分别是 A4（SDA），A5（SCL）。

串行通信引脚：0（RX），1（TX）。

外部中断引脚：2、3。

图 8.1　Arduino Uno 控制板

2. Arduino Mega 2560 硬件资源

Arduino Mega 2560 控制板，如图 8.2 所示，其硬件资源有：

模拟输入端口有 16 个，即 A0～A15。

数字输入输出端口有 54 个，即 0～53。其中可用作 PWM 端口的有 13 个，即 0～13。

以上部分引脚还兼有特殊功能。

图 8.2　Arduino Mega 2560 控制板

SPI 通信引脚,分别是 53(SS),51(MOSI),50(MISO),52(SCK)。

I2C 通信引脚,分别是 20(SDA),21(SCL)。

串行通信引脚:提供 4 组串行通信端口,分别为串口 0:0(RX)和 1(TX);串口 1:19(RX)和 18(TX);串口 2:17(RX)和 16(TX);串口 3:15(RX)和 14(TX)。

外部中断引脚:提供 6 个外部中断源,分别为 2,3,21,20,19,18。

8.1.3　Arduino 开发环境

Arduino 的官方网址为 https://www.arduino.cc/,用户可以在其官网下载用于不同操作系统的开发环境。更为方便的是,开发环境软件无需安装,下载后只需解压即可。但加载程序到控制板时,需要首先安装硬件驱动。

在通过 USB 线连接 Arduino 控制板后,系统会提示安装驱动。将驱动文件路径选为 Arduino 目录下的 drivers,系统会自动选定相应型号的驱动。

要想完成本章所有示例,需首先确认是否已安装好硬件驱动。可通过检查端口情况来确认。以 Windows 为例,可通过在设备管理器中查看设备信息来确认。图 8.3 所示表明 Arduino 控制板连接在 COM5 端口。

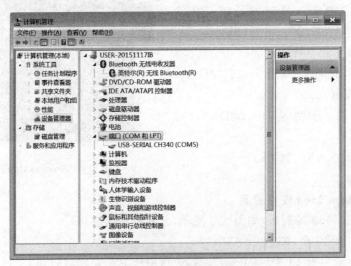

图 8.3　硬件设备驱动窗口

运行 arduino.exe,会打开开发环境界面,如图 8.4 所示。

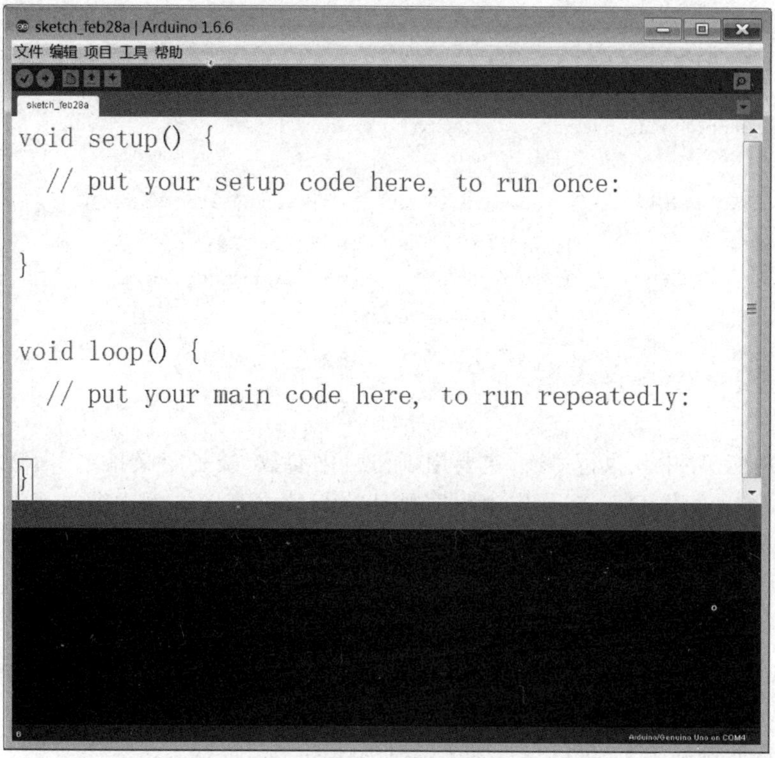

```
void setup() {
  // put your setup code here, to run once:

}

void loop() {
  // put your main code here, to run repeatedly:

}
```

图 8.4　Arduino 开发环境界面

在窗口主菜单下提供了 5 个快捷图标。从左到右,其功能分别是:

验证:检查编译程序时的代码错误。

上传:编译代码并上传到控制板。

新建:创建一个新的文件。

打开:展开 sketchbook 下的所有文件目录。可选择已有文件打开。

保存:保存编辑的文件。

此外,在工具栏下的串口监视器和串口绘图器对于实时查看程序运行情况、辅助程序调试非常有帮助。

8.1.4　Arduino 开发举例

本节给出 3 个实例,目的在于熟悉 Arduino 开发环境、程序结构等,为 8.2 节与 MAT-LAB/Simulink 的交互打下基础。

【例 8－1】　控制 LED 灯闪烁。

作为测试,通过单击文件|示例|01.Basics|Blink,可以直接打开开发环境自带的例程。其程序为:

```
// the setup function runs once when you press reset or power the board
void setup() {
```

若您对此书内容有任何疑问,可以凭在线交流卡登录MATLAB中文论坛与作者交流。

```
    // initialize digital pin 13 as an output.
    pinMode(13, OUTPUT);
}


// the loop function runs over and over again forever
void loop() {
    digitalWrite(13, HIGH);    // turn the LED on (HIGH is the voltage level)
    delay(1000);                // wait for a second
    digitalWrite(13, LOW);     // turn the LED off by making the voltage LOW
    delay(1000);                // wait for a second
}
```

分析:

setup 部分在程序中只执行一次,主要用于初始化参数,或是定义指定引脚。如本例中将 13 引脚指定为输出模式;loop 部分作为程序循环执行的内容。本例中通过函数 digitalWrite 将 13 引脚设置为高电平或低电平,通过函数 delay 完成每一种状态的延时功能。程序中还可以加入其他自定义函数。但程序会自动选择 loop 作为入口函数运行。

运行:

连接 Arduino Uno 控制板。需在【工具】菜单栏下指定开发板和端口。之后单击【上传】即可。因为 13 引脚连接有 LED 灯用于测试,所以不用另外设计电路,即可看到运行 LED 灯闪烁的效果。在此例基础上,可以自行修改延时值体验。

【例 8 - 2】 读取 A4 端口的模拟输入值,并实时在串口监视器或串口绘图器输出。

为方便,这里没有在 A4 端口接输入设备。此时,A4 端口将输出 0~1023 之间的随机值。

参考程序:

```
int sensorPin = A4;
int sensorValue = 0;
void setup() {
    Serial.begin(9600);                            //设置串口参数
}


void loop() {
    sensorValue = analogRead(sensorPin);           //读入模拟值
    Serial.println(sensorValue);                   //串口输出模拟值
    delay(500);
}
```

本例将所读取的模拟值通过串口输出。当程序上传成功后,可从工具|串口监视器或工具|串口绘图器选项中打开如图 8.5 所示的串口观察窗口。

【例 8 - 3】 利用电位器控制 LED 渐变亮灭效果。

可参考图 8.6 搭建电路。其中,电位器连接在模拟输入端口 A0,LED 连接于 11 数字引脚。

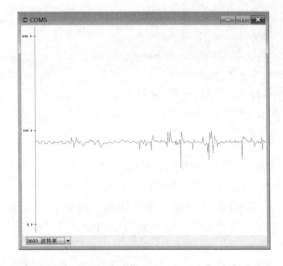

图 8.5　串口监视器和串口绘图器

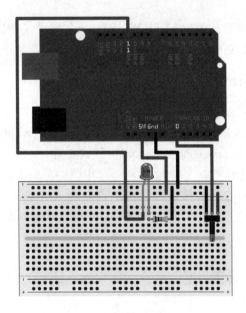

图 8.6　例 8-3 硬件连接电路图

以下给出参考控制程序：

```
int sensorPin = A0;     // select the input pin for the potentiometer
int ledPin = 11;
int sensorValue = 0;   // variable to store the value coming from the sensor
int pwmValue = 0;
void setup() {
  pinMode(ledPin, OUTPUT);
}
```

```
void loop() {
    // read the value from the sensor:
    sensorValue = analogRead(sensorPin);
    pwmValue = map(sensorValue, 0, 1023, 0, 255);
    analogWrite(ledPin, pwmValue);
    delay(1000);
}
```

程序读取 A0 端口的电位器电压值,并输出以控制 LED 灯的亮度。函数 map 的作用是将输入的 0～1023 的模拟值映射为输出的 0～255 的值。

值得一提的是,Arduino 开发环境中提供了数量众多的示例。此外,作为开源平台,相关的网络资源也极为丰富。这些均可参考学习。

8.2 MATLAB/Simulink 对 Arduino 的开发支持

为实现与 Arduino 的交互控制,MATLAB/Simulink 提供了相应的支持包。一是 MATLAB 对 Arduino 的支持,二是 Simulink 对 Arduino 的支持。以下分述之。

8.2.1 MATLAB/Simulink 支持包的安装

在安装完 MATLAB 后,需要另外安装支持包,方可运行。

在 MATLAB 命令窗口输入 supportPackageInstaller 命令,也可以在窗口菜单中选择 Add-Ons|Get Hardware Support Packages,即可开始安装。

如图 8.7 所示,在出现的所有支持包列表窗口中,选择 Arduino 硬件,并全选右边两项 MATLAB 和 Simulink 支持包。后续还将提示是否安装 Arduino,这要视情况定。如果之前已安装过 Arduino 并配置好了通信端口,就可略过,否则需要选择安装 Arduino。且在实验前必需检查是否配置好串行端口。

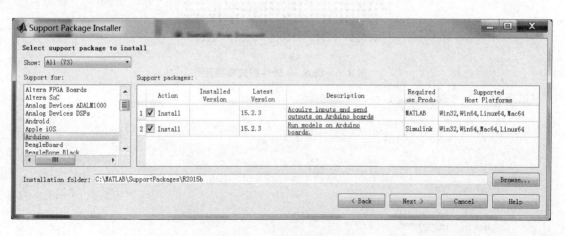

图 8.7 支持包安装窗口

8.2.2　MATLAB 对 Arduino 的支持(Arduino Support from MATLAB)

基于 MATLAB® Support Package for Arduino® Hardware，MATLAB 可利用 USB 线连接并交互控制 Arduino 的输入和输出。具体可实现如下功能：

① 获取连接在 Arduino 控制板上的模拟或数字传感器数据。

② 使用数字输出或 PWM 输出控制其他设备。

③ 驱动直流电动机、舵机以及步进电动机。

④ 访问 I2C 或 SPI 接口的外围设备和传感器。

由于 MATLAB 是解释型的高级语言，所以用户无需编译即可立即观察到 I/O 操作结果，MATLAB 包括了上千种内建数学、工程、绘制图形函数，可用来对从 Arduino 获取来的数据快速分析和可视化处理。

MATLAB 使用面向对象的方法将 Arduino 作为软件对象进行处理。表 8.1～表 8.3 列出部分方法。另外，MATLAB 支持包还包含了对 I2C 设备、SPI 设备、附加设备等的操作方法。这里不再列出，详细使用需参考帮助文档。对于面向对象的概念若不熟悉，请查阅相关资料。

表 8.1　初始化和配置

supportPackageInstaller	安装第三方硬件或软件的支持包
arduino	与 Arduino 建立连接

表 8.2　读写数据

configurePin	配置 Arduino 模式
readDigitalPin	读取 Arduino 数字引脚的数据
writeDigitalPin	写数据到 Arduino 数字引脚
writePWMVoltage	写 PWM 电压值到数字引脚
writePWMDutyCycle	设定数字引脚的 PWM 占空比
playTone	使用数字引脚播放音调
readVoltage	读取 Arduino 模拟引脚电压值
configureAnalogPin	设定模拟引脚模式
configureDigitalPin	设定数字引脚模式

8.2.3　Simulink 对 Arduino 的支持(Arduino Support from Simulink)

基于 Simulink® Support Package for Arduino® Hardware[①]，用户可以创建 Simulink 模型并在 Arduino 控制板上运行。具体可实现如下功能：

————————————

①　MATLAB R2014a 及其之后的版本均提供此支持包。

141

① Simulink 模块:配置并访问 Arduino 的传感器和执行器。

② 访问 Arduino WiFi 扩展板和 Ethernet 扩展板。

③ 外部运行模式:算法运行于设备的同时,允许用户交互式地进行参数调节和信号监测(适用于部分型号的 Arduino 控制板,如 Arduino Mega 2560 控制板)。

④ 模型部署:将 Simulink 模型下载到 Arduino 控制板中独立运行。

Simulink 对 Arduino 的支持包有通用(Common)、WiFi 扩展(WiFi Shield)、Ethernet 扩展(Ethernet Shield)3 种,分别如图 8.8~图 8.10 所示,对其模块的说明分别如表 8.3~表 8.6 所列。

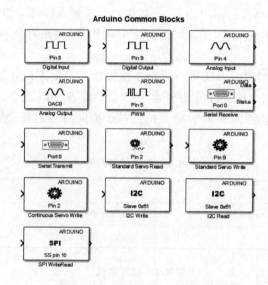

图 8.8　Simulink 的 Arduino 通用模块

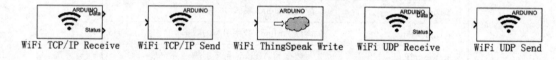

图 8.9　Simulink 的 WiFi 扩展模块

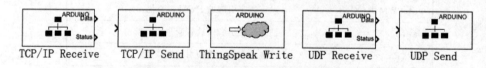

图 8.10　Simulink 的 Ethernet 扩展模块

表 8.3　Simulink 的 Arduino 通用模块说明

模　块	说　明
Analog Input	测量模块输入引脚的电压值
Analog Output	在指定 DAC 引脚输出模拟值
Continuous Servo Write	设定连续旋转舵机的旋转方向及速度
Digital Input	读取数字输入引脚的逻辑值

续表 8.3

模　块	说　明
Digital Output	设定数字输入引脚的逻辑值
I2C Write	写数据到 I2C 从设备或 I2C 从设备寄存器
I2C Read	读取 I2C 从设备或 I2C 从设备寄存器的数据
SPI WriteRead	写数据到 SPI 设备,之后从 SPI 设备读数据
PWM	在模块输出端产生 PWM 波形
Serial Receive	从串行端口获取 1 字节的数据
Serial Transmit	发送缓冲数据到串行端口
Standard Servo Read	读取标准舵机的旋转位置
Standard Servo Write	设定标准舵机的旋转位置

表 8.4　Simulink 的 Arduino WiFi 模块说明

模　块	说　明
WiFi TCP/IP Receive	读取无线网络的 WiFi TCP/IP 信息
WiFi TCP/IP Send	发送 WiFi TCP/IP 信息到服务器
WiFi UDP Receive	读取 WiFi UDP 信息
WiFi UDP Send	发送 WiFi UDP 信息到远程接口
WiFi ThingSpeak Write	发布数据到 ThingSpeak 物联网上(注:ThingSpeak 为一种物联网应用平台,可参阅 https://thingspeak.com/)

表 8.5　Simulink 的 Arduino Ethernet 模块说明

模　块	说　明
TCP/IP Receive	接收有线网络的 TCP/IP 信息
TCP/IP Send	发送 TCP/IP 信息到服务器
UDP Receive	接收 UDP 信息
UDP Send	发送 UDP 信息到远程接口
ThingSpeak Write	发布数据到 ThingSpeak 物联网平台上(注:ThingSpeak 为一种物联网应用平台,可参阅 https://thingspeak.com/)

8.3　MATLAB/Simulink 与 Arduino 交互控制举例

以下给出几个 MATLAB/Simulink 与 Arduino 交互控制的实例。在实验之前,需检查端口情况来确认是否已安装好硬件驱动,方法如 8.1.3 节所述。

8.3.1　MATLAB 与 Arduino 交互控制举例

【例 8-4】　创建一个 arduino 对象,并命名为 a。

① 计算机连接 Arduino 控制板。

② 在命令窗口输入如下代码:

若您对此书内容有任何疑问,可以凭在线交流卡登录MATLAB中文论坛与作者交流。

```
>> a = arduino()

a =

  arduino with properties:

                 Port: 'COM5'
                Board: 'Uno'
        AvailablePins: {'D2 - D13', 'A0 - A5'}
            Libraries: {'I2C', 'SPI', 'Servo'}
```

以上表明:型号为 UNO 的 Arduino 控制板连接在计算机的 COM5 端口(这个端口是经 USB 口转换而来的)。

再如:

```
>> a = arduino()
Updating server code on board Mega2560 (COM6). Please wait.

a =

  arduino with properties:

                 Port: 'COM6'
                Board: 'Mega2560'
        AvailablePins: {'D2 - D53', 'A0 - A15'}
            Libraries: {'I2C', 'SPI', 'Servo'}
```

表明:连接在 COM6 端口的 Arduino 控制板型号为 Mega2560。这个型号的控制板显然比 UNO 资源更丰富。

当有多个硬件连接时,可指定参数。如下程序,指出要为连接在 COM5 端口且型号为 UNO 的 Arduino 控制板创建对象。

```
>> a = arduino('com5','uno')

a =

  arduino with properties:

                 Port: 'COM5'
                Board: 'Uno'
        AvailablePins: {'D2 - D13', 'A0 - A5'}
            Libraries: {'I2C', 'SPI', 'Servo'}
```

若此时在 COM6 端口连接型号为 Mega2560 的 Arduino 控制板,则可通过以下命令为其创建对象:

```
>> a = arduino('com6','mega2560')

a =

  arduino with properties:

              Port: 'COM6'
             Board: 'Mega2560'
      AvailablePins: {'D2 – D53', 'A0 – A15'}
         Libraries: {'I2C', 'SPI', 'Servo'}
```

类似其他存在于工作空间的变量或对象,此处生成的对象可通过 clear 命令清除。

【例 8 - 5】　使用 MATLAB 控制 Arduino 控制板 13 引脚的 LED 灯循环亮灭 10 次。

① 计算机连接 Arduino 控制板。

② 在命令窗口输入以下程序或在编辑器中编辑如下脚本文件:

```
for i = 1:10
    writeDigitalPin(a, 'D13', 0);
    pause(0.5);
    writeDigitalPin(a, 'D13', 1);
    pause(0.5);
end
```

writeDigitalPin() 函数用来给数字引脚写信号。上例中分别写了 0(低电平)和 1(高电平)。因 LED 灯的另一端接地,所以就出现了循环亮灭的效果。本例使用了控制板上的 13 引脚自带的 LED 灯,所以无需外接器件。如果控制连接在其他引脚的 LED 灯,则需进行硬件电路的搭建。图 8.11 所示是将 LED 灯连接到 11 引脚,可参考。

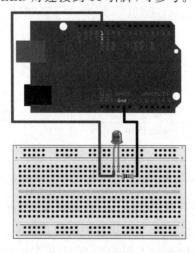

图 8.11　例 8 - 5 参考 Arduino 电路(电阻可选为 1 kΩ)

【例 8 - 6】 利用电位器控制 LED 渐变亮灭效果。

① 搭建电路。本例的电路图可参考例 8 - 3 的图 8.6。

② 计算机连接 Arduino 控制电路。

③ 在命令窗口输入以下程序或在编辑器中编辑如下脚本文件:

```
time = 200;
    while time > 0
        voltage = readVoltage(a, 'A0');
        writePWMVoltage(a, 'D11', voltage);

        time = time - 1;
        pause(0.1);
    end
```

分析:MATLAB 实时读取连接在 Arduino 的 A0 模拟引脚的电位器电压值,之后将其转换为 PWM 值,从 D11 引脚输出,控制 LED 灯的亮灭程度。程序运行过程中,用户可通过旋转电位器控制 LED 灯从而实现渐亮渐灭的效果。

8.3.2 Simulink 与 Arduino 交互控制举例

【例 8 - 7】 读取 A4 端口的模拟输入值,并实时在示波器上显示。

本例的模型建立较为简单,只需打开 Simulink library Browser,在 Simulink Support Package for Arduino Hardware|Common 组下选择 Analog Input 模块,置于新建的模型文件中。为显示测量值,还需要将示波器模块也加入到模型文件中。最后连接起来即完成了模型的建立,如图 8.12 所示。

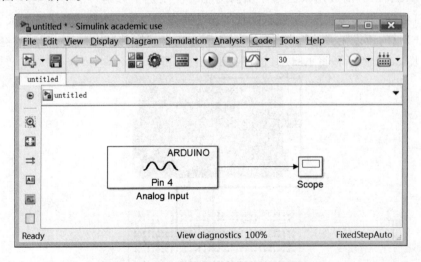

图 8.12 例 8 - 7 的 Simulink 控制模型

以本例的 Analog Input 模块为例,如需修改模块的参数值,可双击模块即弹出参数窗口,如图 8.13 所示。这里可供修改的参数有引脚号及采样间隔。需要注意的是:一个模型文件中,同一引脚不可同时分配给不同模块;采样间隔需大于 0,默认为每 1 秒采集一次数据。容易想见,采样间隔过小会增大运算量,可能导致系统过载。

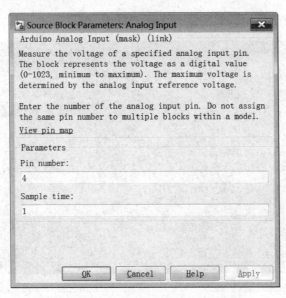

图 8.13　Analog Input 模块属性设置窗口

在部署模型文件到硬件之前,还需选定硬件型号。可选择 Tools|Run on Target Hardware|Prepare to Run,出现图 8.14 所示窗口。本例使用 Arduino Uno 控制板,在 Hardware Implementation|Hardware Board 选项中选择 Arduino Uno,对于其他型号的控制板,做法类同。

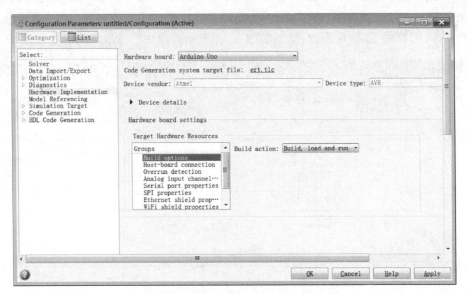

图 8.14　硬件设置窗口

模型运行:选择 Deploy to Hardware(Ctrl ＋ B)即可将模型文件部署在 Arduino Uno 控制板上。

以上控制模型读取 A4 端口的模拟输入值,并实时在示波器上显示出来,结果如图 8.15 所示。

若您对此书内容有任何疑问,可以凭在线交流卡登录MATLAB中文论坛与作者交流。

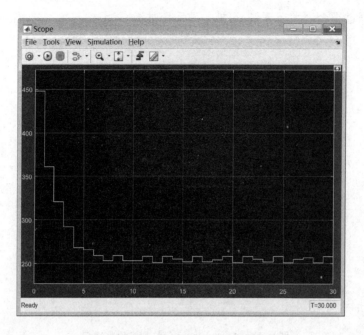

图 8.15　例 8 - 7 的 Simulink 仿真结果

本实验在连接 Arduino 控制板时常出现问题。可能原因：① 在选择控制板型号时，型号未与实际控制板对应；② 在 MATLAB 中使用并生成过 Arduino 对象，但未及时清除(clear)。

【例 8 - 8】　控制 Arduino 控制板输出 PWM 信号，并进一步控制相应引脚连接的外设。

为演示 External 模式应用，本实验使用 Arduino MEGA 2560 控制板。为方便起见，仍以控制连接在 13 引脚的 LED 灯为例，模型如图 8.16 所示。模块的选取方法可参照例 8 - 7。

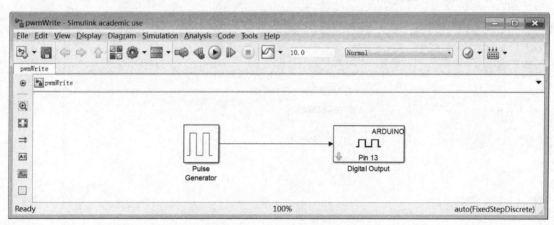

图 8.16　例 8 - 8 的 Simulink 控制模型

在 Normal 模式下运行。在 Normal 模式下选择 Deploy to Hardware(Ctrl+B)。因为程序编译后已经下载到硬件中，所以关闭模型窗口后并不影响程序在硬件中的继续运行。

在 External 模式下运行。此例中，如果将 Simulation Mode 设置为 External 模式，将允许用户在仿真期间更改调节参数，并实时显示调节后的结果。这种模式下，需要设定仿真时长，并单击运行模型的按钮 Run。

本 章 小 结

1）本章以开源电子设计平台 Arduino 为例，讨论 MATLAB/Simulink 与 Arduino 的交互控制，展示 MATLAB/Simulink 对硬件的强大开发支持。

2）应用 Arduino 前需熟悉硬件资源和开发环境、程序结构，需要预先安装驱动程序和正确选择通信端口。

3）MATLAB/Simulink 与 Arduino 进行交互控制，需预先安装支持包，且有不同的运行模式可供选择。

149

下 篇

控制系统的 MATLAB 仿真

第9章

自动控制及其仿真概述

本章首先回顾控制系统的基本概念,之后对控制系统仿真的基本概念、不同分类以及仿真技术的应用发展进行介绍,重点描述计算机仿真的要素与基本步骤。

9.1 自动控制系统概述

在自动控制原理中,控制是指为了克服各种扰动的影响,达到预期的目标,对生产机械或过程中的某一个或某一些物理量进行的操作。自动控制系统则是指由被控对象和控制器按一定方式连接起来,完成某种自动控制任务的有机整体。自动控制系统中起控制作用的装置被称为控制器。

9.1.1 自动控制系统的基本形式及特点

自动控制系统按其基本结构形式可分为两种类型:开环控制系统和闭环控制系统。

(1)开环控制系统及其特点

在开环控制系统中,控制器与被控对象之间只有顺向作用而无反向联系,如图9.1所示。系统的被控变量对控制作用没有影响,系统的控制精度完全取决于所用元器件的精度和特性调整的准确度。因此,开环系统只有在输出量难于测量且要求控制精度不高及扰动的影响较小或扰动的作用可以预先加以补偿的场合,才得以广泛应用。对于开环控制系统,只要被控对象稳定,系统就能稳定地工作。

开环控制系统的特点是输出量(即被控量)不返回到系统的输入端。

图9.1 开环控制系统结构图

(2)闭环控制系统及其特点

实际的闭环控制系统可以简化为如图9.2所示的方框图。

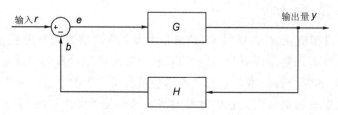

图9.2 闭环控制系统结构图

其中，r 和 y 分别是系统的输入和输出信号，e 为系统的偏差信号，b 为系统的主反馈信号，设参量 G 和 H 分别是前向通道和反馈通道的增益，亦即放大系数。

可得关系式

$$\begin{cases} e = r - b \\ b = H \cdot y \\ y = G \cdot e \end{cases} \tag{8-1}$$

通过整理，得到输入和输出的关系式

$$M = \frac{y}{r} = \frac{G}{1+GH} \tag{8-2}$$

闭环控制系统的特点是：利用负反馈的作用来减小系统误差；能有效抑制被反馈通道包围的前向通道中各种扰动对系统输出量的影响；可减小被控对象的参数变化对输出量的影响。不过，同时也带来了系统稳定性的问题。

9.1.2 自动控制系统的分类

按不同分类标准，可以对自动控制系统进行不同的分类。例如，按信号流向可分为开环控制系统和闭环控制系统；按系统的输入信号划分可分为恒值控制系统（自动调节系统）、随动控制系统（伺服系统）和程序控制系统；按元器件特性可分为线性系统和非线性系统；按微分方程系数的时变性可分为定常系统和时变系统；按信号的连续性可分为连续系统和离散系统；按输入输出数量可分为单输入单输出系统和多输入多输出系统。

9.1.3 对自动控制系统的要求及性能评价

对自动控制系统的基本要求可以归结为三个字：稳、准、快。

稳，即稳定性，是反映系统在受到扰动后恢复平衡状态的能力，是对自动控制系统的最基本要求，不稳定的系统是无法使用的。

准，即准确性，是指系统在平衡工作状态下其输出量与其期望值的距离，即被控量偏离其期望值的程度，反映了系统对其期望值的跟踪能力。

快，即快速性，是指系统的瞬态过程既要平稳，又要快速。

实际应用中对于同一系统，这些性能指标往往是相互制约的，对这三方面的要求也有不同的侧重。因此在设计时需要根据具体系统进行具体分析，均衡考虑各项指标。

9.2 控制系统仿真概述

9.2.1 仿真的基本概念

1）系统仿真是以相似原理、系统技术、信息技术及其应用领域的有关专业技术为基础，以计算机、仿真器和各种专用物理效应设备为工具，利用系统模型对真实的或设想的系统进行动态研究的一门多学科的综合性技术。它的基本思想是利用物理的或数学的模型来类比模仿现实过程，以寻求对真实过程的认识。它所遵循的基本原则是相似性原理。

2）计算机仿真是基于所建立的系统仿真模型，利用计算机对系统进行分析与研究的技术和方法。

3）控制系统仿真是系统仿真的一个重要分支，涉及自动控制理论、计算数学、计算机技术、系统辨识、控制工程以及系统科学的综合性学科。它为控制系统的分析、计算、研究、综合设计以及控制系统的计算机辅助教学等提供了快速、经济、科学和有效的手段。

4）模型是对现实系统有关结构信息和行为的某种形式的描述，是对系统的特征与变化规律的一种定量抽象，是人们认识事物的一种手段或工具。模型可分为物理模型、数学模型和仿真模型。

物理模型：指不以人的意志为转移的客观存在的实体，如飞行器研制中的飞行模型，船舶制造中的船舶模型等。

数学模型：是从一定的功能或结构上进行相似，用数学的方法来再现原型的功能或结构特征。

仿真模型：指根据系统的数学模型，用仿真语言转换为计算机可以实施的模型。

9.2.2　仿真的不同分类

1. 按模型分类

按模型分类，可分为物理仿真和数学仿真。

（1）物理仿真

物理仿真采用物理模型，有实物介入，具有效果逼真、精度高等优点，但造价高或耗时长，一般在一些特殊场合下采用，如导弹、卫星等飞行器的动态仿真，发电站综合调度仿真与培训系统等。它具有实时性、在线的特点。

（2）数学仿真

数学仿真采用数学模型，在计算机上进行。它具有非实时性、离线的特点，经济，快速，实用。

2. 按计算机类型分类

按计算机类型分类，可分为模拟仿真、数字仿真、混合仿真和现代计算机仿真。

（1）模拟仿真

模拟仿真主要指 20 世纪 50 年代，采用数学模型在模拟计算机上进行的实验研究。特点是描述连续物理系统的动态过程比较自然、逼真，具有仿真速度快、失真小和结果可靠的优点，但受元器件性能的影响，仿真精度较低，对计算机控制系统的仿真较困难，自动化程度低。

（2）数字仿真

数字仿真主要指 20 世纪 60 年代，采用数学模型在数字计算机上借助于数值计算方法所进行的仿真实验。其特点是计算与仿真的精度较高。理论上计算机的字长可以根据精度要求来"随意"设计，因此其仿真精度可以是无限的。但是由于受到误差积累、仿真时间等因素的影响，其精度也不易定得太高；对计算机控制系统的仿真比较方便。仿真实验的自动化程度较高，可方便地实现显示、打印等功能；计算速度比较低，在一定程度上影响到仿真结果的可信度。但随着计算机技术的发展，"速度问题"会在不同程度上有所改进与提高；数字仿真没有专用的仿真软件支持，需要设计人员用高级程序语言编写求解系统模型及结果输出的程序。

若您对此书内容有任何疑问，可以凭在线交流卡登录MATLAB中文论坛与作者交流。

（3）混合仿真

混合仿真结合了模拟仿真与数字仿真。

（4）现代计算机仿真

现代计算机仿真是指 20 世纪 80 年代以来，采用先进的微型计算机，基于专用的仿真软件、仿真语言来实现的仿真技术，其数值计算功能强大，使用方便，易于掌握。这是当前主流的仿真技术和方法。

9.2.3　仿真技术的应用及发展

仿真技术在不同工程领域得到了广泛应用，其意义重大。这也反过来促进了它的不断发展。

1. 仿真技术在不同工程领域中的应用

1）航空与航天工业：如飞行器设计中的三级仿真体系——纯数学模拟（软件）、半实物模拟、实物模拟或模拟飞行实验；飞行员及宇航员训练用飞行仿真模拟器。

2）电力工业：如电力系统动态模型实验——电力系统负荷分配、瞬态稳定性以及最优潮流控制等；电站操作人员培训模拟系统等。

3）原子能工业：模拟核反应堆；核电站仿真器用来训练操作人员以及研究异常故障的排除处理。

4）石油、化工及冶金工业中的应用。

5）非工程领域，如医学、社会学、宏观经济与商业策略的研究等。

2. 仿真技术的主要应用意义

1）经济性好：大型、复杂系统直接实验是十分昂贵的，如空间飞行器一次飞行实验的成本在 1 亿美元左右，而采用仿真实验仅需其成本的 1/10～1/5，而且设备可以重复使用。

2）安全性高：某些系统（如载人飞行器、核电装置等）直接实验往往会有很大的危险，甚至是不允许的，而采用仿真实验可以有效降低危险程度，对系统的研究起到保障作用。

3）快捷性高：表现在提高设计效率，如电路设计、服装设计等。

4）具有优化设计和预测的特殊功能：对一些真实系统进行结构和参数的优化设计是非常困难的，这时仿真可以发挥它特殊的优化设计功能；在非工程（如社会、管理、经济等）系统中，由于其规模及复杂程度巨大，直接实验几乎不可能，这时通过仿真技术的应用可以获得对系统的某种超前认识。

3. 仿真技术的发展趋势

1）硬件方面：基于多 CPU 并行处理技术的全数字仿真将有效提高仿真系统的速度，大大增强数字仿真的实时性。

2）应用软件方面：直接面向用户的数字仿真软件不断推陈出新，各种专家系统与智能化技术将更深入地应用于仿真软件开发之中，使得在人机界面、结果输出和综合评判等方面达到更理想的境界。

3）分布式数字仿真：充分利用网络技术，协调合作，投资少，效果好。

4）虚拟现实技术：综合了计算机图形技术、多媒体技术、传感器技术、显示技术以及仿真技术等多学科，使人置身于真实环境之中。

9.2.4 计算机仿真的要素及基本步骤

1. 计算机仿真的要素

计算机仿真的要素包括系统、模型和计算机。其中,系统为研究的对象;模型是对系统的抽象;计算机为工具与手段。对应这三个要素,仿的主要内容为建模、仿真实验和对结果的分析,如图 9.3 所示。

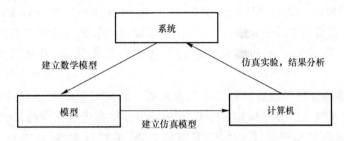

图 9.3　计算机仿真三要素

2. 计算机仿真的基本步骤

计算机仿真主要可以经过以下几步完成。

(1) 建立数学模型

控制系统的数学模型是系统仿真的主要依据。

系统的数学模型是描述系统输入、输出变量以及内部各变量之间关系的数学表达式。描述系统诸变量间静态关系的数学表达式称为静态模型;描述自控系统诸变量间动态关系的数学表达式称为动态模型。常用的基本数学模型是微分方程与差分方程。

(2) 建立仿真模型

原始的自控系统的数学模型,如微分方程,并不能用来直接对系统进行仿真。还得将其转换为能够对系统进行仿真的模型。对于连续控制系统而言,有像微分方程这样的原始数学模型,在零初始条件下进行拉普拉斯变换,求得自控系统传递函数数学模型。以传递函数模型为基础,等效变换为状态空间模型,或者将其图形化为动态结构图模型,都是自控系统的仿真模型。

对于离散控制系统而言,有像差分方程这样的原始数学模型以及类似连续系统的各种模型。这些模型都可以对离散系统直接进行仿真。

(3) 编制系统仿真程序

对于非实时系统的仿真,可以用一般的高级语言编制仿真程序。对于快速的实时系统的仿真,往往用汇编语言编制仿真程序。当然,也可以直接利用仿真语言。

如果应用 MATLAB 的 Toolbox 及其 Simulink 仿真集成环境作为仿真工具就是 MATLAB 仿真。控制系统的 MATLAB 仿真是控制系统计算机仿真一个特殊软件工具的子集。

(4) 仿真实验并输出仿真结果

进行仿真实验,通过实验对仿真模型与仿真程序进行检验和修改,而后按照系统仿真的要求输出仿真结果。

9.2.5 控制系统仿真软件

控制系统计算机辅助分析与设计的早期应用在 Jones 和 Melsa 于 1970 年出版的专著中已有反映。该书给出了大量的 Fortran 源程序,可以直接应用于控制系统的分析与设计。这也被认为是第一代控制系统计算机辅助分析与设计软件。

第二代的系统分析与设计软件的一个显著特点是人机交互性。这类软件的典型代表是 Moler 在 1980 年推出的 MATLAB 语言和 Astrom 在 1984 年推出的软件 INTRAC。这些软件和当时流行的 C 语言与 Fortran 语言一样,往往需要用户掌握其编程方法。不同的是,由于这些软件的专用性,故其集成度和编程效率大大高于 C 这类语言,从而得到广大使用者的青睐。

目前,计算机辅助分析与设计软件有了飞速发展。面向对象的程序设计结构和开放是其两大特点。这在 MATLAB 语言和其支持工具 Simulink 中得到了充分的反映。

MATLAB 语言除了易于学习和使用、扩展能力强、编程效率高、运算功能强大以及界面友好等优点外,更重要的一点是具有大量的配套工具箱。例如,对于控制系统来说,就有控制系统工具箱、系统辨识工具箱、鲁棒控制工具箱、多变量频域设计工具箱、神经网络工具箱、最优化工具箱以及模糊控制工具箱等。而这些工具箱的设计者都是相应领域的著名专家。这使得 MATLAB 语言目前已经成为控制界国际上最流行的软件。

本 章 小 结

1) 自动控制系统按基本结构形式而言,可分为开环控制系统和闭环控制系统。按不同标准,自动控制系统可以进行不同的分类。对自动控制系统的基本要求可以归结为稳、准、快三项性能指标。

2) 仿真是对系统进行研究的一种实验方法,它的基本原则是相似性原理。

3) 仿真技术在实际应用中显现出重要的意义,同时得到了极大的发展。

4) 系统、模型及计算机是数字仿真的三个基本要素,建模、仿真实验及结果分析是三项基本内容。

5) MATLAB 语言已成为当今广泛为人们所采用的控制系统仿真软件。

第 **10** 章

基于 **MATLAB** 的控制系统数学建模

本章内容的原理要点如下：

1. 控制系统的数学模型及其意义

用来描述系统因果关系的数学表达式称为系统的数学模型。控制系统数学模型有多种形式。时域中常用的有微分方程、差分方程和状态空间模型；频域中常用的有传递函数、方框图和频率特性。如果数学模型着重描述系统输入量和输出量之间的关系，则称之为输入输出模型；如果着重描述系统输入量和内部状态之间以及内部状态和输出量之间的关系，则称之为状态空间模型。

建立控制系统的数学模型是系统分析和设计的基础。这是因为如果要对系统进行仿真处理，首先应当知道系统的数学模型，然后才可以对系统进行模拟。进而才有可能在此基础上设计控制器，使系统响应达到预期效果，从而符合工程实际的需要。

2. 建立控制系统数学模型的不同方法

建立控制系统数学模型的方法有分析法与实验法。分析法是当控制系统结构和参数已知时，根据系统各部分所依据的物理规律、化学规律或其他自然规律建立运动方程的方法；而实验法则是根据系统对施加的某种测试信号的响应或其他实验数据，建立数学模型。实验法又称为系统辨识。

3. 控制系统的不同模型表示及其转换

在线性系统理论中，一般常用的数学模型形式有传递函数模型（系统的外部模型）、状态方程模型（系统的内部模型）、零极点增益模型和部分分式模型等。这些模型之间都有着内在的联系，可以相互进行转换。

实际工程中，要解决自动控制问题所需用的数学模型与该问题所给定的已知数学模型往往不一致；或者要解决问题最简单而又最方便的方法所用到的数学模型与该问题所给定的已知数学模型不同，此时，就要对自控系统的数学模型进行转换。

10.1 控制系统的传递函数模型

10.1.1 系统传递函数模型简述

连续动态系统一般由微分方程来描述。而线性系统又是以线性常微分方程来描述的。

设系统的输入信号为 $u(t)$，且输出信号为 $y(t)$，则系统的微分方程可写成

$$a_1 \frac{d^n y(t)}{dt^n} + a_2 \frac{d^{n-1} y(t)}{dt^{n-1}} + a_3 \frac{d^{n-2} y(t)}{dt^{n-2}} + \cdots + a_n \frac{dy(t)}{dt} + a_{n+1} y(t)$$

$$= b_1 \frac{d^m u(t)}{dt^m} + b_2 \frac{d^{m-1} u(t)}{dt^{m-1}} + \cdots + b_m \frac{du(t)}{dt} + b_{m+1} u(t)$$

$(10-1)$

在零初始条件下,经 Laplace 变换后,线性系统的传递函数模型为

$$G(s)=\frac{C(s)}{R(s)}=\frac{b_1s^m+b_2s^{m-1}+\cdots+b_ns+b_{m+1}}{a_1s^n+a_2s^{n-1}+\cdots+a_ns+a_{n+1}} \qquad (10-2)$$

对线性定常系统,式中 s 的系数均为常数,且 a_1 不等于零,这时系统在 MATLAB 中可以方便地由分子和分母系数构成的两个向量唯一地确定。下式中,这两个向量分别用 num(numerator,分子)和 den(denominator,分母)表示。

$$\begin{cases} \text{num}=(b_1,b_2,\cdots,b_m,b_{m+1}) \\ \text{den}=(a_1,a_2,\cdots,a_n,a_{n+1}) \end{cases} \qquad (\text{注意:它们都是按 } s \text{ 的降幂形式进行排列的})$$

则传统函数可表示为 $G(s)=\dfrac{\text{num}(s)}{\text{den}(s)}$。

注:其中 a_i,b_i 为常数,这样的系统又称为线性时不变系统(linear time invariant,LTI);系统的分母多项式称为系统的特征多项式。对物理可实现系统来说,一定要满足 $m \leqslant n$,这种情况下称系统为正则系统。

对于离散时间系统,其单输入单输出系统的 LTI 系统差分方程为

$$a_1c(k+n)+a_2c(k+n-1)+\cdots+a_nc(k+1)+a_{n+1}c(k)$$
$$=b_1r(k+m+1)+b_2r(k+m)+\cdots+b_mr(k+1)+b_{m+1}r(k) \qquad (10-3)$$

对应的脉冲传递函数为

$$G(z)=\frac{C(z)}{R(z)}=\frac{b_1z_m+b_2z_{m-1}+\cdots+b_{m+1}}{a_1z_n+a_2z_{n-1}+\cdots+a_{n+1}}=\frac{\text{num}(z)}{\text{den}(z)} \qquad (10-4)$$

其中,$\text{num}=(b_1,b_2,\cdots,b_m,b_{m+1})$;$\text{den}=(a_1,a_2,\cdots,a_n,a_{n+1})$。

10.1.2 传递函数的 MATLAB 相关函数

用不同向量分别表示分子和分母多项式,就可以利用控制系统工具箱的 tf 函数表示传递函数变量 G:

num=$(b_1,b_2,\cdots,b_m,b_{m+1})$;
den=$(a_1,a_2,\cdots,a_n,a_{n+1})$;
G=tf(num,den)。
tf 函数的具体用法及说明见表 10.1。

表 10.1 tf 函数的具体用法及说明

函数用法	说明
SYS = tf(NUM,DEN)	返回变量 SYS 为连续系统传递函数模型
SYS = tf(NUM,DEN,TS)	返回变量 SYS 为离散系统传递函数模型。TS 为采样周期,当 TS=−1 或者 TS=[] 时,表示系统采样周期未定义
S = tf('s')	定义 Laplace 变换算子(Laplace variable),以原形式输入传递函数
Z = tf('z',TS)	定义 Z 变换算子及采样时间 TS,以原形式输入传递函数

与求系统传递函数相关的函数常见用法及其说明见表 10.2。

此外,系统传递函数也可以由其他形式的传递函数转换而来。这在 10.4 节中将详细介绍。

表 10.2　求取系统传递函数相关的常用函数用法及说明

函数用法	说　明
printsys(NUM,DEN,'s')	将系统传递函数以分式的形式打印出来,'s' 表示传递函数变量
printsys(NUM,DEN,'z')	将系统传递函数以分式的形式打印出来,'z' 表示传递函数变量
get(sys)	可获得传递函数模型对象 sys 的所有信息
set(sys,'Property',Value,…)	为系统不同属性设定值
[NUM,DEN] = tfdata(SYS,'v')	以行向量的形式返回传递函数分子分母多项式
C = conv(A, B)	多项式 **A**,**B** 以系数行向量表示,进行相乘。结果 **C** 仍以系数行向量表示

10.1.3　建立传递函数模型实例

【例 10 - 1】　将传递函数模型 $G(s)=\dfrac{12s+15}{s^3+16s^2+64s+192}$ 输入到 MATLAB 工作空间中。

方式 1：

```
>> num = [12 15];                  %分子多项式
>> den = [1 16 64 192];            %分母多项式
>> G = tf(num,den)                 %系统传递函数模型
Transfer function:
G =

    12 s + 15
-----------------------
s^3 + 16 s^2 + 64 s + 192

Continuous - time transfer function.
```

方式 2：

```
>> s = tf('s');                                        %先定义 Laplace 算子
>> G = (12 * s + 15)/(s^3 + 16 * s^2 + 64 * s + 192)   %直接给出系统传递函数表达式
G =

    12 s + 15
-----------------------
s^3 + 16 s^2 + 64 s + 192

Continuous - time transfer function.
```

分析:可以采用不同方法得到系统传递函数。不同点在于,第一种方式需先求出分子分母多项式,再将其作为 tf 函数的参数使用;第二种方式需先定义 Laplace 算子,将传递函数直接

赋值给对象 G。

【例 10-2】 已知传递函数模型 $G(s) = \dfrac{10(2s+1)}{s^2(s^2+7s+13)}$,将其输入到 MATLAB 工作空间中。

方式 1:

```
>> num = conv(10,[2,1]);              % 计算分子多项式
>> den = conv([1 0 0],[1 7 13]);      % 计算分母多项式
>> G = tf(num,den)                    % 求系统传递函数
G =

    20 s + 10
  -------------------
  s^4 + 7 s^3 + 13 s^2

Continuous - time transfer function.
```

方式 2:

```
>> s = tf('s')                        % 定义 Laplace 算子
>> G = 10 * (2 * s + 1)/s^2/(s^2 + 7 * s + 13)  % 直接给出系统传递函数表达式
G =

  20 s + 10
-------------------
s^4 + 7 s^3 + 13 s^2

Continuous - time transfer function.
```

分析:当传递函数不是以标准形式给出时,在应用 SYS = tf(NUM,DEN)前,需将传递函数分子分母转化成多项式。为此可以手工将多项式展开或借助 conv 函数完成多个多项式相乘后,再使用 tf 函数。第二种方式对多项式形式不做要求。这样在得到 Laplace 算子后,可以直接按照原格式输入传递函数,从而得到系统函数的 MATLAB 表示。可见,第二种方式在处理非标准格式的传递函数时更方便。

【例 10-3】 设置传递函数模型 $G(s) = \dfrac{10(2s+1)}{s^2(s^2+7s+13)}$,时间延迟常数 $\tau=4$,即系统模型为 $G(s)\mathrm{e}^{-4s}$,在已有 MATLAB 模型基础上,设置时间延迟常数。

接例 10-2 所得系统 G。

方式 1:

```
>> set(G,'ioDelay',4)         % 为系统的 ioDelay 属性设定值
>> G                          % 显示传递函数
G =
```

```
                20 s + 10
exp( - 4 * s ) * -------------------
            s^4 + 7 s^3 + 13 s^2
```

Continuous - time transfer function.

方式 2：

```
>> G.ioDelay = 4                    %设置 G 的时延
G =

                20 s + 10
exp( - 4 * s ) * -------------------
            s^4 + 7 s^3 + 13 s^2
```

Continuous - time transfer function.

分析：在得到系统的传递函数之后，可以进一步对其参数进行设置。可通过 set 函数设定属性值，也可直接给属性赋值。

【例 10 - 4】 已知系统传递函数模型为 $G(s) = \dfrac{s^2 + 2s + 3}{(s^3 + 3s + 4)(s + 2)}$，提取系统的分子和分母多项式。

```
>> s = tf('s');                          %定义 Laplace 算子
>> G = (s^2 + 2 * s + 3)/(s^3 + 3 * s + 4)/(s + 2)    %直接给出系统传递函数表达式
G =

      s^2 + 2 s + 3
-----------------------------
s^4 + 2 s^3 + 3 s^2 + 10 s + 8
```

Continuous - time transfer function.
```
>> [num1,den1] = tfdata(G,'v')           %得到系统的分子和分母多项式

num1 =
  0  0  1  2  3

den1 =
  1  2  3  10  8
>> get(G)                                %查看所得系统的所有参数
   num: {[ 0 0 1 2 3]}
        den: {[ 1 2 3 10 8]}
```

若您对此书内容有任何疑问，可以凭在线交流卡登录 MATLAB 中文论坛与作者交流。

```
              Variable: 's'
               ioDelay: 0
            InputDelay: 0
           OutputDelay: 0
                    Ts: 0
              TimeUnit: 'seconds'
             InputName: {''}
             InputUnit: {''}
            InputGroup: [1x1 struct]
            OutputName: {''}
            OutputUnit: {''}
           OutputGroup: [1x1 struct]
                  Name: ''
                 Notes: {}
              UserData: []
          SamplingGrid: [1x1 struct]


>> num2 = G.num{1,1}                    %取出 G 中具体单元值

num2 =
    0    0    1    2    3


>> den2 = G.den{1,1}                    %取出 G 中具体单元值

den2 =
    1    2    3    10    8
>> G.num                               %num 是以单元数组表示的,这种方式只能看到其结构

ans =
[1x5 double]
```

分析:可以利用 tfdata 函数取出传递函数的分子分母向量,注意参数 'v' 表示以行向量的形式给出结果。也可通过操作传递函数对象 G 的参数来获取分子分母向量,此时要注意分子分母在 G 结构体中是以单元数组的形式存在的,需以操作单元数组的方式获取。

10.2 控制系统的零极点函数模型

10.2.1 零极点函数模型简述

零极点模型实际上是传递函数模型的另一种表现形式,其原理是分别对原系统传递函数的分子、分母进行分解因式处理,以获得系统的零点和极点的表示形式

$$G(s) = K \frac{(s-z_1)(s-z_2)\cdots(s-z_m)}{(s-p_1)(s-p_2)\cdots(s-p_n)}$$

式中，K 为系统增益；z_i 为零点；p_j 为极点。

显然，对实系数的传递函数模型来说，系统的零极点或者为实数，或者以共轭复数的形式出现。

离散系统的传递函数也可表示为零极点模式

$$G(s) = K \frac{(z-z_1)(z-z_2)\cdots(z-z_m)}{(z-p_1)(z-p_2)\cdots(z-p_n)}$$

10.2.2　零极点函数的 MATLAB 相关函数

在 MATLAB 中零极点增益模型用 $(\boldsymbol{z}, \boldsymbol{p}, \boldsymbol{K})$ 矢量组表示，即

$$\begin{cases} \boldsymbol{z} = [z_1; z_2; \cdots; z_m] \\ \boldsymbol{p} = [p_1; p_2; \cdots; p_n] \\ \boldsymbol{K} = [k] \end{cases}$$

然后调用 zpk 函数就可以输入这个零极点模型了。

zpk 函数的具体用法及其说明见表 10.3。

表 10.3　zpk 函数的具体用法及其说明

函数用法	说　　明
sys = zpk(z,p,K)	得到连续系统的零极点增益模型
sys = zpk(z,p,K,Ts)	得到连续系统的零极点增益模型，采样时间为 T_s
s = zpk('s')	得到 Laplace 算子，按原格式输入系统，得到系统 zpk 模型
z = zpk('z',Ts)	得到 Z 变换算子和采样时间 T_s，按原格式输入系统，得到系统 zpk 模型

与零极点增益模型相关的函数见表 10.4。

表 10.4　求取零极点增益模型的相关函数的用法及说明

函数用法	说　　明
[z,p,K] = zpkdata(SYS,'v')	得到系统的零极点和增益，参数 'v' 表示以向量形式表示
[p,z] = pzmap(sys)	返回系统零极点
pzmap(sys)	得到系统零极点分布图

10.2.3　建立零极点函数模型实例

【例 10-5】　将零极点模型 $G(s) = \dfrac{4(s+5)^2}{(s+1)(s+2)(s+2+2j)(s+2-2j)}$ 输入 MATLAB 工作空间中。

方式 1：

```
>> z1 = [-5; -5];                          % 为零点赋值
>> p1 = [-1; -2; -2-2*j; -2+2*j];          % 为极点赋值
>> k = 4;                                   % 为增益赋值
>> G1 = zpk(z1,p1,k)                        % 得到系统模型
```

若您对此书内容有任何疑问，可以凭在线交流卡登录MATLAB中文论坛与作者交流。

```
G1  =

         4 (s + 5)^2
    ------------------------
    (s + 1) (s + 2) (s^2 + 4s + 8)

Continuous - time zero/pole/gain model.
```

方式 2：

```
>>  s = zpk('s');
>>  G2 = 4 * (s + 5)^2/(s + 1)/(s + 2)/(s^2 + 4 * s + 8)

G2  =

         4 (s + 5)^2
    ------------------------
    (s + 1) (s + 2) (s^2 + 4s + 8)

Continuous - time zero/pole/gain model.
```

　　分析：和传递函数的表示一样，可以用不同方法得到系统零极点模型。一种是直接将零极点向量和增益值赋给 zpk 函数；另一种是先定义零极点形式的 Laplace 算子，再输入零极点模型。但如果在模型中存在复数零极点，在新版本的 MATLAB 中如果直接输入，可能容易出错，最好先将一阶复数因式转换为二阶多项式。

　　【例 10 - 6】 已知一系统的传递函数 $G(s) = \dfrac{7s^2 + 2s + 8}{4s^3 + 12s^2 + 4s + 2}$，求取其零极点向量和增益值，并得到系统的零极点增益模型。

```
>> Gtf = tf([7 2 8],[4 12 4 2])              % 得到系统传递函数
Gtf =

     7 s^2 + 2 s + 8
    ---------------------------
    4 s^3 + 12 s^2 + 4 s + 2

Continuous - time transfer function.

>> [z,p,k] = zpkdata(Gtf,'v')                % 得到系统零极点向量和增益值
z =

  - 0.1429 + 1.0595i
  - 0.1429 - 1.0595i
```

```
p =

  - 2.6980 + 0.0000i
  - 0.1510 + 0.4031i
  - 0.1510 - 0.4031i


k =

   1.7500


>> Gzpk = zpk(z,p,k)                        %求系统零极点增益模型
Gzpk =

 1.75 (s^2 + 0.2857s + 1.143)
-----------------------------
(s + 2.698) (s^2 + 0.302s + 0.1853)


Continuous - time zero/pole/gain model.

>> [p1,z1] = pzmap(Gtf)                      %求取系统零极点
p1 =

  - 2.6980 + 0.0000i
  - 0.1510 + 0.4031i
  - 0.1510 - 0.4031i

z1 =

  - 0.1429 + 1.0595i
  - 0.1429 - 1.0595i
```

分析：系统零极点可以由不同方式求取。zpkdata 函数需指定参数 'v'，否则得到的是单元数组形式的零极点。pzmap 函数带返回值使用时只返回系统的零极点向量，而不绘制零极点分布图。

【例 10 - 7】 已知一系统的传递函数 $G(s) = \dfrac{s^2 + 4s + 11}{(s^2 + 6s + 3)(s^2 + 2s)}$，求其零极点及增益，并绘制系统零极点分布图。

```
>> num = [1 4 11];                           %分子多项式
>> den = conv([1 6 3],[1 2 0]);              %分母多项式
>> G = tf(num,den)                           %得到系统传递函数
G =
```

```
      s^2 + 4 s + 11
   --------------------------
   s^4 + 8 s^3 + 15 s^2 + 6 s

Continuous - time transfer function.

>> [z,p,k] = zpkdata(G,'v')              % 得到系统零极点向量和增益值

z =

   - 2.0000 + 2.6458i
   - 2.0000 - 2.6458i

p =

         0
   - 5.4495
   - 2.0000
   - 0.5505

k =
      1


>> pzmap(G)                              % 得到系统零极点分布图
```

例 10 - 7 得到的系统零极点分布图如图 10.1 所示。

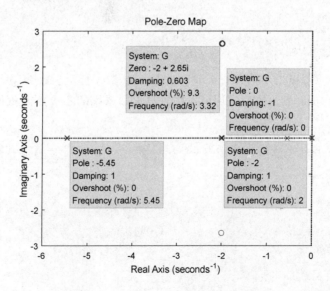

图 10.1　例 10 - 7 系统零极点分布图

分析：由 MATLAB 既可以求得系统的零极点向量，也可以由图形的方式显示其分布状态。pzmap 函数不带返回值使用时，显示系统零极点分布图。当在图上单击各零极点时，将显示其属性及属性值。

10.3　控制系统的状态空间函数模型

10.3.1　状态空间函数模型简述

系统动态信息的集合称为状态，在表征系统信息的所有变量中，能够全部描述系统运行的最少数目的一组独立变量称为系统的状态变量，其选取不是唯一的。以 n 维状态变量为基所构成的 n 维空间称为 n 维状态空间。系统在任意时刻的状态是状态空间中的一个点。描述系统状态的一组向量可以被看成一个列向量，称为状态向量，其中每个状态变量是状态向量的分量，状态向量在状态空间中随时间 t 变化的轨迹，称为状态轨迹。由状态向量所表征的模型便是系统的状态空间模型。

这种方式是基于系统的内部状态变量的，所以又往往称为系统的内部描述方法。和传递函数模型不同，状态方程可以描述更广的一类控制系统模型，包括非线性系统。

具有 n 个状态、m 个输入和 p 个输出的线性时不变系统，用矩阵符号表示的状态空间模型是

$$\begin{cases} \dot{x}(t) = Ax(t) + Bu(t) \\ y(t) = Cx(t) + Du(t) \end{cases}$$

其中，状态向量 $x(t)$ 是 n 维；输入向量 $u(t)$ 是 m 维；输出向量 $y(t)$ 是 p 维；状态矩阵 A 是 $n \times n$ 维，输入矩阵 B 是 $n \times m$ 维，输出矩阵 C 是 $p \times n$ 维；前馈矩阵 D 是 $p \times m$ 维；对于一个时不变系统，A, B, C, D 都是常数矩阵。

10.3.2　状态空间函数的 MATLAB 相关函数

MATLAB 中求系统状态方程的 ss 函数的具体用法及说明见表 10.5。

表 10.5　ss 函数具体用法及说明

函数用法	说　明
sys = ss(A,B,C,D)	由 A, B, C, D 矩阵直接得到连续系统状态空间模型
sys = ss(A,B,C,D,Ts)	由 A, B, C, D 矩阵和采样时间 T_s 直接得到离散系统状态空间模型

同样，也可以通过 ssdata 函数来获得状态方程对象参数。其使用方法及说明见表 10.6。

表 10.6　ssdata 函数的用法及说明

函数用法	说　明
[A,B,C,D] = ssdata(sys)	得到连续系统参数
[A,B,C,D,Ts] = ssdata(sys)	得到离散系统参数

10.3.3　建立状态空间函数模型实例

【例 10-8】　将以下系统的状态方程模型输入到 MATLAB 工作空间中。

$$\begin{cases} \dot{\boldsymbol{x}}(t) = \begin{bmatrix} 6 & 5 & 4 \\ 1 & 0 & 0 \\ 0 & 1 & 0 \end{bmatrix} \boldsymbol{x}(t) + \begin{bmatrix} 1 \\ 0 \\ 0 \end{bmatrix} \boldsymbol{u}(t) \\ \boldsymbol{y}(t) = \begin{bmatrix} 0 & 6 & 7 \end{bmatrix} \boldsymbol{x}(t) + \begin{bmatrix} 0 \end{bmatrix} \boldsymbol{u}(t) \end{cases}$$

```
>> A = [6 5 4;1 0 0;0 1 0];              % 给状态矩阵 A 赋值
>> B = [1 0 0]';                         % 给输入矩阵 B 赋值
>> C = [0 6 7];                          % 给输出矩阵 C 赋值
>> D = [0];                              % 给前馈矩阵 D 赋值
>> G = ss(A,B,C,D)                       % 输入并显示系统状态空间模型
G =

  a =
        x1   x2   x3
   x1    6    5    4
   x2    1    0    0
   x3    0    1    0

  b =
        u1
   x1    1
   x2    0
   x3    0

  c =
        x1   x2   x3
   y1    0    6    7

  d =
        u1
   y1    0

Continuous - time state - space model.
```

分析:系统状态方程模型可将 **A**,**B**,**C**,**D** 作为参数直接获得。不过需要注意的是,在构造状态方程对象时给出的各个矩阵的维数不兼容,则 ss( )对象将给出明确的错误提示信息并中断程序运行。

170

【例 10-9】　已知系统 $\begin{cases} \dot{\boldsymbol{x}}(t) = \begin{bmatrix} 0 & 1 \\ -3 & -4 \end{bmatrix} \boldsymbol{x}(t) + \begin{bmatrix} 0 \\ 1 \end{bmatrix} \boldsymbol{u}(t) \\ \boldsymbol{y}(t) = \begin{bmatrix} 5 & 2 \end{bmatrix} \boldsymbol{x}(t) + \boldsymbol{u}(t) \end{cases}$,求系统参数。

```
>> A = [0 1; -3 -4];
>> B = [0 1]';
>> C = [5 2];
>> D = 1;
>> Gss = ss(A,B,C,D)                          % 得到系统状态空间模型
Gss =

  a =
          x1    x2
   x1     0     1
   x2    -3    -4

  b =
          u1
   x1     0
   x2     1

  c =
          x1    x2
   y1     5     2

  d =
          u1
   y1     1


Continuous - time state - space model.
>> [aa,bb,cc,dd] = ssdata(Gss)                % 得到系统模型参数
aa =
    0    1
   -3   -4

bb =
    0
    1

cc =
    5    2

dd =
    1
>> get(Gss)                                    % 得到对象 Gss 所有参数列表
```

171

```
                          a: [2x2 double]
                          b: [2x1 double]
                          c: [5 2]
                          d: 1
                          e: []
                     Scaled: 0
                  StateName: {2x1 cell}
                  StateUnit: {2x1 cell}
              InternalDelay: [0x1 double]
                 InputDelay: 0
                OutputDelay: 0
                         Ts: 0
                   TimeUnit: 'seconds'
                  InputName: {''}
                  InputUnit: {''}
                 InputGroup: [1x1 struct]
                 OutputName: {''}
                 OutputUnit: {''}
                OutputGroup: [1x1 struct]
                       Name: ''
                      Notes: {}
                   UserData: []
               SamplingGrid: [1x1 struct]
  >> Gss.a                        % 求取一个系统模型参数
  ans =
       0    1
      -3   -4
```

分析：系统状态空间模型参数可由不同方式得到。与 tf 模型和 zpk 模型相比其不同点是，状态空间模型参数 A,B,C,D 是矩阵形式，可直接由 Gss.a 的方式得到，此时无需按照单元数组格式获得其参数。

10.4　系统模型之间的转换

系统模型间有着内在的联系，可以相互进行转换。MATLAB 提供了系统不同模型之间相互转换的相关函数。

10.4.1　系统模型转换的 MATLAB 相关函数

系统的线性时不变(LTI)模型有传递函数(tf)模型、零极点增益(zpk)模型和状态空间(ss)模型，它们之间可以相互转换。转换形式如图 10.2 所示。

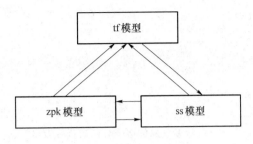

图 10.2 系统模型转换图

模型之间的转换函数可分成两类：

第一类是把其他类型的模型转换为函数表示的模型自身，其用法及说明见表 10.7。

表 10.7 第一类函数(把其他类型的模型转换为函数表示的模型自身)的用法及说明

函数用法	说　　明
tfsys = tf(sys)	将其他类型的模型转换为多项式传递函数模型
zsys = zpk(sys)	将其他类型的模型转换为 zpk 模型
sys_ss = ss(sys)	将其他类型的模型转换为 ss 模型

第二类是将本类型传递函数参数转换为其他类型传递函数参数，其用法及说明见表 10.8。

表 10.8 第二类函数(将本类型传递函数参数转换为其他类型传递函数参数)的用法及说明

函数用法	说　　明
[A,B,C,D]= tf2ss(num,den)	tf 模型参数转换为 ss 模型参数
[num,den]=ss2tf(A,B,C,D,iu)	ss 模型参数转换为 tf 模型参数，iu 表示对应第 i 路传递函数
[z,p,k]= tf2zp(num,den)	tf 模型参数转换为 zpk 模型参数
[num,den]=zp2tf(z,p,k)	zpk 模型参数转换为 tf 模型参数
[A,B,C,D]=zp2ss(z,p,k)	zpk 模型参数转换为 ss 模型参数
[z,p,k]=ss2zp(A,B,C,D,i)	ss 模型参数转换为 zpk 模型参数，iu 表示对应第 i 路传递函数

10.4.2 系统模型之间转换实例

【例 10 - 10】 已知系统传递函数模型 $G(s) = \dfrac{5}{(s^2 + 2s + 1)(s + 2)}$，试求其零极点模型及状态空间模型。

```
>> clear                           % 清除工作空间变量
>> num = [5];                      % 得到分子
>> den = conv([1 2],[1 2 1]);      % 得到分母多项式
>> Gtf = tf(num,den)               % 得到系统多项式传递函数表示
Gtf =
```

```
           5
     ---------------------
     s^3 + 4 s^2 + 5 s + 2


Continuous - time transfer function.
```

```
   >>  Gzpk = zpk(Gtf)          % 将多项式传递函数模型转换为零极点模型
   Gzpk =

          5
     -------------
     (s + 2) (s + 1)^2


Continuous - time zero/pole/gain model.
```

```
   >>  Gss = ss(Gtf)            % 将多项式传递函数模型转换为状态空间模型
   Gss =

     a =
             x1      x2      x3
      x1    - 4    - 2.5    - 1
      x2      2      0       0
      x3      0      1       0

     b =
             u1
      x1      2
      x2      0
      x3      0

     c =
             x1      x2      x3
      y1      0       0      1.25

     d =
             u1
      y1      0


Continuous - time state - space model.
```

分析:采用第一类函数进行传递函数类型的转换,可直接得到转换后的函数表示。

【例 10-11】 已知一系统的零极点模型 $G(s) = \dfrac{5(s+2)(s+4)}{(s+1)(s+3)}$，求其多项式传递函数及状态空间模型。

```
>> z = [-2 -4]';
>> p = [-1 -3]';
>> k = 5;
>> Gzpk = zpk(z,p,k)                    %得到系统 zpk 模型
Gzpk =

  5 (s+2) (s+4)
  ----------------
  (s+1) (s+3)

Continuous-time zero/pole/gain model.

>> [a,b,c,d] = zp2ss(z,p,k)            %由系统 zpk 模型转换得到 ss 模型参数
a =
   -4.0000   -1.7321
    1.7321        0

b =
    1
    0

c =
   10.0000   14.4338

d =
    5

>> [num,den] = zp2tf(z,p,k)            %得到 tf 模型分子分母参数
num =
    5   30   40

den =
    1    4    3

>> [num,den] = zp2tf(Gzpk)            %错误调用,注意应传递参数 z,p,k,而非系统
Not enough input arguments.

Error in zp2tf (line 23)
```

```
    den = real(poly(p(:)));

>> Gtf = zp2tf(z,p,k)                        %错误调用,注意应返回分子分母两个参数
Gtf =

    5  30  40
```

分析：采取第二类函数进行传递函数类型转换，只得到转换后的系统参数。这一点与第一类函数调用有很大差别。此外，在第二类函数的调用中要特别注意传入参数和返回参数的使用，否则会报错或得到错误结果。

【例 10 - 12】 将双输入单输出的系统模型转换为多项式传递函数模型。

$$\dot{x}(t) = \begin{bmatrix} 0 & 1 \\ -2 & -3 \end{bmatrix} x(t) + \begin{bmatrix} 1 & 0 \\ 0 & 1 \end{bmatrix} u(t)$$
$$y = \begin{bmatrix} 1 & 0 \end{bmatrix} x(t) + \begin{bmatrix} 0 & 0 \end{bmatrix} u(t)$$

```
>> a = [0 1; -2 -3];
>> b = [1 0; 0 1];
>> c = [1 0];
>> d = [0 0];
>> [num,den] = ss2tf(a,b,c,d,1)              %得到第 1 路输入对应的传递函数参数
num =

    0  1  3


den =

    1  3  2


>> [num2,den2] = ss2tf(a,b,c,d,2)            %得到第 2 路输入对应的传递函数参数
num2 =

    0  0  1


den2 =

    1  3  2


>> Gss = ss(a,b,c,d);                        %得到系统状态空间模型,不显示结果


>> Gtf = tf(Gss)                             %直接得到各路传递函数
Gtf =
```

```
From input 1 to output:

   s + 3

-------------------

s^2 + 3 s + 2


From input 2 to output:

     1

-------------------

s^2 + 3 s + 2


Continuous - time transfer function.
```

分析：系统传递函数矩阵为 $\dfrac{Y(s)}{U(s)} = [C(sI-A)^{-1}B + D]$，对以上双输入单输出的系统模型，在使用 ss2tf 函数时需要使用参数 iu 来指定输入输出对应关系。

从例题结果知，对于输入 1 和输入 2（考虑输入 1 时，设输入 2 为 0；反之亦然），传递函数分别为

$$\frac{Y(s)}{U_1(s)} = \frac{s+3}{s^2+3s+2}$$

$$\frac{Y(s)}{U_2(s)} = \frac{1}{s^2+3s+2}$$

【例 10 - 13】　系统传递函数为 $G(s) = \dfrac{s+2}{s^2+s+2}$，将其转换为状态空间模型。

方式 1：

```
>> num = [1 2];                    %分子多项式
>> den = [1 1 2];                  %分母多项式
>> [a,b,c,d] = tf2ss(num,den)      %转换为状态空间模型
a =
  -1  -2
   1   0
b =
   1

   0


c =
   1  2


d =
   0
```

若您对此书内容有任何疑问，可以凭在线交流卡登录 MATLAB 中文论坛与作者交流。

方式 2:

```
>> Gss = ss(tf(num,den))                    % 转换为状态空间模型
Gss =

a =
        x1   x2
   x1  - 1  - 2
   x2   1    0

b =
        u1
   x1   2
   x2   0

c =
        x1   x2
   y1  0.5   1

d =
        u1
   y1   0

Continuous - time state - space model.
```

分析:使用不同方法可得到系统的不同状态空间模型。这也表明具有同一传递函数的系统具有不同的状态空间模型。事实上,状态空间模型是无穷多的,这是由于状态变量的选取具有非唯一性。

10.5 方框图模型的连接化简

10.5.1 方框图模型的连接化简简述

在实际应用中,整个控制系统由受控对象和控制装置组成,有多个环节,由多个单一的模型组合而成。每个单一的模型都可以用一组微分方程或传递函数来描述。基于模型不同的连接和互连信息,合成后的模型有不同的结果。模型间连接主要有串联连接、并联连接、串并联连接和反馈连接等。对系统的不同连接情况,我们可以进行模型的化简。

1. 串联连接的化简

图 10.3 所示是一般情况下模型串联连接的结构框图。注意这种形式与多个电阻串联形式一样,但不能与电阻串联的结果混为一谈。

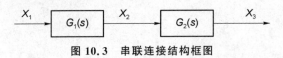

图 10.3 串联连接结构框图

若无负载效应，系统总的传递函数等于两个子系统传递函数的乘积，即 $G(s)=G_2(s)*G_1(s)$。

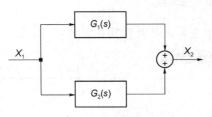

图 10.4　并联连接结构框图

注意的是，对单变量系统而言，$G_2(s)$，$G_1(s)$ 是可以互换的；对多变量系统而言，一般不具备这样的关系。

2. 并联连接的化简

图 10.4 是一般情况下模型并联连接的结构框图。单输入单输出（SISO）系统 $G_1(s)$ 和 $G_2(s)$ 并联连接时，合成系统 G：$G(s)=G_1(s)+G_2(s)$。

3. 反馈连接的化简

对于如图 10.5 所示的正反馈连接 $\Phi(s)=\dfrac{G}{1-G*H}$，负反馈连接 $\Phi(s)=\dfrac{G}{1+G*H}$。

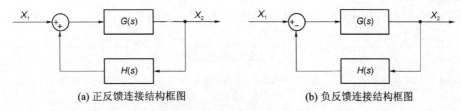

（a）正反馈连接结构框图　　　　　　（b）负反馈连接结构框图

图 10.5　反馈连接结构框图

4. 方框图的其他变换化简

方框图的基本变换还有相加点的前移与后移，分支点的前移与后移。它们的化简规则如图 10.6 所示。

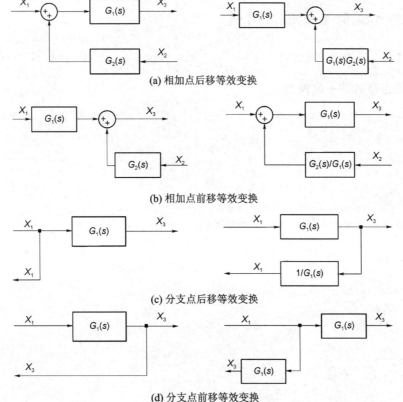

（a）相加点后移等效变换

（b）相加点前移等效变换

（c）分支点后移等效变换

（d）分支点前移等效变换

图 10.6　方框图不同等效变换化简

若您对此书内容有任何疑问，可以凭在线交流卡登录 MATLAB 中文论坛与作者交流。

10.5.2　系统模型连接化简的 MATLAB 相关函数

MATLAB 提供了系统模型连接化简的不同函数，其中主要函数及功能说明见表 10.9。

表 10.9　系统模型连接化简函数及功能说明

系统模型连接化简函数	功能说明
sys = parallel(sys1,sys2) sys = parallel(sys1,sys2,inp1,inp2,out1,out2)	并联两个系统，等效于 sys = sys1 + sys2 对 MIMO 系统，表示 sys1 的输入 inp1 与 sys2 的输入 inp2 相连，sys1 的输出 out1 与 sys2 的输出 out2 相连
sys = series(sys1,sys2) sys = series(sys1,sys2,outputs1,inputs2)	串联两个系统，等效于 sys = sys2 * sys1 对 MIMO 系统，表示 sys1 的输出 outputs1 与 sys2 的输入 inputs2 相连
sys = feedback(sys1,sys2) sys = feedback(sys1,sys2,sign) sys = feedback(sys1,sys2,feedin,feedout,sign)	两系统负反馈连接，默认格式 sign=−1 表示负反馈，sign=1 表示正反馈。等效于 sys=sys1/(1± sys1 * sys2) 对 MIMO 系统，部分反馈连接。sys1 的指定输出 feedout 连接到 sys2 的输入，而 sys2 的输出连接到 sys1 的指定输入 feedin，以此构成闭环系统。sign 标识正负反馈，意义同上

10.5.3　系统模型连接化简实例

【例 10 - 14】 已知系统 $G_1(s)=\dfrac{1}{s^2+5s+23}$，$G_2(s)=\dfrac{1}{s+4}$，求 $G_1(s)$ 和 $G_2(s)$ 分别进行串联、并联和反馈连接后的系统模型。

```
>> clear
>> num1 = 1;                    % G1 分子
>> den1 = [1 5 23];            % G1 分母
>> num2 = 1;                    % G2 分子
>> den2 = [1 4];              % G2 分母
>> G1 = tf(num1,den1);         % 得到系统 G1
>> G2 = tf(num2,den2);         % 得到系统 G2
```

串联方式 1：

```
>> Gs = G2 * G1                % 进行串联
Gs =

         1
    ---------------------------
    s^3 + 9 s^2 + 43 s + 92

Continuous - time transfer function.
```

串联方式 2：

```
>> Gs1 = series(G1,G2)              % 进行串联,结果与串联方式 1 相同
Gs1 =

          1
    -------------------
    s^3 + 9 s^2 + 43 s + 92

Continuous - time transfer function.
```

并联方式 1：

```
>> Gp = G1 + G2                     % 进行并联
Gp =

      s^2 + 6 s + 27
    -------------------
    s^3 + 9 s^2 + 43 s + 92

Continuous - time transfer function.
```

并联方式 2：

```
>> Gp1 = parallel(G1,G2)            % 进行并联,结果与并联方式 1 相同
Gp1 =

      s^2 + 6 s + 27
    -------------------
    s^3 + 9 s^2 + 43 s + 92

Continuous - time transfer function.
```

负反馈连接方式 1：

```
>> Gf = feedback(G1,G2)             % 进行负反馈化简
Gf =

        s + 4
    -------------------
    s^3 + 9 s^2 + 43 s + 93

Continuous - time transfer function.
```

负反馈连接方式 2：

```
>> Gf1 = G1/(1 + G1 * G2)            %进行负反馈化简,模型阶次高于实际阶次
Gf1 =

      s^3 + 9 s^2 + 43 s + 92
  ---------------------------------------------
  s^5 + 14 s^4 + 111 s^3 + 515 s^2 + 1454 s + 2139

Continuous - time transfer function.


>> Gf2 = minreal(Gf1)                %获得系统的最小实现模型,结果与反馈连接方式1相同
Gf2 =

      s + 4
  ---------------------------------------------
  s^3 + 9 s^2 + 43 s + 93

Continuous - time transfer function.
```

分析：

1) 系统串联、并联和反馈连接化简可由不同方式完成。

2) 注意,在串联实现方面,如果传递函数是状态空间形式,$G_2(s)G_1(s)$ 与 $G_1(s)G_2(s)$ 显然是不相同的。而对于非 SISO 系统,$G_1(s)G_2(s)$ 不一定存在,即使存在也极有可能得不出正确结果来。

3) 对于反馈连接,虽然运算式与 feedback 函数等效,但得到的系统阶次可能高于实际系统阶次,需要通过 minreal 函数进一步求其最小实现。此外,较早版本的教材中有很多用 cloop 函数来求系统反馈连接,这一函数在新版本的 MATLAB 中会提示已过时,并建议用 feedback 代替之。

【例 10 - 15】 化简如图 10.7 所示的系统,求系统的传递函数。

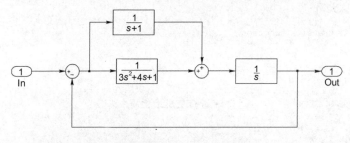

图 10.7 例 10 - 15 系统框图

```
>> clear
>> G1 = tf(1,[1 1]);                 %得到子系统 G1
>> G2 = tf(1,[3 4 1]);               %得到子系统 G2
```

```
>> Gp = G1 + G2;                    % 系统并联部分的化简
>> G3 = tf(1,[1 0]);               % 得到子系统 G3
>> Gs = series(G3,Gp);             % 系统串联部分的化简
>> Gc = Gs/(1 + Gs)                % 系统负反馈连接
Gc =

     9 s^6 + 36 s^5 + 56 s^4 + 42 s^3 + 15 s^2 + 2 s
  ----------------------------------------------------------
9 s^8 + 42 s^7 + 88 s^6 + 112 s^5 + 95 s^4 + 52 s^3 + 16 s^2 + 2 s

Continuous - time transfer function.


>> Gc1 = minreal(Gc)              % 得到系统的最小实现
Gc1 =

     s^4 + 3.667 s^3 + 5 s^2 + 3 s + 0.6667
  --------------------------------------------------------
  s^6 + 4.333 s^5 + 8.333 s^4 + 9.667 s^3 + 7.333 s^2 + 3.333 s + 0.6667

Continuous - time transfer function.
```

　　分析：系统中往往同时含有不同的连接方式。在化简时需正确使用不同的 MATLAB 化简函数。如果系统连接更复杂，可能需要首先进行节点的前移或后移，或者分支点的前移或后移，然后再进行系统化简。这个最小实现在旧版本中得出的结果更为精简：

```
Gc1 =

     s + 0.6667
  ------------------------------
s^3 + 1.333 s^2 + 1.333 s + 0.6667

Continuous - time transfer function.
```

　　【例 10 - 16】　给定一个多回路控制系统的方块图（见图 10.8），试对其进行化简。

　　已知各环节的传递函数依次为：$G_1 = 4$，$G_2 = \dfrac{1}{s}$，$G_3 = \dfrac{1}{s+1}$，$G_4 = \dfrac{2}{s+8}$，$H_1 = 0.2$，$H_2 = \dfrac{1}{2s+1}$，$H_3 = 2$。

　　将 H_2 分支点后移到 G_4 后，得到如图 10.9 所示的方框图。

　　这样，图 10.8 所示系统得到简化。此时可以很方便地得到系统的传递函数

$$G(s) = \frac{G_1 G_2 G_3 G_4}{1 - G_3 G_4 H_1 + G_2 G_3 H_2 + G_1 G_2 G_3 G_4 H_3}$$

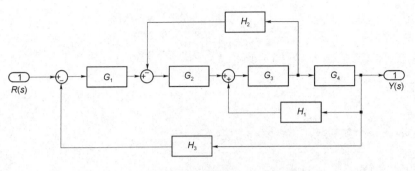

图 10.8 例 10-16 系统方框图

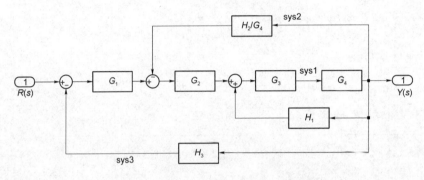

图 10.9 例 10-16 分支点后移的方框图

如何进一步在 MATLAB 中实现其最终的传递函数表示,留给用户自己实验。

10.6 Simulink 图形化系统建模实例

通过第 7 章 Simulink 的介绍和使用,我们知道在使用 Simulink 建立系统模型时,一般都有相应的模块。这些模块可以直接拖放连接,使用起来非常方便。

【例 10-17】 在 Simulink 中建立系统 $G_1(s) = \dfrac{6(s+2)(s+3)}{(s+5)(s+8)(s+11)}$ 与 $G_2(s) = \dfrac{5s+1}{s^2+3s+2}$ 进行串联、并联和负反馈连接后各自的系统模型。

分析:G_1 为零极点表示,G_2 为多项式传递函数形式。在 Simulink 的 Continuous 子模块库中存在表示零极点增益模型和多项式传递函数模型的模块。可以直接从中拖出到新建的空白模型窗口中使用。

1) 打开 Simulink,新建一个空白模型文件。

2) 从 Continuous 子模块库往空白模型文件拖放相应模块。除表示 G_1 和 G_2 的 Zero-Pole 模块和 Transfer Fcn 模块之外,还需要加法模块 Sum 以及输入输出端 In1 和 Out1。

3) 进行各模块参数和格式的正确设置。需要分别设置 Zero-Pole 模块的零极点和增益,Transfer Fcn 模块的分子分母。对负反馈来说,要将加法模块 Sum 的一端改为 '−'。为了便于连接,还需将 Zero-Pole 模块左右翻转。

4) 进行各模块的正确连接。

进行不同连接后,系统各模型如图 10.10 所示。

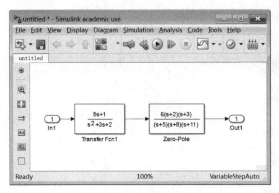

(a) 串联框图

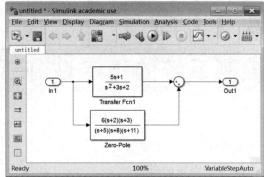

(b) 并联框图

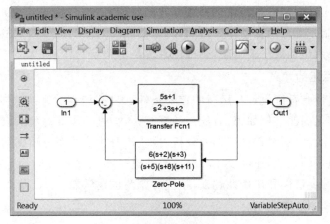

(c) 负反馈连接框图

图 10.10　例 10-17 所建立的不同模型窗口

本 章 小 结

1）控制系统数学模型的建立是系统分析和设计的基础。为了有效地在 MATLAB 下对系统进行分析和设计，需要熟练掌握用 MATLAB 描述数学模型的方法。

2）系统可用不同模型表示。本章分别对多项式传递函数模型、零极点模型和状态空间模型进行了简述，给出了相应的 MATLAB 函数用法及实例。

3）系统模型之间可以进行转换。本章介绍了相应的 MATLAB 函数，给出了相关实例。

4）方框图可以进行连接化简。本章对方框图的连接化简进行了简述，给出了相应的MATLAB 函数及实例。

5）在 Simulink 中可以图形化的方式进行系统建模。本章在第 7 章的基础上以实例演示了这一方法。

第 11 章

控制系统的稳定性分析

本章内容的原理要点如下：

1. 系统稳定的概念

经典控制分析中，关于线性定常系统稳定性的概念是：若控制系统在初始条件和扰动作用下，其瞬态响应随时间的推移而逐渐衰减并趋于原点（原平衡工作点），则称该系统是稳定的；反之，如果控制系统受到扰动作用后，其瞬态响应随时间的推移而发散，输出呈持续振荡过程，或者输出无限制地偏离平衡状态，则称该系统是不稳定的。

2. 系统稳定的意义

系统稳定性是系统设计与运行的首要条件。只有稳定的系统，才有价值分析与研究系统自动控制的其他问题。例如，只有稳定的系统，才会进一步计算稳态误差。所以控制系统的稳定性分析是系统时域分析、稳态误差分析、根轨迹分析及频率分析的前提。

对一个稳定的系统，还可以用相对稳定性进一步衡量系统的稳定程度。系统的相对稳定性越低，系统的灵敏性和快速性越强，系统的振荡也越激烈。

3. 系统特征多项式

以线性连续系统为例，设其闭环传递函数为

$$\Phi(s) = \frac{M(s)}{D(s)} = \frac{b_0 s^m + b_1 s^{m-1} + \cdots + b_{m-1} s + b_m}{a_0 s^n + a_1 s^{n-1} + \cdots + a_{n-1} s + a_n}$$

式中，$D(s) = a_0 s^n + a_1 s^{n-1} + \cdots + a_{n-1} s + a_n$ 称为系统特征多项式；$D(s) = a_0 s^n + a_1 s^{n-1} + \cdots + a_{n-1} s + a_n = 0$ 为系统特征方程。

4. 系统稳定的判定

对于线性连续系统，其稳定的充分必要条件是：描述该系统的微分方程的特征方程的根全具有负实部，即全部根在左半复平面内，或者说系统的闭环传递函数的极点均位于左半 s 平面内。

对于线性离散系统，其稳定的充分必要条件是：如果闭环系统的特征方程根或者闭环脉冲传递函数的极点为 $\lambda_1, \lambda_2, \cdots, \lambda_n$，则当所有特征根的模都小于 1 时，即 $|\lambda_i| < 1 (i = 1, 2, \cdots, n)$，该线性离散系统是稳定的；如果模的值大于 1 时，则该线性离散系统是不稳定的。

5. 其他稳定性判据

除上述稳定性判据之外，还有很多其他稳定性判据可从各个不同的角度对系统的稳定性加以判别，说明系统稳定性是系统能够成立与运行的首要条件。这些判据将在其他各章中阐述。

11.1 系统稳定性的 MATLAB 直接判定

11.1.1 MATLAB 直接判定的相关函数

由系统的稳定判据可知,判定系统稳定与否实际上是判定系统闭环特征方程的根的位置。其前提需要求出特征方程的根。MATLAB 提供了与之相关的函数,其用法及说明见表 11.1。

表 11.1 判定系统稳定的 MATLAB 函数的用法及说明

函数用法	说 明
p＝eig(G)	求取矩阵特征根。系统的模型 G 可以是传递函数、状态方程和零极点模型,可以是连续或离散的
P＝pole(G) Z＝zero(G)	分别用来求系统的极点和零点。G 是已经定义的系统数学模型
[p,z]＝pzmap(sys)	求系统的极点和零点。sys 是定义好的系统数学模型
r＝roots(P)	求特征方程的根。P 是系统闭环特征多项式降幂排列的系数向量

11.1.2 MATLAB 直接判定实例

【例 11-1】 已知系统闭环传递函数为 $\Phi(s)=\dfrac{s^3+2s+1}{s^6+2s^5+8s^4+12s^3+20s^2+16s+16}$,用 MATLAB 判定系统稳定性。

```
>> num = [1 0 2 1];
>> den = [1 2 8 12 20 16 16];
>> G = tf(num,den)                    %得到系统模型
G =

        s^3 + 2 s + 1
   ----------------------------------------
   s^6 + 2 s^5 + 8 s^4 + 12 s^3 + 20 s^2 + 16 s + 16

Continuous - time transfer function.

>> p = eig(G)                         %求系统的特征根
p =

   0.0000 + 2.0000i
   0.0000 - 2.0000i
  -1.0000 + 1.0000i
  -1.0000 - 1.0000i
   0.0000 + 1.4142i
   0.0000 - 1.4142i

>> p1 = pole(G)                       %求系统的极点
p1 =
```

187

```
0.0000 + 2.0000i

0.0000 - 2.0000i

-1.0000 + 1.0000i

-1.0000 - 1.0000i

0.0000 + 1.4142i

0.0000 - 1.4142i


 >> r = roots(den)                    %求系统特征方程的根
r =


0.0000 + 2.0000i

0.0000 - 2.0000i

-1.0000 + 1.0000i

-1.0000 - 1.0000i

0.0000 + 1.4142i

0.0000 - 1.4142i
```

分析:系统特征根有 2 个是位于 s 左半平面的,而 4 个位于虚轴上。由于有位于虚轴的根,系统是临界稳定的。在实际工程应用上看,系统可认为是不稳定的。另外,由不同 MAT-LAB 函数求得的系统特征方程根是一致的。在需要时根据情况选择使用。

【例 11-2】 给定系统如图 11.1 所示,编写 MATLAB 程序,判定系统是否稳定,要求程序给出适当提示。

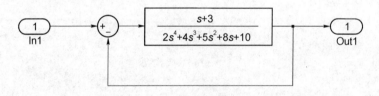

图 11.1 例 11-2 系统框图

```
num0 = [ 1 3 ];                      %开环系统分子
den0 = [ 2 4 5 8 10 ];               %开环系统分母
G = tf(num,den);                     %开环系统传递函数
Gc = feedback(G,1);                  %闭环系统传递函数
[num,den] = tfdata(Gc,'v');          %返回分子、分母向量
r = roots(den);                      %求出特征方程根
disp('系统闭环极点:');               %提示
disp(r)                              %输出特征方程根
a = find(real(r) >= 0);              %查找特征方程根实部大于 0 的值并组成新的向量 a
b = length(a);                       %求向量 a 的元素个数 b
if b>0                               %如果 b>0,存在特征方程根实部大于 0 的根,系统不稳定
disp('系统不稳定.');                 %输出不稳定结果
else disp('系统稳定.');              %否则系统稳定
end
```

程序运行结果:

系统闭环极点:
```
   0.4499 + 1.4805i
   0.4499 - 1.4805i
 - 1.4499 + 0.7828i
 - 1.4499 - 0.7828i
```

系统不稳定.

分析:程序自动求取了系统闭环极点,并给出了稳定与否的结论。这种方式与用户有一定的交互功能,显得更友好些。不过前提是程序要符合逻辑,运算正确。

【例 11-3】　某控制系统的方框图如图 11.2 所示。试用 MATLAB 确定当系统稳定时,参数 K 的取值范围(假设 $K \geqslant 0$)。

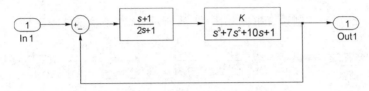

图 11.2　例 11-3 系统框图

由题,闭环系统的特征方程为

$$1 + \frac{K(s+1)}{(2s+1)(s^3+7s^2+10s+1)} = 0$$

整理得

$$2s^4 + 15s^3 + 27s^2 + (K+12)s + K + 1 = 0$$

当特征方程的根均为负实根或实部为负的共轭复根时,系统稳定。先假设 K 的大致范围,利用 roots 函数计算这些 K 值下特征方程的根,然后判断根的位置以确定系统稳定时 K 的取值范围。

程序如下:

```
k = 0:0.01:100;                        % 给出 K 的范围
for index = 1:10000                    % 循环
  p = [2 15 27 k(index) + 12 k(index) + 1];   % 特征方程
  r = roots(p);                        % 求特征方程根
  if max(real(r)) > = 0                 % 如所有根的实部中最大值有大于 0 者
    break;                             % 跳出循环
  end
end
sprintf('系统临界稳定时 K 值为:K = % 7.4f\n',k(index))   % 打印输出结论
```

程序运行结果为:

```
ans =

系统临界稳定时 K 值为:K = 90.2000
```

11.2 系统稳定性的 MATLAB 图形化判定

11.2.1 MATLAB 图形化判定的相关函数

对于给定系统 G,函数 pzmap(G)在无返回参数列表使用时,直接以图形化的方式绘制出系统所有特征根在复平面上的位置。判定连续系统是否稳定只需看一下系统所有极点在复平面上是否均位于虚轴左侧即可,而判定离散系统是否稳定则只需观察系统所有极点是否位于复平面单位圆内。显然,这种图形化的方式更为直观。

11.2.2 MATLAB 图形化判定实例

【例 11-4】 已知一控制系统框图如图 11.3 所示,试判断系统的稳定性。

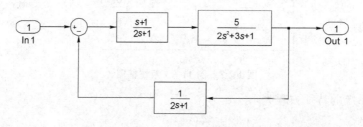

图 11.3 例 11-4 系统框图

```
>> G1 = tf([1 1],[2 1]);                %子系统 G1
>> G2 = tf([5],[2 3 1]);                %子系统 G2
>> H1 = tf(1,[2 1]);                    %子系统 H1
>> Gc = feedback(G2 * G1,H1)            %得到闭环系统传递函数
Gc =


   10 s^2 + 15 s + 5
---------------------------------
8 s^4 + 20 s^3 + 18 s^2 + 12 s + 6

Continuous-time transfer function.


>> pzmap(Gc)                            %绘制系统零极点分布图
```

例 11-4 程序运行结果如图 11.4 所示。

分析:由图 11.4 知,由于特征根全部在 s 平面的左半平面,所以此负反馈系统是稳定的。

【例 11-5】 给定离散系统闭环传递函数分别为 $G_1(z) = \dfrac{z^2 + 4.2z + 5.43}{z^4 - 2.7z^3 + 2.5z^2 + 2.43z - 0.56}$

和 $G_2(z) = \dfrac{0.68z + 5.43}{z^4 - 1.35z^3 + 0.4z^2 + 0.08z + 0.002}$,采样周期均为 $0.1s$。分别绘制系统零极点分布图,并判定各系统稳定性。

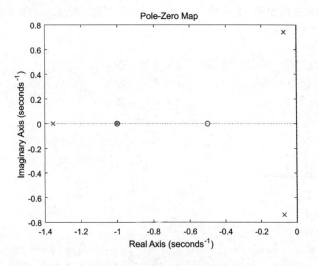

图 11.4　例 11-4 运行结果

```
>> num = [1 4.2 5.43];                    % 系统分子
>> den = [1 - 2.7 2.5 2.43 - 0.56];       % 系统分母
>> G1 = tf(num,den,0.1)                    % 系统传递函数
G1 =

      z^2 + 4.2 z + 5.43
  -------------------------------------
  z^4 - 2.7 z^3 + 2.5 z^2 + 2.43 z - 0.56

Sample time：0.1 seconds
Discrete - time transfer function.
>> pzmap(G1)                               % 绘制系统零极点分布图
```

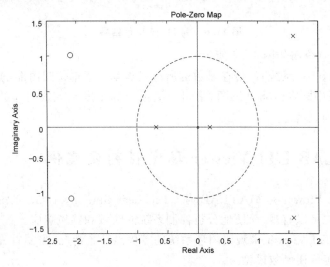

图 11.5　例 11-5 运行结果

G_1 的系统零极点分布如图 11.5 所示。由图 11.5 可知,系统 G_1 在单位圆外有极点存在,系统是不稳定的。

```
>> num = [0.68 5.43];                        %系统分子
>> den = [1 − 1.35 0.4 0.08 0.002];          %系统分母
>> G2 = tf(num,den,0.1)                       %系统传递函数
G2 =

          0.68 z + 5.43
    --------------------------------------
    z^4 − 1.35 z^3 + 0.4 z^2 + 0.08 z + 0.002

Sample time: 0.1 seconds
Discrete − time transfer function.
>> pzmap(G2)                                   %绘制系统零极点分布图
```

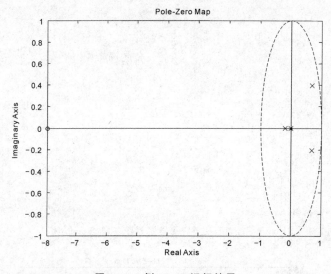

图 11.6　例 11 − 5 运行结果

G_2 的系统零极点分布如图 11.6 所示。

由图 11.6 可知,闭环系统 G_2 传递函数的所有极点都位于单位圆内部,据此可知此闭环系统 G_2 是稳定的。图中圆看似非单位圆,是因为横纵坐标刻度不一致引起的。可以考虑通过修改坐标来使其更加直观。

11.3　MATLAB LTI Viewer 稳定性判定实例

MATLAB LTI Viewer 是 MATLAB 为 LTI(linear time invariant)系统的分析提供的一个图形化工具。用它可以直观、简便地分析控制系统的时域和频域响应。

用 MATLAB LTI Viewer 来观察闭环系统的零极点分布情况,需要首先在 MATLAB 中建立系统的闭环系统传递函数模型。

【例 11 - 6】　已知单位负反馈控制系统的开环传递函数为 $G(s) = \dfrac{3(s+3)}{s(s+2)(s+5)}$，用

MATLAB LTI Viewer 观察闭环系统的零极点分布情况，并判断此闭环系统的稳定性。

1. 建立系统模型

```
>> z = [ - 3];
>> p = [0 - 2 - 5];
>> k = 3;
>> G = zpk(z,p,k)
G =

   3(s + 3)
------------
s (s + 2) (s + 5)

Continuous - time zero/pole/gain model.

>> Gc = feedback(G,1)
Gc =

      3 (s + 3)
-----------------------------
(s + 4.599) (s^2 + 2.401s + 1.957)

Continuous - time zero/pole/gain model.
```

2. 打开 LTI Viewer

在命令窗口输入

```
>> ltiview
```

即进入 LTI Viewer 窗口，如图 11.7 所示。

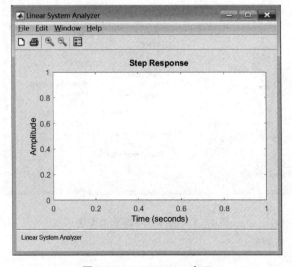

图 11.7　LTI Viewer 窗口

若您对此书内容有任何疑问，可以凭在线交流卡登录MATLAB中文论坛与作者交流。

3. 导入在 MATLAB 中建立好的系统模型

在 LTI Viewer 窗口中选 File|Import，出现如图 11.8 所示的窗口。可以从 Workspace 项中选择刚建立好的系统 Gc。系统默认给出的是系统阶跃响应曲线。

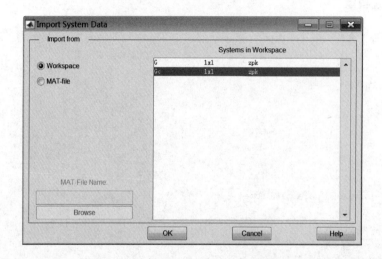

图 11.8　LTI Viewer 导入系统模型窗口

4. 观察系统的零极点分布

在图 11.9 所示的窗口中右击，选 Plot Types|Pole/Zero，即可绘制出系统的零极点分布图，如图 11.10 所示。

由图 11.10 可知，系统的闭环极点全部位于 s 平面左半平面，可判定系统是稳定的。

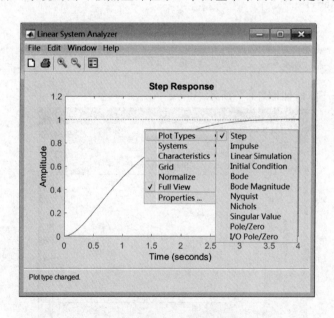

图 11.9　选择系统响应类型图

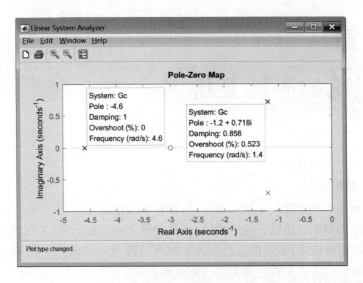

图 11.10　系统零极点分布图

本 章 小 结

1) 系统稳定性是系统设计与运行的首要条件。只有稳定的系统,才有价值分析与研究系统自动控制的其他问题。

2) 对于线性连续系统,当系统闭环传递函数的极点均位于左半 s 平面时是稳定的;对于线性离散系统,当闭环传递函数所有特征根的模都小于 1 时线性离散系统是稳定的。MATLAB 可以据此进行系统稳定性判定。

3) MATLAB 回避了一般自动控制原理教材所讲述的手工计算的稳定性判定方法,在稳定性判定方面更直观有效。可以利用求取特征方程的根的函数进行系统稳定性的判定,也可利用图形化判定的方式,通过观察零极点分布情况判定。此外,还可通过工具 MATLAB LTI Viewer 在图形化的模式下进行观察。

第 **12** 章

控制系统的时域分析

本章内容的原理要点如下：

1. 系统的性能指标

系统性能指标是指在分析一个控制系统时，评价系统性能好坏的标准。系统性能的描述，又可以分为动态性能和稳态性能。粗略地说，系统的全部响应过程中，系统的动态性能表现在过渡过程结束之前的响应中，系统的稳态性能表现在过渡过程结束之后的响应中。系统性能的描述如以准确的定量方式来描述称为系统的性能指标。

当然，讨论系统的稳态性能指标和动态性能指标时，其前提应是系统为稳定的；否则，这些指标无从谈起。这样，总体来看，系统的基本要求可以归结为三个方面：系统的稳定性；系统进入稳态后，应满足给定的稳态误差的要求；系统在动态过程中应满足动态品质的要求。

2. 系统测试信号的选取原则

对于一个实际的控制系统，测试信号的形式应接近或反映系统工作时最常见的输入信号形式，同时也应该注意选取对系统工作最不利的信号作为测试信号。

3. 常用测试信号

对各种控制系统的性能进行测试和评价时，习惯选择如表 12.1 所列的 5 种典型测试信号作为系统的输入信号。利用这些信号便于对系统进行实验和数学分析。

表 12.1　典型测试信号表

名　称	时域表达式	复域表达式
单位阶跃函数	$1(t),t\geqslant 0$	$\dfrac{1}{s}$
单位斜坡函数	$t,t\geqslant 0$	$\dfrac{1}{s^2}$
单位加速度函数	$\dfrac{1}{2}t^2,t\geqslant 0$	$\dfrac{1}{s^3}$
单位脉冲函数	$\delta(t),t=0$	1
正弦函数	$A\sin\omega t$	$\dfrac{A\omega}{s^2+\omega^2}$

12.1　控制系统的动态性能指标分析

12.1.1　控制系统的动态性能指标

对于稳定系统，系统动态性能指标通常在系统阶跃响应曲线上来定义。因为系统的单位

阶跃响应不仅完整反映了系统的动态特性,而且反映了系统在单位阶跃信号输入下的稳定状态。同时,单位阶跃信号又是一个最简单、最容易实现的信号。

1. 最大超调量(简称超调量)

瞬态过程中输出响应的最大值超过稳态值的百分数,即

$$\delta\% = \frac{c_{\max} - c(\infty)}{c(\infty)} \times 100\%$$

式中,$c_{\max}$ 和 $c(\infty)$ 分别为输出响应的最大值和稳态值,$c(\infty) = \lim\limits_{t \to \infty} c(t)$。

2. 峰值时间

输出响应超过稳态值第一次达到峰值所需要的时间。

3. 上升时间

输出响应第一次达到稳态值的时间。有时也定义为输出从稳态值的 10% 上升到 90% 的时间。

4. 延迟时间

输出响应第一次达到稳态值所需的时间。

5. 调节时间(过渡过程时间)

误差达到规定的允许值,且以后不再超出此值所需的时间。

6. 振荡次数

在调节时间内,响应曲线振荡的次数。

12.1.2　控制系统动态性能指标 MATLAB 求取实例

通常,在系统阶跃响应曲线上来定义系统动态性能指标。因此,在用 MATLAB 求取系统动态性能指标之前,首先给出单位阶跃响应函数 step() 的详细用法。

设给定系统 $G = \mathrm{tf(num,den)}$。可使用表 12.2 所列函数调用方式得到系统阶跃响应。

表 12.2　系统阶跃响应函数用法表

函　数	说　明
step(num,den) 或 step(G)	绘制系统阶跃响应曲线
step(num,den,t) 或 step(G,t)	绘制系统阶跃响应曲线。由用户指定时间范围,如 t 是标量,则指定了终止时间;如 t 是向量,则指定了步距和起止时间
y＝step(num,den,t) 或 y＝step(G,t)	返回系统阶跃响应曲线 y 值,不绘制图形。用户可用 plot 函数绘制
[y,t]＝step(num,den,t) 或 [y,t]＝step(G,t)	返回系统阶跃响应曲线 y 值和 t 值,不绘制图形。用户可用 plot 函数绘制

对于状态空间方程表示的系统

$$\dot{x} = Ax + Bu$$
$$y = Cx + Du$$

也可直接使用 step 函数,其用法见表 12.3。

表 12.3　阶跃响应函数用法表(对状态空间方程表示的系统)

函　　数	说　　明
step(A,B,C,D,iu)	绘制系统阶跃响应曲线。iu指定输入输出
step(A,B,C,D,iu,t)	绘制系统阶跃响应曲线。iu指定输入,t指定时间范围
[y,x,t]=step(A,B,C,D,iu)	返回系统阶跃响应曲线参数,不绘制图形。x为系统状态轨迹,t由系统模型特性决定
[y,x,t]=step(A,B,C,D,iu,t)	返回系统阶跃响应曲线参数,不绘制图形。x为系统状态轨迹,t指定时间范围

【例 12 - 1】　设单位负反馈系统的开环传递函数为 $G(s)=\dfrac{0.3s+1}{s(s+0.5)}$,试求系统单位阶跃响应。

```
>> num = [0.3 1];              % 传递函数分子
>> den = [1 0.5 0];            % 传递函数分母
>> G = tf(num,den);           % 传递函数
>> G0 = feedback(G,1)         % 得到反馈系统


G0 =

   0.3 s + 1
 ----------------
 s^2 + 0.8 s + 1

Continuous - time transfer function.
>> step(G0)                    % 直接得到系统单位阶跃响应曲线
>> [y,t] = step(G0);          % 返回系统单位阶跃响应曲线参数
>> plot(t,y)                   % 由 plot 函数绘制单位阶跃响应曲线
>> grid on,xlabel('Time(sec)'),ylabel('Amplitude');
```

分析:以上两种方法均可绘制系统响应曲线,如图 12.1 所示。所不同的是,前者不返回参数而直接绘制,后者返回了参数并调用其他函数绘制曲线。如果不关心返回数据,用前者更方便;而后者返回参数为进一步的分析提供了方便。

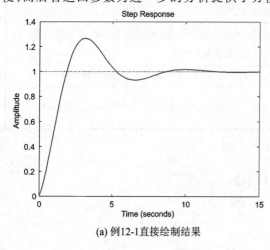

(a) 例12-1直接绘制结果

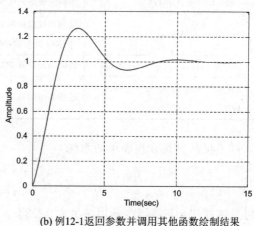

(b) 例12-1返回参数并调用其他函数绘制结果

图 12.1　例 12 - 1 系统单位阶跃响应

【例 12 - 2】 求如下系统的单位阶跃响应。

$$\begin{bmatrix} \dot{x}_1 \\ \dot{x}_2 \end{bmatrix} = \begin{bmatrix} 0 & 1 \\ -25 & -4 \end{bmatrix} \begin{bmatrix} x_1 \\ x_2 \end{bmatrix} + \begin{bmatrix} 1 & 1 \\ 0 & 1 \end{bmatrix} \begin{bmatrix} u_1 \\ u_2 \end{bmatrix}$$

$$\begin{bmatrix} y_1 \\ y_2 \end{bmatrix} = \begin{bmatrix} 1 & 0 \\ 0 & 1 \end{bmatrix} \begin{bmatrix} x_1 \\ x_2 \end{bmatrix} + \begin{bmatrix} 0 & 0 \\ 0 & 0 \end{bmatrix} \begin{bmatrix} u_1 \\ u_2 \end{bmatrix}$$

```
>> A = [0 1; -25 -4];          % 状态矩阵 A
>> B = [1 1;0 1];              % 输入矩阵 B
>> C = eye(2);                 % 输出矩阵 C
>> D = zeros(2);               % 前馈矩阵 D
>> step(A,B,C,D)               % 求系统阶跃响应曲线
>> step(A,B,C,D,1)             % 得出第 1 路输入的响应曲线
>> title('输入 = u_1 的阶跃响应')
>> step(A,B,C,D,2)             % 得到第 2 路输入的响应曲线
>> title('输入 = u_2 的阶跃响应')
```

分析:以上用两种方法绘制了状态空间方程表示的系统阶跃响应曲线。系统为双输入双输出。第一种方法直接绘制出所有响应曲线,如图 12.2 所示;第二种方法指定输入,分别绘制不同输入的阶跃响应曲线,如图 12.3 和图 12.4 所示。为了易于理解,也可以修改图形默认修饰,如 title 等,使其意义更加明确。

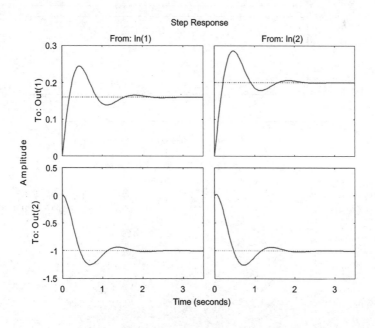

图 12.2 例 12 - 2 系统单位阶跃响应曲线

【例 12 - 3】 单位负反馈系统的开环传递函数为 $G(s) = \dfrac{10}{s(2s+1)}$,试求系统动态性能指标。

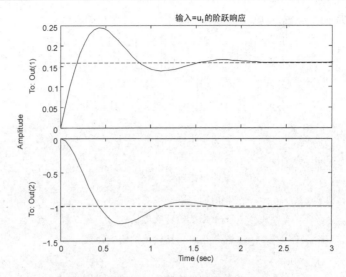

图 12.3　例 12 - 2 系统第 1 路输入的响应曲线

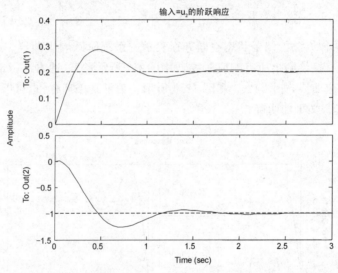

图 12.4　例 12 - 2 系统第 2 路响应曲线

```
>> Gk = tf(10,[2 1 0]);                        %开环传递函数
>> G0 = feedback(Gk,1)                          %求取系统闭环传递函数


G0 =


    10
----------------
2 s^2 + s + 10


Continuous - time transfer function.
>> step(G0)                                     %得到系统单位阶跃响应曲线
>> title('系统 10/(2s^2 + s + 10)的单位阶跃响应 ','Fontsize',12)  %设置标题属性
```

得到系统的单位阶跃响应曲线后,在图形窗口上右击,在 Characteristics 下的子菜单中可以选择 Peak Response(峰值)、Settling Time(调整时间)、Rise Time(上升时间)和 Steady State(稳态值)等参数进行显示,操作如图 12.5 所示,其显示参数的系统响应曲线如图 12.6 所示。用户还可以在曲线上任选一点并用鼠标拖动之,系统将同时显示这点的时间及幅值。

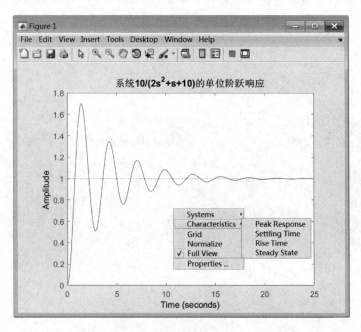

图 12.5　例 12-3 运行结果

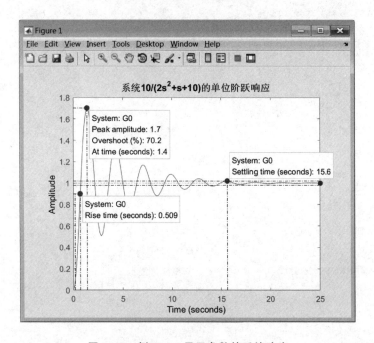

图 12.6　例 12-3 显示参数的系统响应

其他属性(如 title,x-label,y-label 等)也可进入 Properties 下的子菜单进行设置。

分析:以上示例给出了通过图形化的方式得到系统动态性能的方法。这一方法方便快捷,基本可以满足需求。在 plot 函数绘制的曲线上尝试会发现,这种快捷的图形化方式并不适合 plot 函数所绘制的曲线。

【例 12 - 4】 单位负反馈系统的开环传递函数为 $G(s) = \dfrac{7}{s(s+1)}$,编写程序求系统动态性能指标。

程序如下:

```
s = tf('s');
Gk = 7/s/(s + 1);
G0 = feedback(Gk,1, - 1)              % 得到闭环传递函数
[y,t] = step(G0);                     % 返回系统时域响应曲线值
C = dcgain(G0);                       % 得到系统终值


% 峰值时间计算
[max_y,k] = max(y);                   % 求出 y 向量中的最大值及其索引
peak_time = t(k)                      % 求出 y 最大值时对应的时间


% 超调量计算
max_overshoot = 100 * (max_y - C)/C   % 按照超调量的定义计算


% 上升时间计算
% 以从稳态值的 10 % 上升到 90 % 定义
r1 = 1;
while (y(r1)<0.1 * C)                 % 循环,计算在稳态值的 10 % 的 y 值索引
  r1 = r1 + 1;
end
r2 = 1;
while (y(r2)<0.9 * C)                 % 循环,计算在稳态值的 90 % 的 y 值索引
r2 = r2 + 1;
end
rise_time = t(r2) - t(r1)             % 上升时间为稳态值的 90 % 到稳态值的 10 % 之间的时间差


% 调整时间计算
s = length(t);                       % 时间向量元素个数
while y(s)>0.98 * C&&y(s)<1.02 * C    % 按调整时间定义
  s = s - 1;                         % 倒计数
end
settling_time = t(s)                 % 得到调整时间


step(G0)                             % 求取系统阶跃响应曲线
```

程序运行结果：

```
G0 =

      7
  -----------
  s^2 + s + 7

Continuous - time transfer function.


peak_time =

     1.1973


max_overshoot =

     54.6023


rise_time =

     0.4605


settling_time =

     7.4604
```

例 12 - 4 程序所得单位阶跃响应曲线如图 12.7 所示。

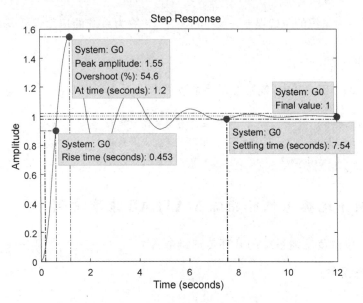

图 12.7　例 12 - 4 程序运行结果

若您对此书内容有任何疑问，可以凭在线交流卡登录MATLAB中文论坛与作者交流。

203

分析:从定义出发,例12-4以程序方式给出了系统动态性能指标计算结果。从程序运行结果和图形化的方式(见图12.7)比较,所得参数基本相同。但其中也有一定误差。这是因为曲线的时间步距由系统自动给定。不过这并不影响对系统的分析。

▶▶▶ 思考与练习

自行设定系统仿真时间及步距,并修改程序,完成系统动态性能指标参数的获取。

12.2 控制系统的稳态性能指标分析

12.2.1 系统的稳态性能指标

稳态误差:系统误差为 $e(t)=y(\infty)-y(t)$,而稳态误差即当时间 t 趋于无穷时,系统输出响应的期望值与实际值之差 $e_{ss}=\lim_{t\to\infty}e(t)=\lim_{s\to0}sE(s)$。这种定义被称为在输出端的稳态误差定义。

表12.4给出了不同输入信号下系统的稳态误差计算方式。

表 12.4　不同输入信号下系统的稳态误差计算

系统型别	静态误差系数			阶跃输入 $r(t)=A\cdot1(t)$	斜坡输入 $r(t)=Bt$	抛物线输入 $r(t)=Ct^2/2$
	K_p	K_v	K_a	位置误差 $A/(1+K_p)$	速度误差 B/K_v	加速度误差 C/K_a
0	K	0	0	$A/(1+K)$	∞	∞
I	∞	K	0	0	B/K	∞
II	∞	∞	K	0	0	C/K

设系统开环传递函数 $G(s)$。表12.4中, $K_p=\lim_{s\to0}G(s)$ 为系统的静态位置误差系数, $K_v=\lim_{s\to0}sG(s)$ 为系统的静态速度误差系数, $K_a=\lim_{s\to0}s^2G(s)$ 为系统的静态加速度误差系数。 $e_{ss}=\lim_{s\to0}\dfrac{A}{1+G(s)}=\dfrac{A}{1+K_p}$ 为系统的位置误差, $e_{ss}=\lim_{s\to0}\dfrac{B}{sG(s)}=\dfrac{B}{K_v}$ 为系统的速度误差, $e_{ss}=\lim_{s\to0}\dfrac{C}{s^2G(s)}=\dfrac{C}{K_a}$ 为系统的加速度误差。

根据定义,在MATLAB中,各稳态误差系数可由以下命令求取:

```
Kp = dcgain(numk,denk)           %静态位置误差系数
Kv = dcgain([numk 0],denk)       %静态速度误差系数
Ka = dcgain([numk 0 0],denk)     %静态加速度误差系数
```

12.2.2 控制系统稳态性能指标 MATLAB 求取实例

【例 12-5】 单位负反馈系统的开环传递函数为 $G(s)=\dfrac{10}{(0.1s+1)(0.5s+1)}$,试求单位阶跃输入下的稳态误差。

1. 手工计算

由题知,系统为0型系统。查表12.4可知,系统在单位阶跃输入下存在稳态误差,且稳态

误差系数 $K_p = \lim\limits_{s \to 0} G(s) = 10$，稳态误差为 $A/(1+K_p) = 1/(1+10) = 1/11$。

2. MATLAB 程序计算

```
>> s = tf('s');
>> G = 10/(0.1 * s + 1)/(0.5 * s + 1);        %开环传递函数
>> Gc = feedback(G,1)                          %得到闭环传递函数
G =

      10
----------------------
0.05 s^2 + 0.6 s + 11


Continuous – time transfer function.
>> step(Gc)                          %得到系统阶跃响应曲线

>> ess = 1 – dcgain(Gc)              %得到稳态误差


ess =
  0.0909
```

例 12-5 的 MATLAB 程序运行结果如图 12.8 所示。

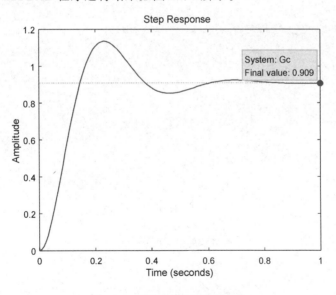

图 12.8　直接绘图求稳态误差

分析：手工计算和 MATLAB 程序得出的结果比较是一致的。可见，由 MATLAB 程序很容易得到稳态误差。

可以尝试使用 Simulink 求取稳态误差。在 Simulink 下可以直接将误差信号引出到示波器观察，会更加方便。

【例 12-6】 系统结构如图 12.9 所示。求当输入信号 $r(t) = 10 + 2t + t^2$ 时系统的稳态误差。

若您对此书内容有任何疑问，可以凭在线交流卡登录 MATLAB 中文论坛与作者交流。

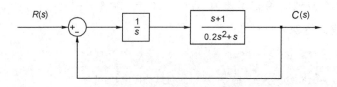

图 12.9　例 12-6 系统结构图

程序如下:

1) 判别系统是否稳定。

```
>> s = tf('s');
>> G = 1/s * (s + 1)/(0.2 * s^2 + s);
>> Gc = feedback(G,1)              % 得到闭环系统传递函数

Gc =

      s + 1
    -------------------------
    0.2 s^3 + s^2 + s + 1

Continuous - time transfer function.

>> [num,den] = tfdata(Gc,'v')

num =

   0   0   1   1

den =

  0.2000   1.0000   1.0000   1.0000

>> roots(den)              % 求特征方程的根

ans =

  - 4.0739 + 0.0000i
  - 0.4630 + 1.0064i
  - 0.4630 - 1.0064i
```

因所有特征方程的根在 s 复平面左半平面,所以系统是稳定的。可以进一步求取系统在不同输入下的稳态误差。

2) 据线性系统的叠加原理,可以先分别求取各输入分量 $10,2t$ 和 t^2 单独作用下的稳态误差,之后再求和。

系统为 Ⅱ 型系统。查表知,$K_p = \infty$,$K_v = \infty$,$e_{r1} = 10/(1+K_p) = 0$,$e_{r2} = 2/K_v = 0$。

```
>> ka = dcgain([1 1 0 0],[0.2 1 0 0])

ka =

  1
```

得 $e_{r3} = 2/K_a = 2$。

所以系统总的稳态误差为 $e = e_{r1} + e_{r2} + e_{r3} = 2$。

分析:在定义了系统的类型和静态误差系数后,系统稳态误差的计算非常容易。对于例 12-6,由系统类型用户即可以知道系统可以跟踪什么样的输入信号。此外,对于多个信号叠加的输入来说,可以将其各输入分量引起的稳态误差分别求出,再叠加求和。

12.3　MATLAB 时域响应仿真的典型函数应用

12.3.1　MATLAB 时域响应仿真的典型函数

MATLAB 时域响应仿真的典型输入函数除 step(单位阶跃函数)外,还有 impulse(单位脉冲函数)、lsim(求任意函数作用下系统响应的函数)等。虽然没有可直接使用的斜坡输入函数和加速度输入函数,但仍然可以间接使用已有的函数进行这些输入函数的响应求取。

各函数的用法及说明见表 12.5,更详细的说明可阅读和参考帮助文档。

表 12.5　求取时域响应函数的用法及说明

函数用法	说　明
impulse(G) impulse(G,t) impulse(G1,G2,…,Gn) [y,t] = impulse(G) y = impulse(G,t)	求取系统单位脉冲响应,其用法基本同 step 函数。如带返回参数列表使用,则不输出响应曲线;如不带返回参数列表,则直接打印响应曲线
lsim(G,u,t) [y,t] = lsim(G,u,t)	求取系统对任意输入 u 的响应。如带返回参数列表使用,则不输出响应曲线;如不带返回参数列表,直接打印响应曲线

12.3.2　MATLAB 时域响应仿真的典型函数应用实例

【例 12-7】 求一阶惯性环节 $\dfrac{1}{Ts+1}$ 的脉冲响应曲线,观察 T 变化对系统性能的影响。

程序如下:

若您对此书内容有任何疑问,可以凭在线交流卡登录MATLAB中文论坛与作者交流。

```
t = 0:0.1:100;                % 仿真时间范围
for T = [1 5 10]              % 给定不同 T
   G = tf([1],[T 1]);         % 得到不同 T 值下的系统传递函数
   impulse(G,t);             % 求取系统脉冲响应
   hold on                   % 保持图形
end
title('系统 1/(Ts+1)脉冲响应曲线.T 取 1,5,10','Fontsize',12);
```

例 12 - 7 程序运行结果如图 12.10 所示。

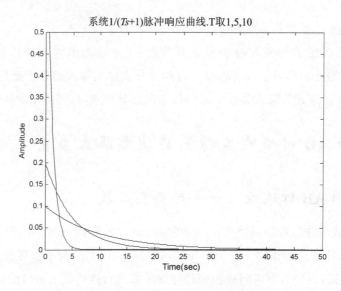

图 12.10 例 12 - 7 一阶惯性环节脉冲响应曲线

注:为便于观察,图形进行了放大

对于如图 12.10 所示的曲线,也可以采用多图绘制的方法完成,结果如图 12.11 所示。这时需要首先将曲线参数返回,然后调用绘图函数绘制。

程序如下:

```
t = 0:0.1:100;                          % 仿真时间范围
T = [1 5 10]                            % 给定不同 T
for n = 1:3
    G = tf([1],[T(n) 1]);              % 得到不同 T 值下的系统传递函数
    y(:,n) = impulse(G,t);            % 得到系统响应返回参数
end
plot(t,y)                               % 同时绘制所有曲线
title('系统 1/(Ts+1)脉冲响应曲线.T 取 1,5,10','Fontsize',12);
xlabel('\itt\rm/s'),ylabel('amplitude')
figure(2);                              % 新图形窗口
subplot(1,3,1)                          % 子图 1
```

```
plot(t,y(:,1));title('T=1');                    % T=1 时的曲线
xlabel('\itt\rm/s'),ylabel('amplitude')
subplot(1,3,2)                                   % 子图 2
plot(t,y(:,2));title('T=5');                     % T=5 时的曲线
xlabel('\itt\rm/s'),ylabel('amplitude')
subplot(1,3,3)                                   % 子图 3
plot(t,y(:,3));title('T=10');                    % T=10 时的曲线
xlabel('\itt\rm/s'),ylabel('amplitude')
```

由图 12.11 可见,时间常数 T 越大,响应曲线下降越慢。

分析:求系统响应曲线时,有不同的方法。一是利用已有函数直接绘制出曲线,二是将曲线参数返回,在需要时利用其他函数(如 plot 等)绘制。不同方法的意义是一致的。有时为了更清晰地看到每个参数所对应的曲线,可在程序中加入 pause 命令。当系统运行到 pause 命令处,程序暂停悬挂,此时可观察中间结果。单击任意键后程序继续运行。

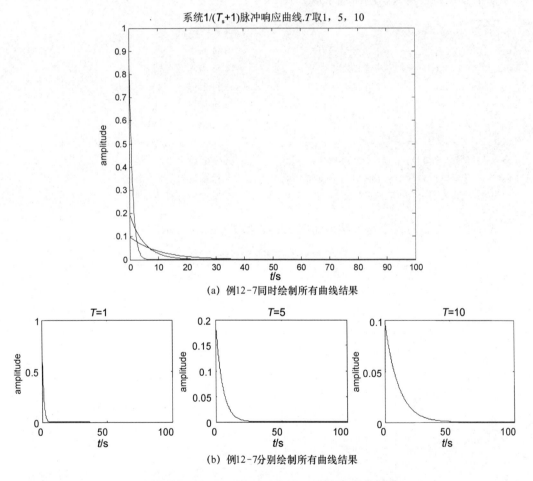

(a) 例12-7同时绘制所有曲线结果

(b) 例12-7分别绘制所有曲线结果

图 12.11 例 12-7 多图绘制方法的程序运行结果

【**例 12-8**】 已知某控制系统的闭环传递函数 $\Phi(s) = \dfrac{120}{s^2+12s+120}$,求:

若您对此书内容有任何疑问,可以凭在线交流卡登录MATLAB中文论坛与作者交流。

1) 在单位斜坡输入作用下系统的响应曲线;

2) 在输入信号 $2+\sin t$ 作用下,系统的输出响应曲线。

程序如下:

1) 系统的单位斜坡输入响应曲线求取方式 1:

```
t = 0:0.1:10;                           % 仿真时间
num = 120;                              % 传递函数分子
den = [1 12 120 0];                     % 传递函数分母,注意其变化
y = step(num,den,t);                    % 返回响应参数
plot(t,y,'g',t,t,'b--');                % 同时绘制斜坡响应曲线及斜坡输入
axis([0 2.5 0 2.5]);                    % 坐标设定
title('系统单位斜坡响应(使用 step 函数)');   % 标题设置
xlabel('\itt\rm/s');ylabel('\itt,y');   % 添加坐标标目
```

系统的单位斜坡输入响应曲线求取方式 2:

```
t = 0:0.1:10;                           % 仿真时间
num = 120;                              % 传递函数分子
den = [1 12 120];                       % 传递函数分母
G = tf(num,den);                        % 得到传递函数
u = t;                                  % 单位斜坡输入
y = lsim(G,u,t);                        % 返回单位斜坡输入下响应参数
plot(t,y,'g',t,u,'b--');                % 同时绘制斜坡响应曲线及斜坡输入
axis([0 2.5 0 2.5]);                    % 坐标设定
title('系统单位斜坡响应(使用 lsim 函数)');   % 标题设置
xlabel('\itt\rm/s');ylabel('\itt,y');   % 添加坐标标目
```

方式 1 和方式 2 的程序运行结果如图 12.12 和图 12.13 所示。

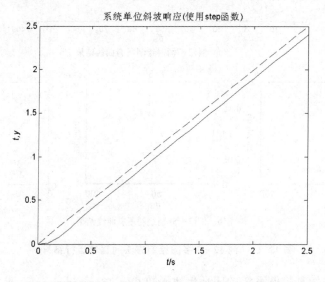

图 12.12 例 12-8 系统的单位斜坡输入响应曲线(方式 1)

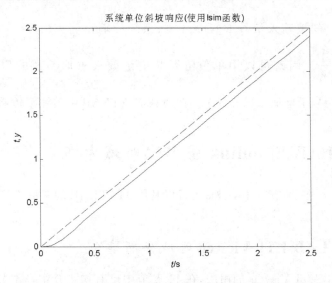

图 12.13 例 12-8 系统的单位斜坡输入响应曲线(方式 2)

2）系统在输入信号 $2+\sin t$ 作用下的响应程序：

```
t = 0:0.01:10;                                  % 仿真时间
num = 120;                                      % 传递函数分子
den = [1 12 120];                               % 传递函数分母
G = tf(num,den);                                % 得到传递函数
u = 2 + sin(t);                                 % 任意输入 2 + sint
y = lsim(G,u,t);                                % 返回任意输入的响应曲线
plot(t,y,t,u,'b - -');                          % 同时绘制响应曲线及输入信号曲线
title('系统对输入 2 + sin(t)的响应(使用 lsim 函数)'); % 标题设置
xlabel('\itt\rm/s');ylabel('2 + sin(\itt\rm),\ity'); % 添加坐标标目
```

程序运行结果如图 12.14 所示。

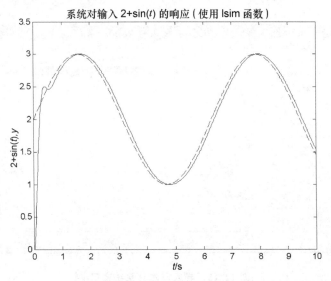

图 12.14 例 12-8 系统在输入信号 $2+\sin t$ 作用下的响应曲线

分析：对于单位斜坡输入信号 $R(s)=1/s^2$，系统的输出为 $C(s)=\dfrac{120}{s^2+12s+120}\times\dfrac{1}{s^2}=$

$\dfrac{120}{s(s^2+12s+120)}\times\dfrac{1}{s}$。因此可以用单位阶跃响应函数来求取系统响应。这时系统变为

$\dfrac{120}{s(s^2+12s+120)}$，相当于增加了积分环节。此时在 MATLAB 中需注意传递函数分母的变化。

12.4　MATLAB /Simulink 图形化时域分析

除应用函数直接进行时域分析之外，也可以利用 MATLAB 的图形工具，得到系统的响应曲线及性能指标，以供进一步分析。

12.4.1　MATLAB LTI Viewer 时域分析实例

有关 MATLAB LTI Viewer 的用法，在 11.3 节中已有初步介绍。本节再通过例题说明它在系统时域分析方面的应用。

【例 12 - 9】　当 ζ 取 $0.2,0.4,0.6$ 时，通过 LTI Viewer 工具观察二阶系统 $G(s)=$ $\dfrac{1}{s^2+2\zeta s+1}$ 的阶跃响应曲线和脉冲响应曲线。

1）编写 MATLAB 程序，求 ζ 取不同值时各系统传递函数。

```
for i = 1:3                              % 设定循环次数
  zeta(i) = 0.2 * i;                     % 给定不同 ζ
  ss(i) = tf(1,[1 2 * zeta(i) 1]);      % 不同 ζ 下的系统传递函数
end
```

2）打开 MATLAB LTI Viewer。

3）导入已经建立的系统 ss，如图 12.15 所示。

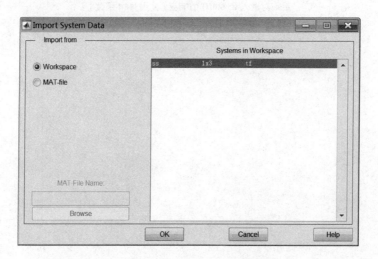

图 12.15　导入已建立系统窗口

系统默认窗口如图 12.16 所示。分别显示了 ζ 取 0.2,0.4,0.6 时系统的不同阶跃响应曲线。

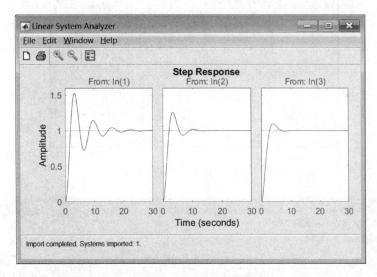

图 12.16　例 12 - 9 系统在不同 ζ 值时的阶跃响应曲线

4) 用户可以使用快捷菜单在默认窗口上观察系统的阶跃响应性能指标,也可以选择 Plot Types|Impulse 项以显示单位脉冲响应曲线,如图 12.17 所示。

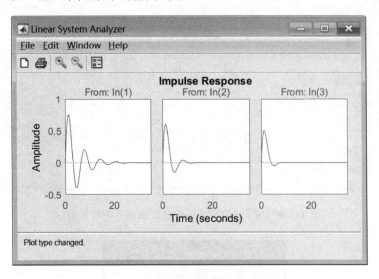

图 12.17　例 12 - 9 系统单位脉冲响应曲线

5) 用户还可改变显示方式。例如,通过 Edit|Plot Configurations 选项打开如图 12.18 所示的窗口。

在如图 12.18 所示的选择中,可以上下分区的方式同时显示系统阶跃、脉冲响应曲线,如图 12.19 所示。

通过右键菜单 I/O Selector 选项打开图 12.20 所示的窗口,在图 12.20 的选择下,只显示第一种情况下的响应曲线,如图 12.21 所示。

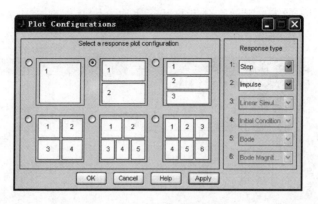

图 12.18　显示曲线配置窗口

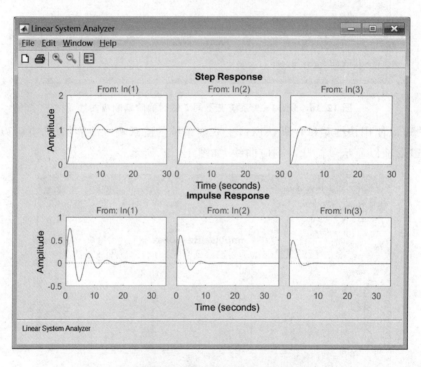

图 12.19　例 12-9 以上下分区方式显示响应曲线

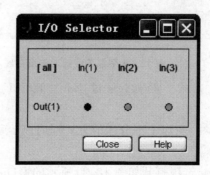

图 12.20　I/O Selector 窗口

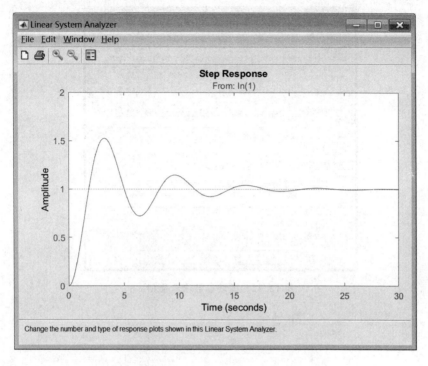

图 12.21 例 12 - 9 只显示输入 1 的响应曲线

分析:例 12 - 9 显示了典型二阶系统当 ζ 越小时,振荡越严重。在这种图形化的方式下,提供了多种不同的系统分析方法,用户可以方便地选取输入,并且可以快捷地观察系统性能指标。还可以根据需要设置不同的显示方式。

12.4.2 Simulink 时域分析实例

在 Simulink 下进行时域分析方便、直观。下面的示例说明了这一点。

【例 12 - 10】 系统的开环传递函数为 $G(s) = \dfrac{9}{s^2 + 8s}$。在 Simulink 下观察系统在不同输入下的响应曲线。

1) 建立系统模型。打开 Simulink,新建空白模型文件。从模型库中选取必需的模块。

需要注意的是,系统没有单位加速度信号模块。可通过 User Defined Functions|Fcn 模块和单位斜坡函数建立加速度函数。其他输入信号则可以直接从模块组中选取得到。

模型使用了合成器(Mux)模块将系统输入和输出分别输出到示波器。

示波器可智能地识别这两路信号并显示在同一窗口。用户还可以改变示波器属性,不用合成器而多窗口显示信号。

2) 修改模块参数。输入开环传递函数参数,如图 12.22 所示。

3) 加入不同输入信号进行仿真,系统的 Simulink 模型图如图 12.23 所示,响应曲线如图 12.24 所示。

分析:系统为 Ⅰ 型系统。由图 12.24(a)～(c)所示各结果可知它的位置误差应为 0,速度误差为 $1/K_v$,而加速度误差为 ∞。其结果与理论分析是一致的。

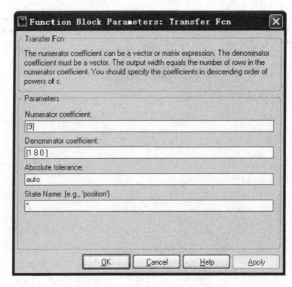

图 12.22　模块参数设置窗口

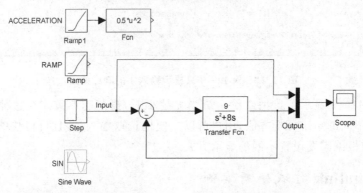

图 12.23　例 12-10 系统的 Simulink 模型图

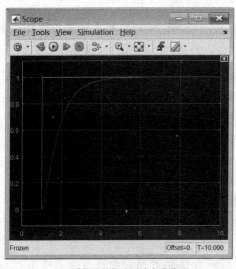

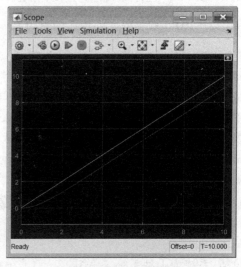

(a) 系统的单位阶跃响应曲线　　　　　　　　　　(b) 系统的单位斜坡响应曲线

图 12.24　例 12-10 系统不同输入的响应曲线

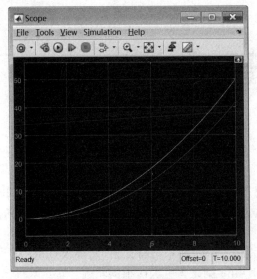

(c) 系统的单位加速度响应曲线

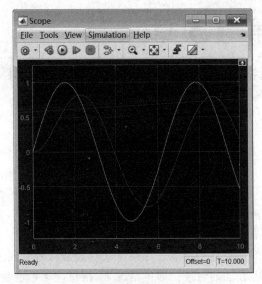

(d) 系统的正弦响应曲线

图 12.24　例 12 - 10 系统不同输入的响应曲线(续)

本 章 小 结

1）系统性能指标包括动态性能指标和稳态性能指标。系统的全部响应过程中,系统的动态性能表现在过渡过程结束之前的响应中,系统的稳态性能表现在过渡过程结束之后的响应中。

2）对于稳定系统,系统动态性能指标通常在系统阶跃响应曲线上来定义。MATLAB 给出了 step 输入函数,用以求取系统阶跃响应。本章给出了相应的求取系统阶跃响应的示例。

3）稳态误差是当时间 t 趋于无穷时,系统输出响应的期望值与实际值之差。不同类型的系统稳态误差可以通过查表进行手工计算求取,也可使用 MATLAB 求取。

4）MATLAB 提供了求取时域响应仿真的其他函数,如单位脉冲函数 impulse、求任意函数作用下系统响应的函数 lsim 等。可以间接使用已有的函数进行斜坡输入函数和加速度输入函数等函数的响应求取。

5）可以利用 MATLAB 的图形工具,以图形化的方式得到系统的响应曲线及性能指标,以供进一步分析。

第 **13** 章

控制系统的根轨迹分析与校正

本章内容的原理要点如下：

1. 根轨迹概念

1948 年，伊文思（W. R. Evans）根据反馈控制系统开环和闭环传递函数之间的关系，提出了由开环传递函数求闭环特征根的简便方法。这是一种由图解方法表示特征根与系统参数的全部数值关系的方法。

根轨迹是指当开环系统某一参数从零变到无穷大时，闭环系统特征根（闭环极点）在复平面上移动的轨迹。通常情况下，根轨迹是指增益 K 由零到正无穷大时根的轨迹。

根轨迹可用于研究当改变系统某一参数（如开环增益）时对系统根轨迹的影响，从而较好地解决高阶系统控制过程性能的分析与计算；可以很直观地看出增加开环零极点对系统闭环特性的影响，可以通过增加开环零极点重新配置闭环主导极点。

2. 根轨迹方程

闭环控制系统一般可用图 13.1 所示的结构图来描述。

开环传递函数可表示为

$$G(s)H(s) = \frac{K\prod_{i=1}^{m}(s-z_i)}{\prod_{j=1}^{n}(s-p_j)}$$

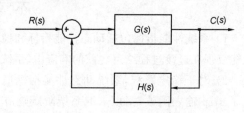

图 13.1　闭环控制系统结构图

系统的闭环传递函数为

$$\Phi(s) = \frac{G(s)}{1+G(s)H(s)} \tag{13-1}$$

系统的闭环特征方程为 $1+G(s)H(s)=0$，即

$$G(s)H(s) = \frac{K\prod_{i=1}^{m}(s-z_i)}{\prod_{j=1}^{n}(s-p_j)} = -1 \tag{13-2}$$

显然，在 s 平面上凡是满足式（13-2）的点，都是根轨迹上的点。式（13-2）称为根轨迹方程。式（13-2）可以用幅值条件和相角条件来表示。

3. 幅值条件

$$|G(s)H(s)| = K\frac{\prod_{i=1}^{m}|(s-z_i)|}{\prod_{j=1}^{n}|(s-p_j)|} = 1 \tag{13-3}$$

幅值条件可以作为计算 K 值的依据。

4. 相角条件

$$\angle G(s)H(s) = \sum_{i=1}^{m} \angle(s-z_i) - \sum_{j=1}^{n} \angle(s-p_j)$$

(13-4)

$$= \sum_{i=1}^{m} \varphi_i - \sum_{j=1}^{n} \theta_j = (2k+1)\pi \quad k=0,\pm1,\pm2,\cdots$$

式中，$\sum \varphi_i$、$\sum \theta_j$ 分别代表所有开环零点、极点到根轨迹上某一点的向量相角之和。

相角条件可以作为绘制根轨迹的依据，即特征方程所有的根都应满足式(13-4)。

5. 根轨迹绘制法则

根轨迹绘制法则可用来求取根轨迹的起点和终点，根轨迹的分支数、对称性和连续性，实轴上的根轨迹，根轨迹的分离点和会合点，根轨迹的渐近线，根轨迹的出射角和入射角，根轨迹与虚轴的交点等信息，见表 13.1。表中以"*"标明的法则是绘制 0°根轨迹的法则(与绘制常规根轨迹的法则不同)，其余法则不变 。

表 13.1　绘制根轨迹的基本法则

序　号	内　容	法　则
1	根轨迹的起点和终点	根轨迹起始于开环极点，终止于开环零点
2	根轨迹的分支数，对称性和连续性	根轨迹的分支数与开环零点数 m 和开环极点数 n 中的大者相等，根轨迹是连续的，并且对称于实轴
3	实轴上的根轨迹	实轴上的某一区域，若其右端开环实数零、极点个数之和为奇数，则该区域必是 180°根轨迹 实轴上的某一区域，若其右端开环实数零、极点个数之和为偶数，则该区域必是 0°根轨迹
4	根轨迹的渐近线	渐近线与实轴的交点 $\sigma_a = \dfrac{\sum\limits_{j=1}^{n} p_j - \sum\limits_{i=1}^{m} z_i}{n-m}$ $\varphi_a = \dfrac{(2k+1)\pi}{n-m}$ （180°根轨迹） 渐近线与实轴夹角 * $\varphi_a = \dfrac{2k\pi}{n-m}$ （0°根轨迹） 其中，$k=0,\pm1,\pm2,\cdots$
5	根轨迹的分离点	分离点的坐标 d 是方程 $\sum\limits_{j=1}^{n} \dfrac{1}{d-p_j} = \sum\limits_{i=1}^{m} \dfrac{1}{d-z_i}$ 的解
6	根轨迹与虚轴的交点	根轨迹与虚轴交点坐标 ω 及其对应的 K 值可用劳斯稳定判据确定，也可令闭环特征方程中的 $s=j\omega$，然后分别令其实部和虚部为零求得
7	根轨迹的起始角和终止角	$\sum\limits_{i=1}^{m} \varphi_i - \sum\limits_{j=1}^{n} \theta_j = (2k+1)\pi \quad (k=0,\pm1,\pm2,\cdots)$ * $\sum\limits_{i=1}^{m} \varphi_i - \sum\limits_{j=1}^{n} \theta_j = 2k\pi \quad (k=0,\pm1,\pm2,\cdots)$
8	根之和	$\sum\limits_{i=1}^{n} \lambda_i = \sum\limits_{i=1}^{n} p_i \quad (n-m \geqslant 2)$

13.1　控制系统的根轨迹法分析

以绘制根轨迹的基本规则为基础的图解法是获得系统根轨迹很实用的工程方法。借助 MATLAB 软件,获得系统根轨迹更为方便。通过根轨迹可以清楚地反映如下信息:临界稳定时的开环增益;闭环特征根进入复平面时的临界增益;选定开环增益后,系统闭环特征根在根平面上的分布情况;参数变化时,系统闭环特征根在根平面上的变化趋势等。

13.1.1　MATLAB 根轨迹分析的相关函数

MATLAB 中提供了 rlocus 函数,可以直接用于系统的根轨迹绘制。还允许用户交互式地选取根轨迹上的值。其用法见表 13.2。更详细的信息可参见其帮助文档。

表 13.2　绘制根轨迹函数的用法及说明

函数用法	说　明
rlocus(G)	绘制指定系统的根轨迹
rlocus(G1,G2,…)	绘制指定系统的根轨迹。多个系统绘于同一图上
rlocus(G,k)	绘制指定系统的根轨迹。k 为给定增益向量
$[r,k]$ = rlocus(G)	返回根轨迹参数。r 为复根位置矩阵。r 有 length(k) 列,每列对应增益的闭环根
r = rlocus(G,k)	返回指定增益 k 的根轨迹参数。r 为复根位置矩阵。r 有 length(k) 列,每列对应增益的闭环根
$[K,POLES]$ = rlocfind(G)	交互式地选取根轨迹增益。产生一个"十"字光标,用此光标在根轨迹上单击一个极点,同时给出该增益所有对应极点值
$[K,POLES]$ = rlocfind(G,P)	返回 P 所对应根轨迹增益 K 及 K 所对应的全部极点值
sgrid	在零极点图或根轨迹图上绘制等阻尼线和等自然振荡角频率线。阻尼线间隔为 0.1,范围为 0~1,自然振荡角频率间隔 1rad/s,范围为 0~10
sgrid(z,wn)	在零极点图或根轨迹图上绘制等阻尼线和等自然振荡角频率线。可由用户指定阻尼系数值和自然振荡角频率值

13.1.2　MATLAB 根轨迹分析实例

【例 13-1】　若单位反馈控制系统的开环传递函数为 $G(s) = \dfrac{K}{s(s+1)(s+5)}$,绘制系统的根轨迹。

程序如下:

```
clf;
num = 1;
den = conv([1 1 0],[1 5]);
rlocus(num,den)                    %绘制系统根轨迹
axis([-8 8 -8 8])                  %设置坐标
```

```
figure(2)                        % 新建图形窗口
r = rlocus(num,den);             % 返回系统根轨迹参数
plot(r,'-')                      % 绘制系统根轨迹
axis([-8 8 -8 8])                % 设置坐标
gtext('x')                       % 手工放置标识 x
gtext('x')
gtext('x')
```

程序运行结果如图 13.2 所示。

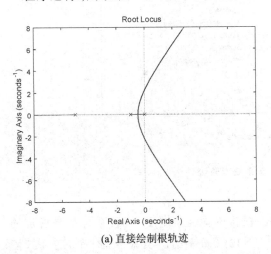
(a) 直接绘制根轨迹

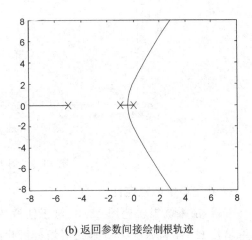
(b) 返回参数间接绘制根轨迹

图 13.2　例 13-1 系统根轨迹

分析：由图 13.2 可知，根轨迹图可以直接用 rlocus 函数绘制，也可以通过返回系统闭环根而使用 plot 重新绘制。用户可根据根轨迹绘制法手工绘制系统根轨迹，并与此例题结果比较。

【例 13-2】　若单位反馈控制系统的开环传递函数为 $G(s) = \dfrac{K(s+3)}{s(s+1)(s+2)}$，绘制系统的根轨迹，并据根轨迹判定系统的稳定性。

1) 绘制系统根轨迹。

```
num = [1 3];
den = conv([1 1],[1 2 0]);
G = tf(num,den);                 % 开环系统传递函数
rlocus(G)                        % 绘制根轨迹
figure(2)                        % 新开一个图形窗口
K = 4;                           % 取 K = 4,可改为 K = 45 重新观察
G0 = feedback(tf(K * num,den),1); % 求 K = 4 时的闭环系统传递函数
step(G0)                         % 求闭环系统的阶跃响应
```

程序运行结果如图 13.3 所示。

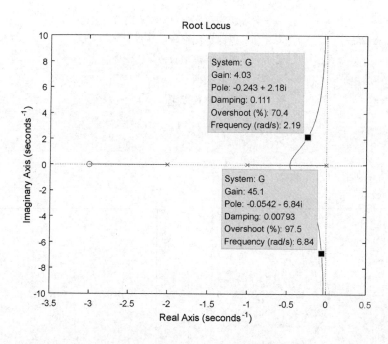

图 13.3　例 13－2 系统根轨迹

2) 判定系统的稳定性。

分析：由系统根轨迹图 13.3，对于任意的 K，根轨迹均在 s 左半平面，系统都是稳定的。可取增益 $K=4$ 和 $K=45$ 并通过时域分析验证。图 13.4 分别给出了 $K=4$ 时和 $K=45$ 时系统的单位阶跃响应曲线。可见，在 $K=45$ 时因为极点距虚轴很近，振荡已经很大。

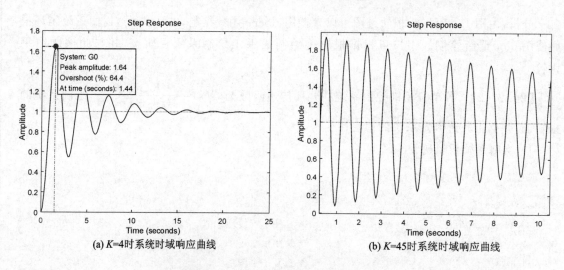

(a) $K=4$ 时系统时域响应曲线　　　　　　　(b) $K=45$ 时系统时域响应曲线

图 13.4　例 13－2 系统时域响应曲线

【例 13－3】　若单位反馈控制系统的开环传递函数为 $G(s)=\dfrac{K(s+0.5)}{s(s+1)(s+2)(s+5)}$，绘制系统的根轨迹，确定当系统稳定时，参数 K 的取值范围。

1) 绘制系统的根轨迹。

```
clear;
num = [1 0.5];
den = conv([1 3 2],[1 5 0]);
G = tf(num,den);                    % 开环系统传递函数
K = 0:0.05:200;                     % 给定 K 的范围
rlocus(G,K)                         % 绘制给定 K 的范围下的根轨迹
[K,POLES] = rlocfind(G)             % 交互式地选取根轨迹上的增益,这里用于选取其临界稳定值
```

程序运行结果如图 13.5 所示。

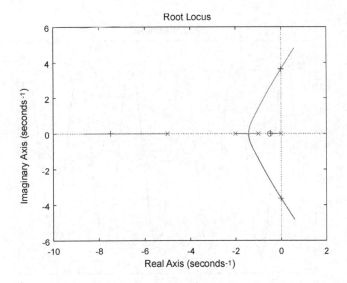

图 13.5　例 13 - 3 系统根轨迹

2) 确定系统稳定时 K 取值范围。

```
Select a point in the graphics window

selected_point =
  0.0000 + 3.6074i


K =
  94.2998


POLES =
  -7.4789 + 0.0000i
  -0.0196 + 3.6171i
  -0.0196 - 3.6171i
  -0.4818 + 0.0000i
```

通过交互选取了系统临界稳定时的极点,并给出了临界稳定时的增益值。知系统稳定时 $0 \leqslant K \leqslant 94$。

3)接上面程序,继续求系统临界稳定时的阶跃响应。

```
K = 95;                              %给定临界稳定时的 K
t = 0:0.05:10;                       %设定时间范围
G0 = feedback(tf(K * num,den),1);    %闭环系统传递函数
step(G0,t)                           %求闭环系统的阶跃响应
```

程序运行结果如图 13.6 所示。

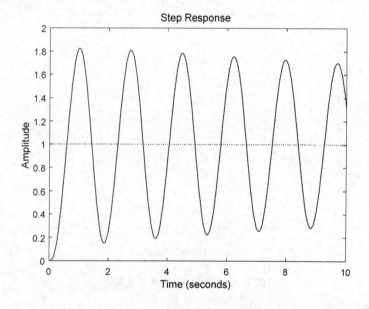

图 13.6 例 13 – 3 系统 K = 94 时的阶跃响应

分析:由系统根轨迹图 13.5,结合临界稳定值可知,系统稳定时 $0 \leqslant K \leqslant 94$,临界稳定时的阶跃响应曲线如图 13.6 所示。

【例 13 – 4】 若单位反馈控制系统的开环传递函数为 $G(s) = \dfrac{K}{s(s+2)}$,绘制系统的根轨迹,并观察当 $\zeta = 0.707$ 时的 K 值。绘制 $\zeta = 0.707$ 时的系统单位阶跃响应曲线。

1)绘制系统根轨迹。

```
clear;
num = [1];
den = [1 2 0];
G = tf(num,den);              %开环系统传递函数
rlocus(G)                     %绘制系统根轨迹
sgrid(0.707,[])               %绘制等阻尼线,由用户指定值
[K,POLES] = rlocfind(G)       %交互式地选取根轨迹上的增益,这里用于选取其临界稳定值
```

程序系统根轨迹运行结果如图 13.7 所示。

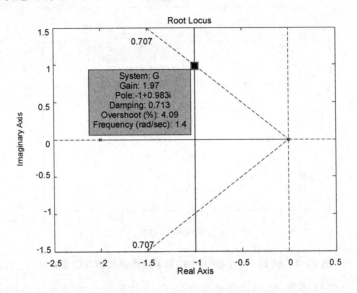

图 13.7　例 13－4 系统根轨迹

$\zeta = 0.707$ 时的 K 值：

```
Select a point in the graphics window


selected_point =
  - 0.9953 + 0.9948i


K =

    1.9897


POLES =
  - 1.0000 + 0.9948i
  - 1.0000 - 0.9948i
```

2）绘制 $\zeta = 0.707$ 时系统的单位阶跃响应曲线。由图 13.7 可读出增益值,取 $K = 1.99$。

```
figure(2)                          % 新开一图形窗口
K = 1.99;                          % 给定 K 值
t = 0:0.05:10;                     % 给定时间范围
G0 = feedback(tf(K * num,den),1);  % 得到闭环系统传递函数
step(G0)                           % 求闭环系统的阶跃响应
```

程序运行结果如图 13.8 所示。

若您对此书内容有任何疑问，可以凭在线交流卡登录MATLAB中文论坛与作者交流。

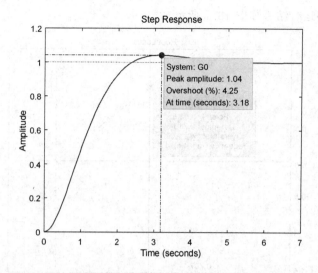

图 13.8　例 13-4 当 ζ＝0.707 时系统的单位阶跃响应曲线

分析:得到系统根轨迹后,可进一步叠加等阻尼线和等自然振荡角频率线,求出指定阻尼自然振荡角频率时对应的系统增益,如图 13.7 所示。本例中取 ζ＝0.707,这正是二阶工程最佳参数。这是一种以获取比较小的超调量为目标设计系统的工程方法。由图 13.8 可知,系统响应满足要求。

【例 13-5】　系统框图如图 13.9 所示。绘制系统以 k 为参量的根轨迹。

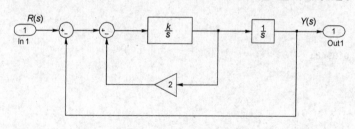

图 13.9　例 13-5 系统框图

1. 求等效根轨迹方程

可容易地求得系统的开环传递函数为

$$G(s) = \frac{k}{s(s+2k)}$$

闭环特征方程为

$$1 + \frac{k}{s(s+2k)} = 0$$

变换为等效根轨迹方程为

$$\frac{k(2s+1)}{s^2} = -1$$

等效开环传递函数为

$$G'(s) = \frac{K(s + 0.5)}{s^2}, \quad K = 2k$$

2. 绘制系统等效根轨迹

仍然可以利用 MATLAB 绘制其根轨迹，运行结果如图 13.10 所示。

```
clear;
num = [1 0.5];
den = [1 0 0];
G = tf(num,den);                %开环传递函数
rlocus(G)                       %求系统根轨迹
```

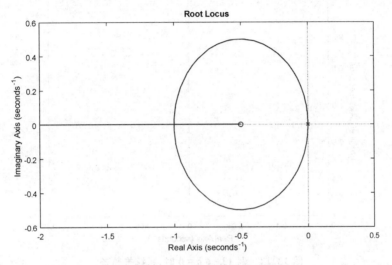

图 13.10　例 13－5 系统等效根轨迹

　　分析：以根轨迹放大系数以外的参数作为变量的根轨迹，称为系统的参数根轨迹，或称为广义根轨迹。用参数根轨迹仍然可以分析系统中的各参数对于系统性能的影响。

　　在绘制参量根轨迹时，需求取等效根轨迹方程，使得可变量在等效根轨迹方程中的位置相当于开环增益 K 的位置。之后再按照常规方法取得根轨迹。

【例 13－6】　单位反馈控制系统如图 13.11 所示。试绘制以 K 和 α 为参数的根轨迹。

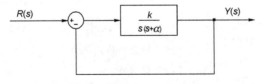

图 13.11　例 13－6 系统框图

系统闭环特征方程为

$$s^2 + \alpha s + K = 0$$

分别考虑 $\alpha = 0$ 和 $\alpha \neq 0$ 的情况。

（1）$\alpha = 0$

$\alpha = 0$ 时，系统闭环特征方程为

$$s^2 + K = 0$$

即

$$\frac{K}{s^2} = -1$$

若您对此书内容有任何疑问，可以凭在线交流卡登录MATLAB中文论坛与作者交流。

绘制系统根轨迹:

```
s = tf('s');
G = 1/s^2;                      % 原系统开环传递函数
rlocus(G)                       % 绘制根轨迹
```

程序运行结果如图 13.12 所示。

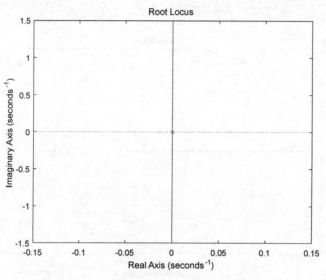

图 13.12　例 13 - 6 α＝0 时，系统根轨迹

（2）$α\neq0$

$α\neq0$ 时，系统闭环特征方程 $s^2+αs+K=0$ 可改写为

$$\frac{αs}{s^2+K}=-1$$

先令 K 为定值，以 $α$ 为参数进行根轨迹的绘制。K 取不同值时，可绘制出根轨迹簇。这里取 $K=1,5,10$。

```
s = tf('s');
G = 1/s^2;                      % 原系统开环传递函数
rlocus(G)                       % 绘制根轨迹
K = [1 5 10];                   % 取不同 K 值
for ii = 1:3
  G = s/(s^2 + K(ii));          % 得到不同 K 值时的系统传递函数
  rlocus(G)                     % 绘制根轨迹
  hold on
end
gtext('K = 1');                 % 放置说明文字
gtext('K = 5');
gtext('K = 10');
```

程序运行结果如图 13.13 所示。

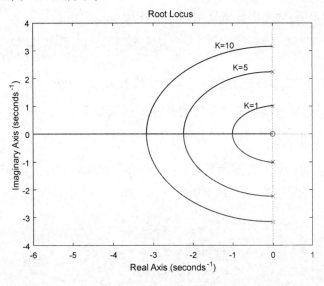

图 13.13　例 13 - 6 系统 K 取不同值时的根轨迹簇 ($\alpha \neq 0$)

分析：如果需要研究多个参数变化时对系统性能的影响，可根据需要绘制几个参数同时变化时的根轨迹。本例题分两种情况进行了讨论。在 $\alpha \neq 0$ 所绘制的根轨迹是一组曲线，如图 13.13所示，为根轨迹簇。

【**例 13 - 7**】　已知正反馈系统的开环传递函数为 $G(s) = \dfrac{K(s+1)}{(s^2+2s+2)(s+2)}$，绘制系统根轨迹。

程序如下：

```
num = [ - 1 - 1];
den = conv([1 2],[1 2 2]);
rlocus(tf(num,den))              % 绘制系统根轨迹
```

程序运行结果如图 13.14 所示。

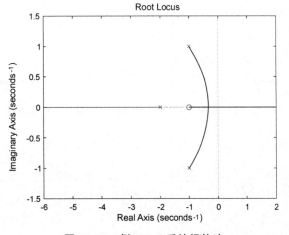

图 13.14　例 13 - 7 系统根轨迹

分析:正反馈系统的特征方程为 $1-G(s)=0$,即 $G(s)=1$。与负反馈系统 $G(s)=-1$ 相比较,只是正负符号的差别,仍可用根轨迹函数绘制,用法为

```
rlocus( - G)
```

对照此用法,例 13 - 7 中将分子多项式取为负的意义即在于此。

【例 13 - 8】 1)已知单位负反馈系统的开环传递函数为 $G_1(s)=\dfrac{K}{s(s+1)(s+2)}$,增加零点,观察其根轨迹的变化。

2)单位负反馈系统的开环传递函数为 $G_2(s)=\dfrac{K}{s(s+1)}$,增加极点,观察其根轨迹的变化。

1)程序如下:

```
num = 1;                        %原系统传递函数分子
den = [1 3 2 0];                %原系统传递函数分母
rlocus(tf(num,den))             %原系统根轨迹
figure;                         %新开图形窗口
num1 = [1 - 1.4];               %添加零点 z = 1.4 后的传递函数分子
den1 = [1 3 2 0];               %系统传递函数分母
rlocus(tf(num1,den1))           %添加零点 z = 1.4 后的系统根轨迹
```

程序运行结果如图 13.15 和 13.16 所示。

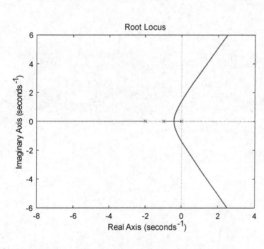

图 13.15 例 13 - 8 系统 G_1 的根轨迹

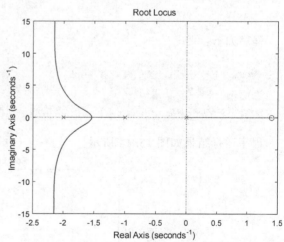

图 13.16 例 13 - 8 系统 G_1 增加零点后的根轨迹

2)程序如下:

```
num = 1;                        %原系统传递函数分子
den = [1 1 0];                  %原系统传递函数分母
rlocus(tf(num,den))             %原系统根轨迹
figure;                         %新开图形窗口
```

```
num1 = 1;                         % 系统传递函数分子
den1 = conv([1 1 0],[1 1.5]);     % 系统添加极点 p = 1.5 传递函数分母
rlocus(tf(num1,den1))             % 添加极点 p = 1.5 后的系统根轨迹
```

程序运行结果如图 13.17 和图 13.18 所示。

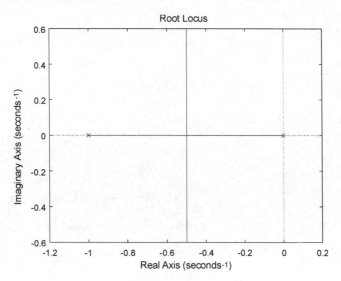

图 13.17　例 13 - 8 系统 G_2 的根轨迹

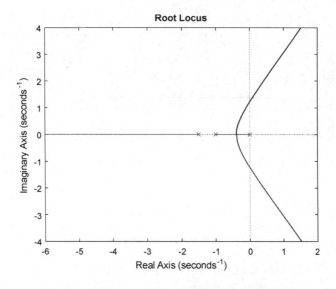

图 13.18　例 13 - 8 系统 G_2 增加极点后的根轨迹

　　分析：系统 G_1 根轨迹如图 13.15 所示，在增加开环零点后，系统根轨迹向左移动弯曲，如图 13.16 所示。系统 G_2 根轨迹如图 13.17 所示，在增加开环极点后，系统根轨迹向右移动弯曲，如图 13.18 所示。根轨迹向左移动弯曲，系统会更加稳定。在系统设计中引入串联超前校正环节（比例微分）即属于这种情况。根轨迹向右移动弯曲，系统的稳定性降低，不利于改善系统的动态性能。所以在系统设计中一般不单独增加开环极点。

【例 13 - 9】 系统开环传递函数为 $G(s) = \dfrac{1.06}{s(s+1)(s+2)}$,增加环节 $\dfrac{s+0.1}{10(s+0.01)}$,从而为系统增加偶极子。观察偶极子对系统根轨迹的影响。

绘制原系统和增加偶极子后系统的根轨迹程序:

```
num = 1.06;
den = conv([1 1 0],[1 2]);
G = tf(num,den);                       %原系统开环传递函数
rlocus(tf(num,den))                    %原系统根轨迹
sgrid(0.5,[]);                         %叠加等阻尼线
hold                                   %保持图形
kc = 1.06/10;
num1 = kc * [1 0.1];
den1 = conv([1 0.01 0],[1 3 2]);
G1 = tf(num1,den1);                    %增加偶极子后的系统开环传递函数
rlocus(G1)                             %增加偶极子后的系统根轨迹
hold off;
```

程序运行结果如图 13.19 和图 13.20 所示。

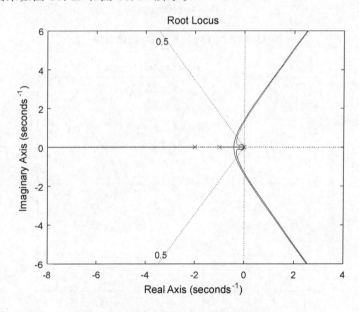

图 13.19 例 13 - 9 系统的根轨迹

系统根轨迹如图 13.19 所示,经局部放大后可由图 13.20 容易地读出各根轨迹在 $\zeta = 0.5$ 时的增益值,分别为 0.97 和 9.05。

接以上程序,可继续求取系统的速度误差系数。

```
kv = dcgain(0.97 * [num 0],den)        %原系统速度误差系数
kv1 = dcgain(9.05 * [num1 0],den1)     %增加偶极子后的系统速度误差系数
```

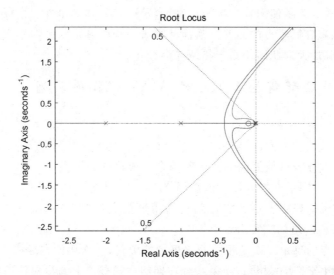

图 13.20　例 13 - 9 系统的根轨迹（局部放大）

运行结果为：

```
kv =

    0.5141


kv1 =

    4.7965
```

分析：由运行结果图 13.19 可知，系统在增加偶极子后对原来系统根轨迹几乎没有影响，只是在 s 平面的原点附近有较大的变化，但系统增益得到大幅提高。利用此可提高系统稳态误差系数，从而使系统的稳态性能得到改善。

13.2　控制系统的根轨迹法校正

如果性能指标以单位阶跃响应的峰值时间、调整时间、超调量、阻尼系数及稳态误差等时域特征量给出时，一般采用根轨迹法校正。

根轨迹法校正的基本思路为借助根轨迹曲线进行校正。

如果系统的期望主导极点不在系统的根轨迹上，由根轨迹的理论，添加上开环零点或极点可以使根轨迹曲线形状改变。若期望主导极点在原根轨迹的左侧，则只要加上一对零、极点，使零点位置位于极点右侧。如果适当选择零、极点的位置，就能够使系统根轨迹通过期望主导极点 s_1，并且使主导极点在 s_1 点位置时的稳态增益满足要求。此即相当于相位超前校正。

如果系统的期望主导极点在系统的根轨迹上，但是在该点的静态特性不满足要求，即对应的系统开环增益 K 太小，单纯增大 K 值将会使系统阻尼比变小，甚至于使闭环特征根跑到 s

复平面的右半平面去。为了使闭环主导极点在原位置不动,并满足静态指标要求,则可以添加上一对偶极子,其极点在其零点的右侧。从而使系统原根轨迹形状基本不变,而在期望主导极点处的稳态增益得到加大。此即相当于相位滞后校正。

13.2.1 根轨迹法超前校正及基于 MATLAB 的实例

(1)根轨迹超前校正的主要步骤

1)依据要求的系统性能指标,求出主导极点的期望位置。

2)观察期望的主导极点是否位于校正前的系统根轨迹上。

3)如不满足要求,则根据需要设计校正网络。

4)校正网络零点的确定。可直接在期望的闭环极点位置下方(或在头两个实极点的左侧)增加一个相位超前网络的实零点。

5)校正网络极点的确定。确定校正网络极点的位置,使期望的主导极点位于校正后的根轨迹上。利用校正网络极点的相角,使得系统在期望主导极点上满足根轨迹的相角条件。

6)估计在期望的闭环主导极点处总的系统开环增益。计算稳态误差系数。如果稳态误差系数不满足要求,重复上述步骤。

利用根轨迹设计相位超前网络时,超前网络的传递函数可表示为

$$G_c(s) = \frac{s+z}{s+p}, \text{其中} |z| < |p|$$

设计超前网络时,首先应根据系统期望的性能指标确定系统闭环主导极点的理想位置,然后通过选择校正网络的零、极点来改变根轨迹的形状,使得理想的闭环主导极点位于校正后的根轨迹上。例 13-10 演示具体设计步骤。

(2)基于 MATLAB 的根轨迹法超前校正实例

【例 13-10】 对系统 $G_0(s) = \dfrac{K}{s^2}$ 进行补偿,使系统单位阶跃响应的超调量不超过 40%,调整时间不超过 4 s(对于 2% 误差范围)。

1)绘制原系统的根轨迹。

```
num = 1;den = [1 0 0];
G0 = tf(num,den);
rlocus(G0)
```

程序运行结果如图 13.21 所示。

由图 13.21 知,系统根轨迹位于虚轴上。可知系统对于任何 K 值都是不稳定的,更无法满足系统要求。

2)依据要求的系统性能指标,求出主导极点的期望位置。

根据系统要求,根据 $\sigma\% = e^{-\pi\zeta/\sqrt{1-\zeta^2}} \times 100\% \leqslant 40\%$,求满足条件的 ζ。

```
zeta = 0:0.001:0.99;                      % 给定不同 zeta 值
sigma = exp( - zeta * pi ./sqrt(1 - zeta. ^2)) * 100;     % 求取对应 zeta 值的 sigma 值
plot(zeta,sigma)                          % 绘制 zeta 值和 sigma 值关系曲线
```

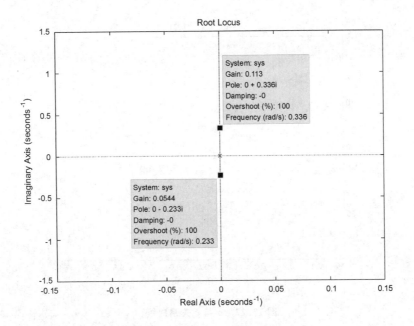

图 13.21　例 13-10 原系统根轨迹

```
xlabel('\zeta');
ylabel('\sigma');
title('\sigma % = e^{ - \zeta * \pi/sqrt(1 - \zeta^2)} * 100 %','fontsize',16)
grid
z = spline(sigma,zeta,40)                      % 求当 sigma = 40 时的 zeta 值
```

运行结果:

```
z =
0.2800
```

这一结果也可由图 13.22 读出。

得到 $z = 0.2800$,为满足要求,取 $\zeta \geqslant 0.3$。

根据系统要求 $t_s \leqslant 4\mathrm{s}$,由 $t_s \approx \dfrac{4}{\zeta\omega_n}$ 求得 $\zeta\omega_n = 1$。

考虑计算方便性,尝试确定系统的主导极点为 $r_1,r_2 = -\zeta\omega_n \pm \mathrm{j}\omega_n \sqrt{1-\zeta^2} = -1 \pm 2\mathrm{j}$。

此时根据 $\cos\beta = \zeta$,得 $\zeta = 1/\sqrt{5} = 0.4472 \geqslant 0.3$,符合题意。

3) 设计校正网络。

校正网络零点的确定:直接在期望的闭环极点位置下方增加一个相位超前网络的实零点。取 $s = -z = -1$。

校正网络极点的确定:确定校正网络极点的位置,使期望的主导极点位于校正后的根轨迹上。利用校正网络极点的相角,使得系统在期望主导极点上满足根轨迹的相角条件。

设校正网络极点产生相角 θ_p,且满足根轨迹的相角条件。

235

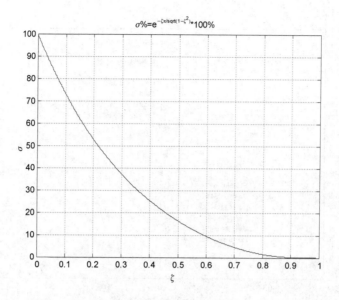

图 13.22 σ 与 ζ 关系曲线

```
x = -1: -0.01: -20;                                          % 试给定 x 的范围
angs = 90 - 2 * angle(-1 + 2 * j - 0) * 180/pi - angle(-1 + 2 * j - x) * 180/pi% 在主导极点处的相角
p = spline(angs, x, -180)                                    % 得到校正网络的极点位置
```

运行结果:

```
p =
  -3.6667
```

取 $p = -3.67$。

校正网络为

$$G_c = \frac{s+1}{s+3.67}$$

4) 观察校正后系统特性。

校正后的传递函数为

$$G_c(s)G_0(s) = \frac{K(s+1)}{s^2(s+3.67)}$$

以下程序求校正后系统的根轨迹,结果如图 13.23 所示。

```
G = tf([1 1],[1 3.67 0 0]);              % 系统开环传递函数
rlocus(G);                               % 系统根轨迹
sgrid(1/sqrt(5),[])                      % 叠加阻尼线
```

经局部放大后的根轨迹如图 13.24 所示,查看主导极点处的属性,得增益值为 $K = 8.34$。
也可根据根轨迹幅值条件,计算如下:

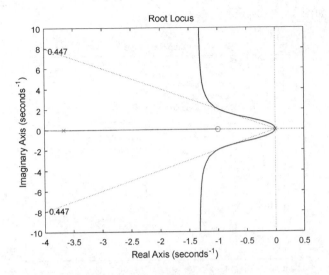

图 13.23 校正后系统根轨迹

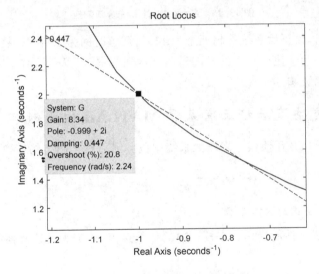

图 13.24 校正后系统根轨迹局部放大

```
s = -1 + 2 * j;
K = abs((s^2 * (s + 3.67))/(s + 1))


K =
8.3400
```

可见,不同方法所求增益值 K 的结果是一致的。可以确定 $K=8.34$。

进一步求时域响应曲线,检验系统校正效果。

```
K = 8.34;
G = tf(K * [1 1],[1 3.67 0 0]);        % 系统开环传递函数
step(feedback(G,1))                    % 闭环系统阶跃响应
```

程序运行结果如图 13.25 所示。

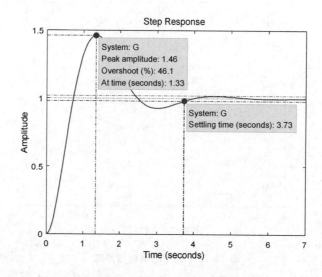

图 13.25　$K=8.34$ 时系统阶跃响应

从图 13.25 读出，校正后系统的超调量为 46%，调整时间为 3.73 s。超调量与期望值的差别是由零点引起的。为了使校正后的系统超调量达到要求，可以利用前置滤波器，以抵消在闭环传递函数中零点的影响。

13.2.2　根轨迹法滞后校正及基于 MATLAB 的实例

滞后校正采用增加开环偶极子来增大系统增益。滞后校正网络的传递函数为

$$G_c(s) = \frac{s+z_c}{s+p_c}, \qquad |z_c| > |p_c|$$

（1）根轨迹滞后校正的基本步骤

1）确定系统的瞬态性能指标。在校正前的根轨迹上，确定满足这些性能指标的主导极点的位置。

2）计算在期望主导极点上的开环增益及系统的误差系数。

3）将校正前的系统的误差系数和期望误差系数进行比较。计算需由校正网络偶极子提供的补偿。

4）确定偶极子的位置。条件是能够提供补偿，又基本不改变期望主导极点处的根轨迹。

（2）基于 MATLAB 的根轨迹法滞后校正实例

【例 13-11】 设单位反馈系统有一个受控对象为 $G_0(s) = \dfrac{1}{s(s+3)(s+6)}$，设计滞后补偿使系统满足以下指标：

阶跃响应调整时间小于 5 s；

超调量小于 17%；

速度误差系数为 10。

1）查看符合条件的 zeta。

```
zeta = 0:0.001:0.99;                                    % 给定不同 zeta 值
sigma = exp( - zeta * pi./sqrt(1 - zeta.^2)) * 100;      % 求出对应不同 zeta 值的 sigma 值
plot(zeta,sigma)                                         % 绘制 zeta 值的 sigma 值的关系曲线
xlabel('\zeta');
ylabel('\sigma');
title('\sigma % = e^{ - \zeta * \pi/sqrt(1 - \zeta^2)} * 100 %','fontsize',16)
grid
z = spline(sigma,zeta,17)                                % 求出 sigma = 17 时的 zeta 值
```

运行结果：

```
z =
   0.4913
```

σ 与 ζ 的关系曲线如图 13.26 所示。

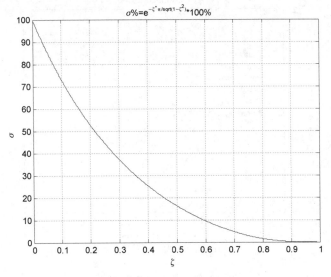

图 13.26　σ 与 ζ 的关系曲线

2）查看原系统根轨迹，确定期望的主导极点。

```
G_0 = tf(1,conv([1 3 0],[1 6]));                         % 系统开环传递函数
rlocus(G_0);                                             % 系统根轨迹
sgrid(.4913,[])                                          % 叠加阻尼线
```

原系统根轨迹如图 13.27 所示。

由图 13.27 可读出系统期望主导极点为 $-1 \pm 1.76\mathrm{j}$。

3）确定偶极子的零点和极点。

可以在根轨迹图上读出期望极点处的增益为 28.6。

则校正前系统的稳态误差系数为 $K_v = 28.6/(3 \times 6) = 1.588\,9$。

按照所提的速度误差系数为 10 的要求，偶极子的零点和极点比值应为 $10/1.588\,9 = 6.293\,7$，取 $z_c = 0.01$，$p_c = 0.01/7$，则校正环节为

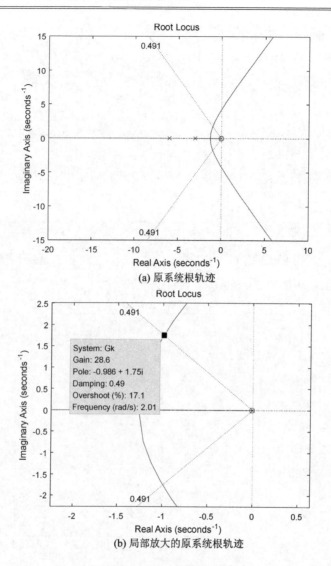

(a) 原系统根轨迹

(b) 局部放大的原系统根轨迹

图 13.27   原系统根轨迹

$$G_c(s) = \frac{28.6(s+0.01)}{s+0.001\,43}$$

4）得出校正后的系统,并进行验证。

校正后的系统开环传递函数为

$$G_c(s)G_0(s) = \frac{28.6(s+0.01)}{s(s+3)(s+6)(s+0.001\,43)}$$

```
p = [0 -3 -6 -.00143];
z = [-0.01];
G = zpk(z,p,1);                    % 开环系统
rlocus(G)                          % 系统根轨迹
sgrid(.4913,[])                    % 叠加阻尼线
figure(2)                          % 新开一图形窗口
K = 28.6;                          % 给定增益值
step(feedback(K * G,1))            % 求闭环系统阶跃响应
```

校正后的系统根轨迹和阶跃响应如图 13.28 和图 13.29 所示。

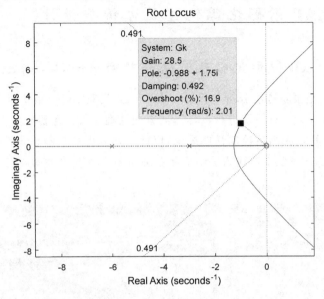

图 13.28　校正后系统根轨迹

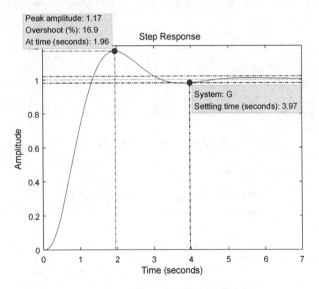

图 13.29　校正后系统阶跃响应

接以上程序,求系统稳态速度误差:

```
[n,d] = tfdata(G,'v');
kv = dcgain(28.6 * [n,0],d)
```

运行结果为:

```
kv =
  11.1111
```

可见,校正后系统各项指标是满足要求的。

13.3 MATLAB 图形化根轨迹法分析与设计

13.3.1 MATLAB 图形化根轨迹法分析与设计工具 rltool

MATLAB 图形化根轨迹法分析与设计工具 rltool 是对 SISO 系统进行分析设计的。既可以分析系统根轨迹,又能对系统进行设计。其方便性在于设计零极点过程中,能够不断观察系统的响应曲线,看其是否满足控制性能要求,以此来达到提高控制系统性能的目的。

用户在 MATLAB 命令窗口输入 rltool 命令即可打开图形化根轨迹法分析与设计工具,如图 13.30 所示。

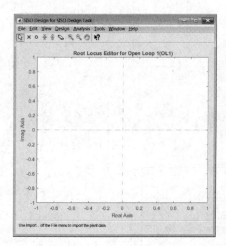 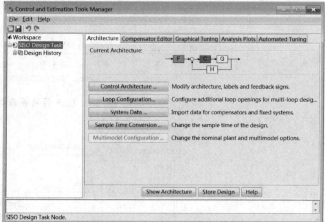

图 13.30 rltool 初始界面

也可以指定命令参数,其具体用法见表 13.3。

表 13.3 rltool 工具命令方式及其说明

命令方式	说　明
rltool(Gk)	指定开环传递函数
rltool(Gk,Gc)	指定校正环节和待校正传递函数
rltool(Gk,Gc,LocationFlag,FeedbackSign)	指定校正环节和待校正传递函数,并指定校正环节的位置和反馈类型 LocationFlag = 'forward':位于前向通道 LocationFlag = 'feedback':位于反馈通道 FeedbackSign = −1:负反馈 FeedbackSign = 1:正反馈

用户可以通过 Control Architecture 窗口进行系统模型的修改(见图 13.31),也可通过 System Data 窗口为不同环节导入已有模型(见图 13.32),还可以通过 Compensator Editor 的快捷菜单进行校正环节参数的修改,如增加或删除零极点、增加超前或滞后校正环节等(见图 13.33),通过 Analysis Plots 配置要显示的不同图形及其位置(见图 13.34)。

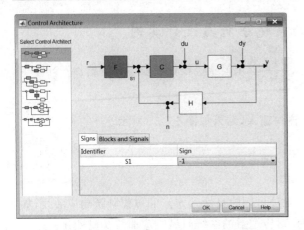

图 13.31　rltool 工具 Control Architecture 窗口

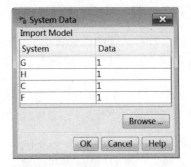

图 13.32　rltool 工具 System Data 窗口

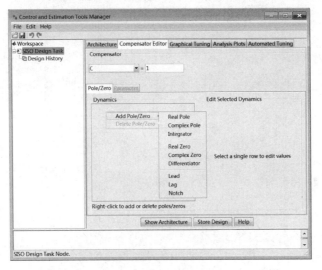

图 13.33　rltool 工具 Compensator Editor 窗口

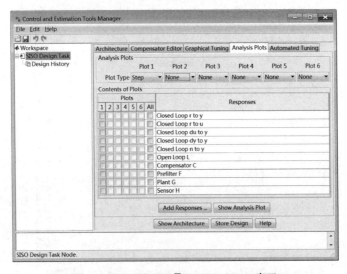

图 13.34　rltool 工具 Analysis Plots 窗口

13.3.2 基于图形化工具 rltool 的系统分析与设计实例

【例 13 - 12】 系统开环传递函数 $G(s) = \dfrac{K}{s^2 + s}$，用根轨迹设计器查看系统增加开环零点或开环极点后对系统的性能影响。

1) 打开 rltool 工具。在 MATLAB 命令窗口输入，结果如图 13.35 所示。

```
>> G = tf([1],[1 1 0])
>> rltool(G)
```

选择 Analysis|Response to Step Command 项可同时显示选定点的单位阶跃响应曲线，如图 13.36 所示。此时，鼠标在根轨迹上移动时，对应增益的系统时域响应曲线实时变化。

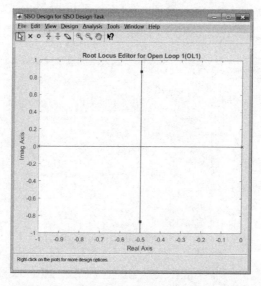

图 13.35 rltool 工具 Compensator Editor 窗口

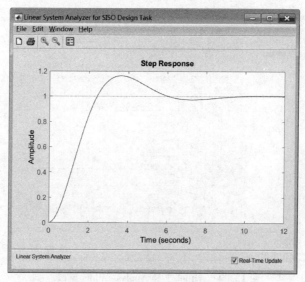

图 13.36 rltool 工具 Analysis Plots 窗口

2）增加零点。可直接在工具栏上操作，也可通过快捷菜单操作。增加零点为−1±j。

加入零点后，根轨迹向左弯曲，如图 13.37 所示。所选 K 值对应的极点在 s 平面左侧，系统是稳定的。对应 K 值的阶跃响应曲线如图 13.38 所示。

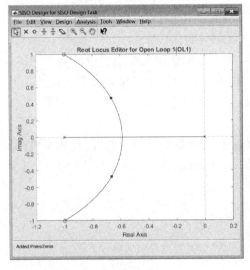

图 13.37　系统增加零点−1±j 后的根轨迹

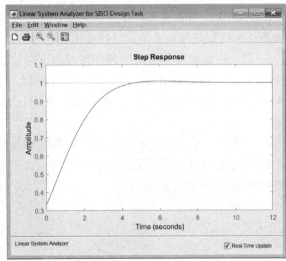

图 13.38　系统增加零点−1±j 后的阶跃响应

3）增加极点。去掉零点，为系统增加极点−1±j。

系统增加极点后，根轨迹向右弯曲，如图 13.39 所示。当进入 s 平面右半平面时，系统不稳定。图 13.40 所示为所选 K 值对应的极点已进入 s 平面右侧，系统是不稳定的。

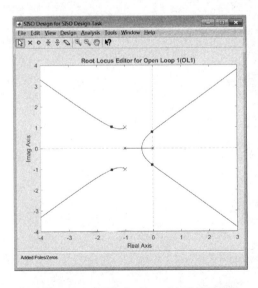

图 13.39　系统增加极点−1±j 后的根轨迹

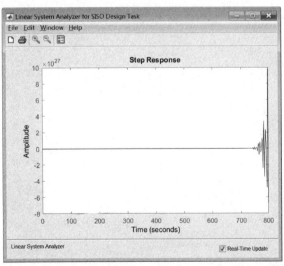

图 13.40　系统增加极点−1±j 后的阶跃响应

本 章 小 结

1）根轨迹是指当开环系统某一参数从零变到无穷大时，闭环系统特征根（闭环极点）在复平面上移动的轨迹。通常情况下根轨迹是指增益 K 由零到正无穷大下的根的轨迹。

2）根轨迹方程表达了开环传递函数和闭环特征方程式间的关系。根轨迹方程又可以用幅值条件和相角条件来表示。可以根据根轨迹进行系统的分析。

3）可以根据根轨迹法则得到根轨迹的不同信息，并进行根轨迹的绘制。借助 MATLAB 软件，获得系统根轨迹更为方便。需要熟练掌握 MATLAB 绘制根轨迹相关函数的用法。其中 MATLAB 图形化根轨迹法分析与设计工具 rltool 是对 SISO 系统进行分析设计的，方便实用。

4）采用根轨迹法进行系统校正。如果性能指标以单位阶跃响应的峰值时间、调整时间、超调量、阻尼系统及稳态误差等时域特征量给出时常采用根轨迹法。应用 MATLAB 可以辅助进行有效、快速的校正。

第 14 章

控制系统的频域分析与校正

本章内容的原理要点如下：

1. 频率特性定义

频率特性是指线性定常系统对于正弦输入信号 $X\sin\omega t$，其输出的稳态分量 $y(t)$ 与输入正弦信号的复数比。若系统稳定，则有

$$y(t) = Y\sin[\omega t + \varphi(\omega)] \qquad (14-1)$$

式中，$\dfrac{Y}{X} = A(\omega) = |G(j\omega)|$ 为系统的幅频特性；$\varphi(\omega) = \angle G(j\omega)$ 为系统的相频特性。

2. 频率特性与传递函数的关系

频率特性与传递函数的关系为

$$G(j\omega) = G(s)\big|_{s=j\omega} \qquad (14-2)$$

3. 频率特性曲线的表示

频率特性曲线有 3 种表示形式，即对数坐标图、极坐标图和对数幅相图。这 3 种表示形式的本质是一样的。

4. Nyquist 稳定性判据

Nyquist 稳定性判据的内容是：如果开环系统模型含有 m 个不稳定极点，则单位负反馈下单变量闭环系统稳定的充分必要条件是开环系统的 Nyquist 图逆时针围绕 $(-1, j0)$ 点 m 周。

5. 系统相对稳定性的判定

系统的相对稳定性（稳定裕度）可以用相角稳定裕度和幅值稳定裕度这两个量来衡量。相角稳定裕度表示了系统在临界稳定状态时，系统所允许的最大相位滞后；幅值稳定裕度表示了系统在临界稳定状态时，系统增益所允许的最大增大倍数。

6. 闭环系统频率特性

通常，描述闭环系统频率特性的性能指标主要有谐振峰值 M_p、谐振频率 ω_p、系统带宽和带宽频率 ω_b。其中，谐振峰值 M_p 指系统闭环频率特性幅值的最大值；谐振频率 ω_p 指系统闭环频率特性幅值出现最大值时的频率；系统带宽指频率范围 $\omega \in [0, \omega_b]$；带宽频率 ω_b 指当系统 $G(j\omega)$ 的幅频特性 $|G(j\omega)|$ 下降到 $\dfrac{\sqrt{2}}{2}|G(j\omega)|$ 时所对应的频率。

7. 频域法校正方法

频域法校正方法主要有超前校正、滞后校正和滞后-超前校正等。每种方法的运用可根据具体情况而定。

利用超前网络校正的基本原理即是利用校正环节相位超前的特性，以补偿原来系统中元

件造成的过大的相位滞后。

采用滞后网络进行串联校正时,主要是利用其高频幅值衰减特性,以降低系统的开环幅值穿越频率,提高系统的相位裕度。

滞后-超前校正的基本原理是利用校正装置的超前部分增大系统的相位裕度,同时利用其滞后部分来改善系统的稳态性能。

14.1   控制系统的频域分析

14.1.1   频率特性及其表示

频域法是一种工程上广为采用的分析和综合系统的间接方法。它是一种图解分析法,依据频率特性的数学模型对系统性能(如稳定性、快速性和准确性)进行分析。频域法因弥补了时域法的不足、使用方便、适用范围广且数学模型容易获得而得到了广泛的应用。

频率特性曲线有 3 种表示形式,即对数坐标图、极坐标图和对数幅相图。

1. 对数坐标图

对数坐标图即 Bode 图。它由对数幅频特性曲线和对数相频特性曲线两张图组成。

对数幅频特性曲线是幅度的对数值 $L(\omega) = 20 \lg A(\omega)$ 与频率 ω 的关系曲线;对数相频特性曲线是频率特性的相角 $\varphi(\omega)$ 与频率 ω 的关系曲线。对数幅频特性的纵轴为 $L(\omega) = 20 \lg A(\omega)$(dB),采用线性分度;横坐标为角频率 ω,采用对数分度。对数相频特性的纵轴为 $\varphi(\omega)$,单位为度,采用线性分度;横坐标为角频率 ω,也采用对数分度。横坐标采用对数分度,扩展了其表示的频率范围。

2. 极坐标图

极坐标图即 Nyquist 曲线。频率特性 $G(j\omega)$ 是输入信号频率 ω 的复变函数,系统的频率特性表示为 $G(j\omega) = A(\omega) e^{j\varphi(\omega)} = p(\omega) + jq(\omega)$。极坐标图是当频率从 $0 \rightarrow \infty$ 连续变化时,$G(j\omega)$ 端点的极坐标轨迹。MATLAB 在绘制 Nyquist 曲线时,频率是从 $-\infty \rightarrow \infty$ 连续变化的;而在自动控制原理的教材中,一般只绘制频率从 $0 \rightarrow \infty$ 部分曲线。可以分析得出,曲线在范围 $-\infty \rightarrow 0$ 与 $0 \rightarrow \infty$ 内,是以横轴为镜像的。

3. 对数幅相图

对数幅相图即 Nichols 曲线。它是将对数幅频特性曲线和对数相频特性曲线两张图,在角频率 ω 为参变量的情况下合成一张图,即以相位 $\varphi(\omega)$ 为横坐标,以 $20 \lg A(\omega)$ 为纵坐标,以 ω 为参变量的一种图示法。

14.1.2   MATLAB 频域分析的相关函数

MATLAB 频域分析的相关函数主要有各种频率特性的绘制函数 bode(),nichols(),nyquist()等以及做进一步分析的函数 allmargin(),margin()等。表 14.1 简要给出了这些函数的用法及功能说明。

表 14.1　频域分析相关函数的用法及功能说明

函　数	说　明
bode(G)	绘制系统 Bode 图。系统自动选取频率范围
bode(G,w)	绘制系统 Bode 图。由用户指定选取频率范围
bode(G1,'r--',G2,'gx',…)	同时绘制多系统 Bode 图。图形属性参数可选
[mag,phase,w] = bode(G)	返回系统 Bode 图相应的幅值、相位和频率向量。可使用 magdb = 20 * log10(mag)将幅值转换为分贝值
[mag,phase] = bode(G,w)	返回系统 Bode 图与指定 w 相应的幅值、相位。可使用 magdb = 20 * log10(mag)将幅值转换为分贝值
nyquist(sys)	绘制系统 Nyquist 图。系统自动选取频率范围
nyquist(sys,w)	绘制系统 Nyquist 图。由用户指定选取频率范围
nyquist(G1,'r--',G2,'gx',…)	同时绘制多系统 Nyquist 图。图形属性参数可选
[re,im,w] = nyquist(sys)	返回系统 Nyquist 图相应的实部、虚部和频率向量
[re,im] = nyquist(sys,w)	返回系统 Nyquist 图与指定 w 相应的实部、虚部
nichols(G)	绘制系统 Nichols 图。系统自动选取频率范围
nichols(G,w)	绘制系统 Nichols 图。由用户指定选取频率范围
nichols(G1,'r--',G2,'gx',…)	同时绘制多系统 Nichols 图。图形属性参数可选
[mag,phase,w] = nichols(G)	返回系统 Nichols 图相应的幅值、相位和频率向量。可使用 magdb = 20 * log10(mag)将幅值转换为分贝值
[mag,phase] = nichols(G,w)	返回系统 Nichols 图与指定 w 相应的幅值、相位。可使用 magdb = 20 * log10(mag)将幅值转换为分贝值
ngrid	在 Nichols 曲线图上绘制等 M 圆和等 N 圆。要注意在对数坐标中，圆的形状会发生变化
ngrid('new')	绘制网格前清除原图，然后设置 hold on。后续 Nichols 函数可与网格绘制在一起

14.1.3　MATLAB 频域分析实例

【例 14-1】　系统的开环传递函数为 $G(s) = \dfrac{1\,000(s+1)}{s(s+2)(s^2+17s+4\,000)}$，绘制系统的 Bode 图。

程序如下：

```
>> s = tf('s');
>> G = 1000 * (s + 1)/(s * (s + 2) * (s^2 + 17 * s + 4000))        %系统开环传递函数

G =

    1000 s + 1000
  ---------------------------
  s^4 + 19 s^3 + 4034 s^2 + 8000 s


Continuous - time transfer function.
>> bode(G)                                                          %系统 Bode 图
>> grid                                                             %叠加网格
```

程序运行结果如图 14.1 所示。

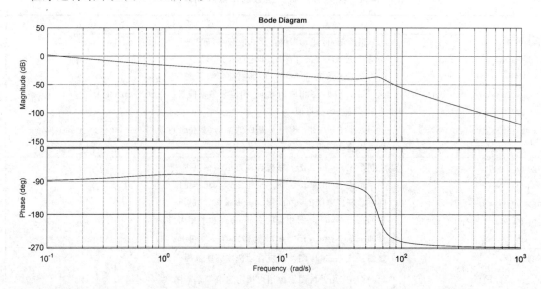

图 14.1　例 14－1 系统 Bode 图

以下程序人为选定了频率范围：

```
>> s = tf('s');
>> G = 1000 * (s + 1)/(s * (s + 2) * (s^2 + 17 * s + 4000));   % 系统开环传递函数
>> w = logspace(0,2,200);                                      % 指定从 10^0～10^2 共 200 个频率点,按对数分布
>> bode(G,w)                                                   % 系统 Bode 图
>> grid                                                        % 叠加网格
```

程序运行结果如图 14.2 所示。

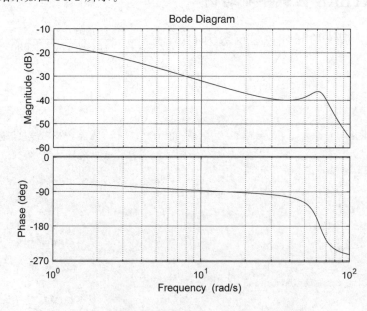

图 14.2　例 14－1 系统的 Bode 图(指定频率范围)

分析:系统的 Bode 图由幅频特性曲线和相频特性曲线组成。直接调用 bode 函数绘制即可,如图 14.1 所示。在绘制时可根据需要指定频率范围,如图 14.2 所示。

【例 14-2】　系统的开环传递函数为 $G(s)=\dfrac{5}{(s+2)(s^2+2s+1)}$,绘制系统的 Bode 图。

程序如下:

```
num = 5;                              % 系统开环传递函数分子
den = conv([1 2],[1 2 1]);            % 系统开环传递函数分母
w = logspace(-2,3,100);               % 指定频率范围
[mag,phase,w] = bode(num,den,w);      % 返回 Bode 图参数
magdB = 20 * log10(mag);              % 进行幅值的单位转换
subplot(2,1,1);                       % 子图 1
semilogx(w,magdB);                    % 绘制对数幅频特性图
grid;                                 % 叠加网格
title('系统 Bode 图');                 % 添加标题
xlabel('Frequency(rad/sec)');
ylabel('Magnitude(dB)');
subplot(2,1,2);                       % 子图 2
semilogx(w,phase);                    % 绘制对数相频特性图
grid;                                 % 叠加网格
xlabel('Frequency(rad/sec)');
ylabel('Phase(deg)');
```

程序运行结果如图 14.3 所示。

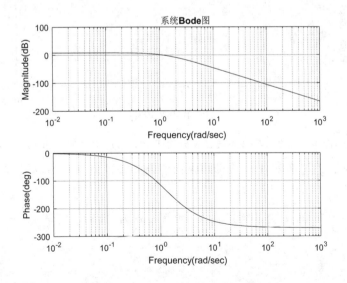

图 14.3　例 14-2 系统的 Bode 图

分析:使用 bode 函数,同样可以返回参数。例 14-2 结果图 14.3 是通过返回参数进行绘制的。这里需要注意,要将幅值的单位转换为分贝值。同时也要注意,横坐标应以对数比例尺标度,相位则以普通比例尺标度。

【例 14 - 3】 系统的开环传递函数为 $G(s) = \dfrac{K}{(s^2 + 10s + 500)}$，绘制 K 取不同值时系统的 Bode 图。

程序如下：

```
% K 分别取 10,50,1000
k = [10 500 1000];
for ii = 1:3
    G(ii) = tf(k(ii),[1 10 500]);        % K 取不同值时的传递函数
end
bode(G(1),'r:',G(2),'b - -',G(3))        % 绘制不同传递函数的 Bode 图
title(' 系统 K/(s^2 + 10s + 500)Bode 图,K = 10,500,1000','fontsize',12);
grid
```

程序运行结果如图 14.4 所示。

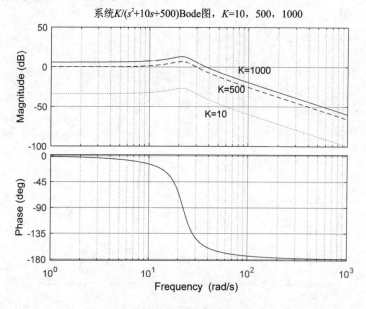

图 14.4 例 14 - 3 系统当 K 分别取 10,50,1000 时的 Bode 图

分析：改变 K 值，系统会随着 K 值的增大而使幅频特性向上平移，形状未做改变；而系统相频特性未受影响。这与定义相一致。

【例 14 - 4】 单位负反馈系统的开环传递函数为 $G(s) = \dfrac{20s^2 + 20s + 10}{(s^2 + s)(s + 10)}$，绘制系统 Nyquist 曲线。

程序如下：

```
num = [20 20 10];
den = conv([1 1 0],[1 10]);
nyquist(num,den)             % 绘制系统 Nyquist 曲线
```

程序运行结果如图 14.5 所示。

对于图 14.5,如果想要看清某部分的细节,也可通过设置坐标范围进行局部放大。

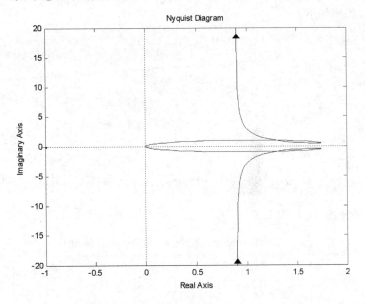

图 14.5 例 14-4 系统的 Nyquist 曲线

程序如下:

```
num = [20 20 10];
den = conv([1 1 0],[1 10]);
nyquist(num,den)          % 绘制系统 Nyquist 曲线
axis([-2 2 -5 5])          % 设定横纵坐标范围
```

程序运行结果如图 14.6 所示。

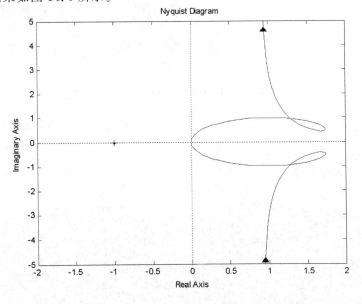

图 14.6 例 14-4 局部放大的系统 Nyquist 曲线

若您对此书内容有任何疑问,可以凭在线交流卡登录MATLAB中文论坛与作者交流。

同样,还可通过设置 ω 的范围得到局部的 Nyquist 曲线。例如,只绘制系统位于 $\omega>0$ 时的 Nyquist 曲线,程序如下:

```
num = [20 20 10];
den = conv([1 1 0],[1 10]);
w = 0.1:0.1:100;                          %指定频率范围
[re,im] = nyquist(num,den,w);             %返回 Nyquist 曲线参数
plot(re,im)                               %使用 Nyquist 曲线参数绘制曲线
axis([-2 2 -5 5]);                        %指定横纵坐标
grid;
title('系统(20s^2 + 20s + 10)/[(s^2 + s)(s + 10)]Nyquist 图(\omega>0)','fontsize',12);
```

程序运行结果如图 14.7 所示。

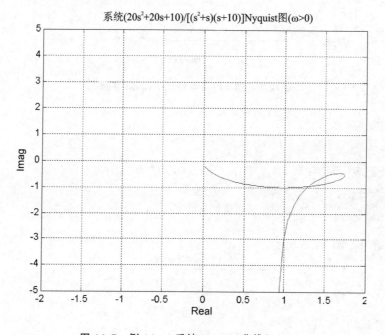

图 14.7　例 14-4 系统 Nyquist 曲线($\omega>0$)

【例 14-5】　对于传递函数 $G(s)=\dfrac{3}{2s+1}$,增加在原点处的极点后,观察极坐标图的变化趋势。

1) 绘制原系统极坐标图。

程序如下:

```
num = 3;
den = [2 1];
nyquist(num,den)                          %绘制原系统 Nyquist 曲线
axis([-2 4 -2 2]);                        %指定坐标范围
grid;
```

程序运行结果如图 14.8 所示。

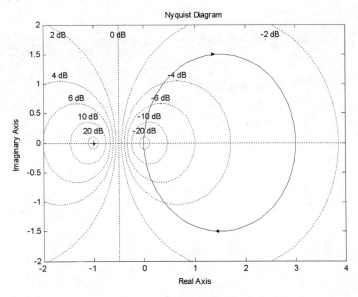

图 14.8　例 14-5 原系统的极坐标图

2）绘制系统增加一个极点的极坐标图。

程序如下：

```
% 系统增加一个极点
num = 3;
den1 = [2 1 0];                    % 系统增加两个极点
nyquist(num,den1)                  % 绘制系统 Nyquist 曲线
axis([-6 0 -10 10]);              % 指定坐标范围
```

程序运行结果如图 14.9 所示。

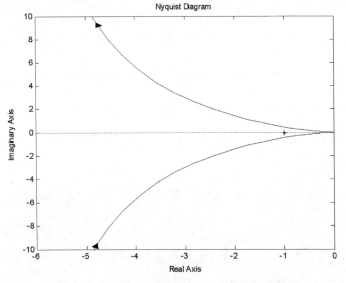

图 14.9　例 14-5 系统增加一个极点的极坐标图

3) 绘制系统增加两个极点的极坐标图。

程序如下：

```
% 系统增加两个极点
num = 3;
den2 = [2 1 0 0];            % 系统增加两个极点
nyquist(num,den2)           % 绘制系统 Nyquist 曲线
axis([-6 0 -6 6]);          % 指定坐标范围
```

程序运行结果如图 14.10 所示。

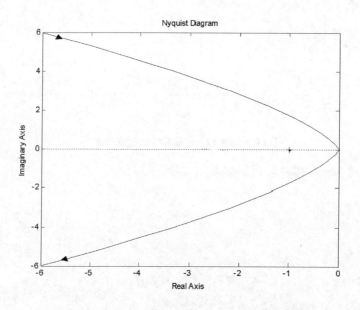

图 14.10　例 14-5 系统增加两个极点的极坐标图

分析：原系统极坐标图如图 14.8 所示，如果在原点处增加一个极点，系统极坐标图将顺时针转过 $\frac{\pi}{2}$ rad，如图 14.9 所示；再增加一个极点，则将顺时针转过 π rad，如图 14.10 所示。以此类推，如果增加 n 个在原点的极点，即乘上因子 $\frac{1}{s^n}$，则极坐标图将顺时针转过 $\frac{n\pi}{2}$ rad，并且在原点处只要有极点存在，极坐标图在 $\omega=0$ 的幅值就为无穷大。

【例 14-6】　系统的开环传递函数为 $G(s)=\dfrac{100}{s(s+8)}$，绘制系统的 Nichols 曲线。

程序如下：

```
num = 100;
den = [1 8 0];
w = logspace(-1,2,100);      % 指定频率范围
nichols(num,den,w);          % 绘制系统的 Nichols 曲线
ngrid;
```

程序运行结果如图 14.11 所示。

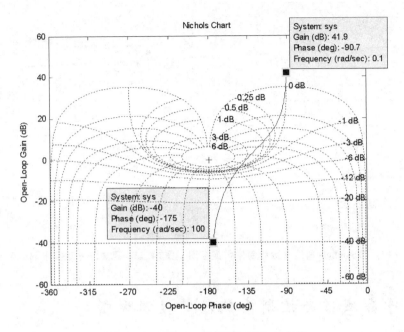

图 14.11　例 14 - 6 系统的 Nichols 曲线

　　分析：因为对数坐标图和对数幅相图包含了同样的信息，也可以进行两者的转换。从对数幅相图（见图 14.11）可以转换到对数坐标图（见图 14.12）；反之亦然。本例题标出了 Nichols 曲线和 Bode 图（见图 14.13）端点处的参数信息，用户可以进行比较。

　　由 Nichols 曲线到 Bode 图的转换程序如下：

```
num = 100;
den = [1 8 0];
w = logspace( - 1,2,100);
[mag,phase] = nichols(num,den,w);        % 返回 Nichols 曲线参数
magdB = 20 * log10(mag);                 % 幅值单位转换
subplot(2,1,1)
semilogx(w,magdB);                       % 使用 Nichols 曲线参数绘制幅频特性
title(' 系统幅频特性曲线 ');
xlabel('Frequency(rad/sec)'),ylabel('Magnitude(dB)');
subplot(2,1,2)
semilogx(w,phase);                       % 使用 Nichols 曲线参数绘制相频特性
title(' 系统相频特性曲线 ');
xlabel('Frequency(rad/sec)'),ylabel('Phase(deg)');
figure(2);
bode(num,den,w)                          % 求取系统 Bode 图
title(' 系统 Bode 图 ');
```

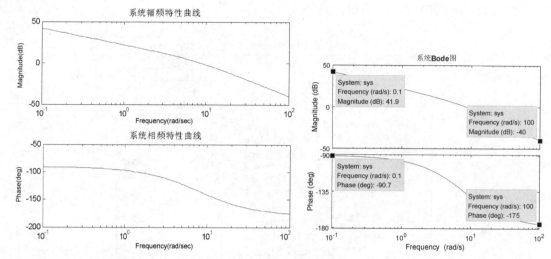

图 14.12　例 14-6 由 Nichols 曲线参数绘制对数坐标图　图14.13　例 14-6 直接求取的系统对数坐标图

14.2　基于频域法的控制系统稳定性能分析

14.2.1　频域法的稳定性判定和稳定裕度概述

1. Nyquist 稳定性判据

频域响应分析方法的最早应用就是利用开环系统的 Nyquist 图来判定闭环系统的稳定性,其理论基础是 Nyquist 稳定性定理。其内容是:如果开环模型含有 m 个不稳定极点,则单位负反馈下单变量闭环系统稳定的充分必要条件是开环系统的 Nyquist 图逆时针围绕(−1,j0)点 m 周。

关于 Nyquist 定理可以分以下两种情况做进一步解释。

1) 若开环系统 $G(s)$ 稳定,则当且仅当 $G(s)$ 的 Nyquist 图不包围(−1,j0)点,闭环系统是稳定的。如果 Nyquist 图顺时针包围(−1,j0)点 p 次,则闭环系统有 p 个不稳定极点。

2) 若开环系统 $G(s)$ 不稳定,且有 p 个不稳定极点,则当且仅当 $G(s)$ 的 Nyquist 图逆时针包围(−1,j0)点 p 次,闭环系统是稳定的。若 Nyquist 图逆时针包围(−1,j0)点 q 次,则闭环系统有 $(q-p)$ 个不稳定极点。

2. 对数频率稳定性判据

设开环系统在 s 右半平面的极点数为 p,当 $p=0$ 时,在开环对数幅相特性曲线 $20\lg|G(j\omega)|>0$ 的范围内,相频特性曲线 $\varphi(\omega)$ 对 $-\pi$ 线的正穿(由下至上)次数与负穿(由上向下)次数相等,则系统闭环稳定;当 $p\neq0$ 时,在开环对数幅相特性曲线 $20\lg|G(j\omega)|>0$ 的范围内,若相频特性曲线 $\varphi(\omega)$ 对 $-\pi$ 线的正穿次数与负穿次数之差为 $p/2$,则系统闭环稳定。

3. 系统相对稳定性的判定

系统的稳定性(稳定裕度)固然重要,但它不是唯一刻画系统性能的准则,因为有的系统即使稳定,其动态性能表现为很强的振荡,也是没有用途的。因为这样的系统如果出现小的变化就可能使系统不稳定。此时还应该考虑对频率响应裕度的定量分析,使系统具有一定的稳定

裕度。

（1）相角稳定裕度

相角稳定裕度是系统极坐标图上 $G(j\omega)$ 模值等于 1 的矢量与负实轴的夹角：

$$\gamma = \varphi(\omega_c) - (-180°) = 180° + \varphi(\omega_c) \qquad (14-3)$$

相角稳定裕度表示了系统在临界稳定状态时，系统所允许的最大相位滞后。

（2）幅值稳定裕度

幅值稳定裕度是系统极坐标图上 $G(j\omega)$ 与负实轴交点（ω_g）的模值 $G(\omega_g)$ 的倒数：

$$K_g = \frac{1}{|G(\omega_g)|} \qquad (14-4)$$

在对数坐标图上，采用 L_g 表示 K_g 的分贝值，有 $L_g = 20\lg K_g = -20\lg G(\omega_g)$。

幅值稳定裕度表示了系统在临界稳定状态时，系统增益所允许的最大增大倍数。

4. 闭环系统频率特性的性能指标

通常，描述闭环系统频率特性的性能指标主要有谐振峰值 M_p、谐振频率 ω_p、系统带宽和带宽频率 ω_b。其中，谐振峰值 M_p 指系统闭环频率特性幅值的最大值；谐振频率 ω_p 指系统闭环频率特性幅值出现最大值时的频率；系统带宽指频率范围 $\omega \in [0, \omega_b]$；带宽频率 ω_b 指当系统 $G(j\omega)$ 的幅频特性 $|G(j\omega)|$ 下降到 $\frac{\sqrt{2}}{2}|G(j\omega)|$ 时所对应的频率。

14.2.2 基于频域法的控制系统稳定性判定相关函数

除表 14.1 所给出的函数可用于绘制频率响应图形并用于判定系统稳定性之外，MAT-LAB 还提供了其他相关函数直接用于进一步判定系统的稳定程度，见表 14.2。

表 14.2 基于频域法的控制系统稳定性判定相关函数

函 数	说 明
margin(G)	绘制系统 Bode 图。带有裕量及相应频率显示
[Gm,Pm,Wg,Wp] = margin(G)	给出系统相对稳定参数。分别为幅值裕度、相角裕度、幅值穿越频率、相角穿越频率
[Gm,Pm,Wg,Wp] = margin(mag, phase,w)	给出系统相对稳定参数。由 Bode 函数得到的幅值、相角和频率向量计算。返回参数分别为幅值裕度、相角裕度、幅值穿越频率及相角穿越频率
S = allmargin(G)	返回相对稳定参数组成的结构体。包含幅值裕度、相角裕度及其相应频率，时滞幅值裕度和频率，是否稳定的标识符

对系统闭环频率特性的求取，MATLAB 没有提供相应的函数，可以根据其定义，编写如下的程序来求取：

```
% 用于求取谐振峰值,谐振频率,带宽和带宽频率
[mag,phase,w] = bode(G,w);
[Mp,k] = max(mag);                    % 求取谐振峰值
resonantPeak = 20 * log10(Mp);        % 进行谐振峰值单位转换
```

```
resonantFreq = w(k);              % 求取谐振频率
n = 1;
while 20 * log10(mag(n))>= - 3
  n = n + 1;
end
bandwidth = w(n);                 % 求取带宽和带宽频率
```

14.2.3 MATLAB 频域法稳定性判定实例

【例 14 - 7】 系统开环传递函数为 $G(s) = \dfrac{10}{(s+5)(s-1)}$，绘制其极坐标图，并判定系统稳定性。

程序如下：

```
num = 10;
den = conv([1 5],[1 - 1]);
G = tf(num,den);                  % 系统传递函数
nyquist(G)                        % 绘制系统 Nyquist 曲线
```

程序运行结果如图 14.14 所示。

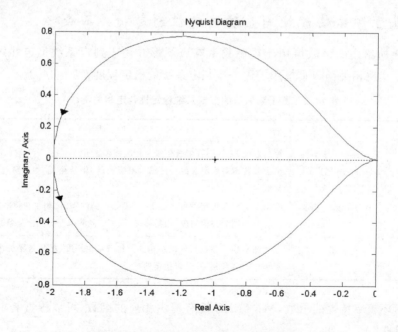

图 14.14 例 14 - 7 系统的 Nyquist 曲线

分析：开环系统有 1 个不稳定极点，即 $p=1$；开环系统 Nyquist 曲线逆时针包围(-1,j0)点 1 圈，即 $q=1$。由 $Z=q-p=0$ 得到，闭环系统在右半 s 平面无不稳定极点，系统是稳定的。结论也可以通过下面程序的运行结果(见图 14.15)观察系统极点位置并加以验证。

```
num = 10;
den = conv([1 5],[1 -1]);
G = tf(num,den);              % 系统传递函数
pzmap(feedback(G,1))          % 闭环系统零极点分布图
```

由图 14.15 可见,系统闭环极点全部在 s 平面左侧。

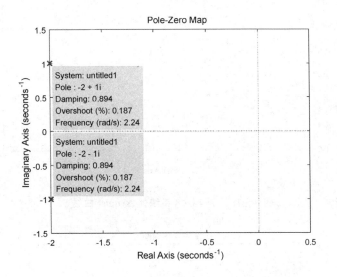

图 14.15　例 14 - 7 闭环系统的零极点分布图

【例 14 - 8】　系统开环传递函数为 $G(s)=\dfrac{5}{(s+2)(s^2+2s+5)}$,绘制其极坐标图,并判定系统稳定性。

程序如下:

```
num = 5;
den = conv([1 2],[1 2 5]);
G = tf(num,den);             % 系统传递函数
nyquist(G)                   % 系统 Nquist 曲线
```

程序运行结果如图 14.16 所示。

分析:由图 14.16 所示可以看出,开环系统 Nyquist 曲线不包围(-1,j0)点,且开环系统不含有不稳定极点。根据 Nyquist 定理可判定闭环系统是稳定的。可以通过如下求取闭环系统的阶跃响应程序的运行结果(见图 14.17)进一步观察其稳定性。

```
num = 5;
den = conv([1 2],[1 2 5]);
G = tf(num,den);             % 系统开环传递函数
step(feedback(G,1))          % 闭环系统阶跃响应
```

由图 14.17 可见,对于系统稳定性的判定是正确的。

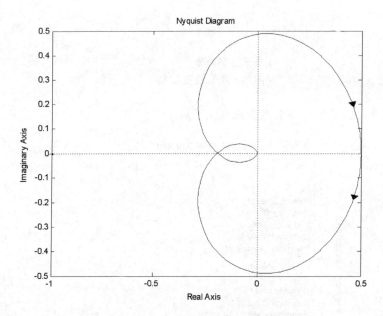

图 14.16　例 14 - 8 系统的 Nyquist 曲线

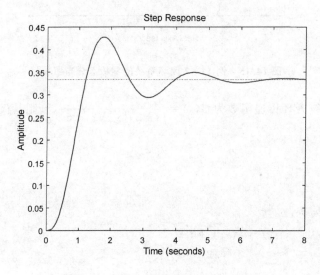

图 14.17　例 14 - 8 系统的阶跃响应曲线

262

【**例 14 - 9**】　分别判定系统 $G_1(s) = \dfrac{5}{s(s+2)(s+5)}$ 和 $G_2(s) = \dfrac{200}{s(s+2)(s+5)}$ 的稳定性。

如果系统稳定，进一步给出系统相对稳定的参数。

程序如下：

```
num1 = 5;
den1 = conv([1 2],[1 5 0]);
G1 = tf(num1,den1);              % 系统 G1 传递函数
margin(G1)                       % 返回系统 Bode 图
figure(2)
```

```
num2 = 200;
den2 = conv([1 2],[1 5 0]);
G2 = tf(num2,den2);                    % 系统 G2 传递函数
margin(G2)                             % 返回系统 Bode 图
```

程序运行结果如图 14.18 和图 14.19 所示。

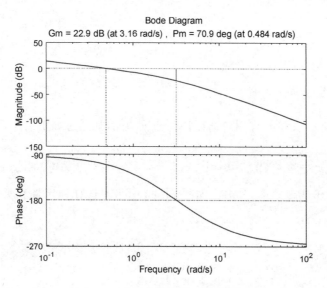

图 14.18　例 14−9 系统 G_1 的 Bode 图

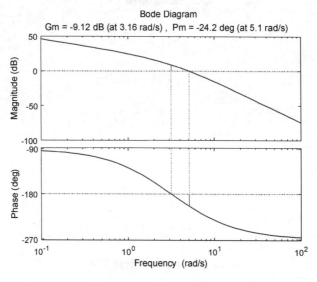

图 14.19　例 14−9 系统 G_2 的 Bode 图

分析:从图 14.18 和图 14.19 可以看出,开环传递函数为 G_1 的单位负反馈系统具有一定的稳定裕度,系统是稳定的;开环传递函数为 G_2 的单位负反馈系统则不稳定。系统 G_1 的相对稳定参数可直接从图上读出,也可进一步由函数返回。

程序如下:

```
% 分别得到系统幅值稳定裕度 Gm,系统相位稳定裕度 Pm
% 得到系统相角穿越频率 wcg,系统幅值穿越频率 wcp
[Gm,Pm,wcg,wcp] = margin(G1)
GmdB = 20 * log10(Gm);          % 系统幅值稳定裕度 Gm,可以通过 20 * log10(Gm)转换为 GmdB
[Gm,Pm,wcg,wcp]
```

程序运行结果:

```
ans =

  14.0000 70.8774 3.1623 0.4837
```

此外,MATLAB 也支持允许用户选择特性分析功能,如通过如下语句得到系统 Bode 图。

```
bode(G1)
```

在 Bode 图上右击快捷菜单,其内容如图 14.20 所示。选择稳定性相关的菜单项,可查看系统稳定参数。

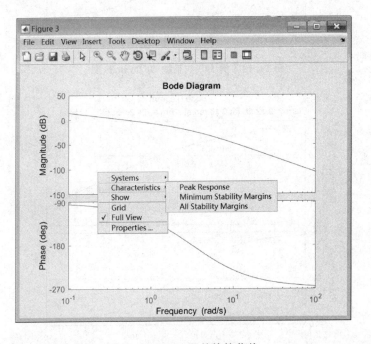

图 14.20   Bode 图的快捷菜单

若选择 Characteristics|Minimum Stability Margins 项后,系统自动标注出稳定裕度所对应的点,单击可查看具体的参数值,如图 14.21 所示。

【例 14-10】   单位负反馈系统的开环传递函数为 $G(s) = \dfrac{1}{s(0.5s+1)(s+1)}$,绘制闭环系统的 Bode 图,并给出闭环频率特性性能指标谐振峰值、谐振频率和系统带宽。

程序如下:

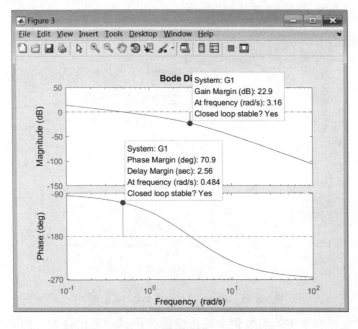

图 14.21　标注出稳定裕度的 Bode 图

```
s = tf('s');
Gk = 1/s/(0.5 * s + 1)/(s + 1);
G = feedback(Gk,1);                    % 闭环系统传递函数
w = logspace( - 1,1);                  % 给出从 10⁻¹~10¹ 共 50 个(默认)频率值
[mag,phase,w] = bode(G,w);             % 返回闭环系统 Bode 图参数
[Mp,k] = max(mag);                     % 谐振峰值
resonantPeak = 20 * log10(Mp)          % 谐振峰值单位转换
resonantFreq = w(k)                    % 谐振频率
n = 1;
while 20 * log10(mag(n)) > = - 3
  n = n + 1;
end
bandwidth = w(n)                       % 系统带宽
bode(G,w),grid;                        % 系统 Bode 图
```

程序运行结果：

```
resonantPeak =
   5.2388


resonantFreq =
   0.7906


bandwidth =
   1.2649
```

例 14 - 10 闭环系统 Bode 图如图 14.22 所示。

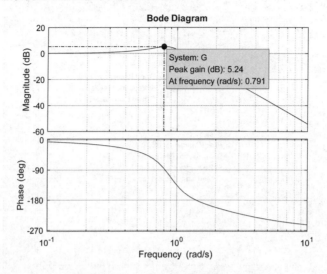

System: G
Peak gain (dB): 5.24
At frequency (rad/s): 0.791

图 14.22 例 14 - 10 闭环系统 Bode 图

分析:通过程序得到了闭环系统频率特性性能指标。也可以在所得闭环系统的 Bode 图上通过快捷菜单 Characteristics│Peak Response 项得到相关信息。

14.3 控制系统的频域法校正

14.3.1 频域法超前校正及基于 MATLAB 的实例

1. 超前校正装置及其特性

超前校正装置可用如图 14.23(a)所示的无源网络实现。其传递函数可表示为

$$G_c(s) = \frac{1+\alpha Ts}{\alpha(1+Ts)} \tag{14-5}$$

式中,T 为时间常数,$T = [R_1 R_2/(R_1+R_2)]C$;α 为衰减因子,$\alpha = (R_1+R_2)/R_2 > 1$。

采用无源超前网络进行串联校正时,整个系统的开环增益要下降 α 倍,因此需要提高放大器增益加以修正。

无源超前校正装置的传递函数也可表示为

$$G_c(s) = \alpha \frac{1+Ts}{1+\alpha Ts} = \frac{s+\dfrac{1}{T}}{s+\dfrac{1}{\alpha T}} \tag{14-6}$$

式中,T 为时间常数,$T = R_1C$;$\alpha = R_2/(R_1+R_2) < 1$。

超前校正装置也可由如图 14.23(b)的有源校正装置实现。对应传递函数为

$$G_c(s) = -k \frac{1+\alpha Ts}{1+Ts} \tag{14-7}$$

式中,$k = R_f/R_1$;$T = R_1C$;$\alpha = (R_1+R_2)/R_2 > 1$。实际使用时负号可由串联反相运算放大器消除。

以下程序依据表示无源网络传递函数的式(14-7),用来观察校正环节特性。

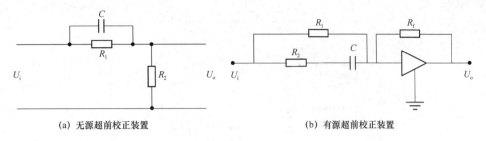

(a) 无源超前校正装置   (b) 有源超前校正装置

图 14.23 超前校正装置

程序如下：

```
s = tf('s');
alfa = 5;t = 2;                    % 超前校正网络参数
Gc = (s + 1/(alfa * t))/(s + 1/t);   % 超前校正装置传递函数
bode(Gc,alfa * Gc)                 % 超前校正器的 Bode 图
grid;
figure;
pzmap(Gc)                          % 超前校正器的零极点分布图
```

其运行结果如图 14.24 和 14.25 所示。

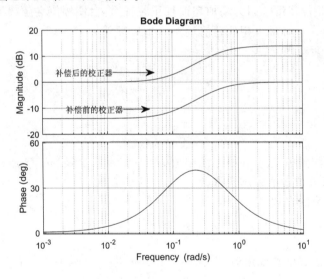

图 14.24 超前校正装置 Bode 图

理论证明：超前网络的最大超前频率为 $\omega_m = 1/(T\sqrt{\alpha})$；最大超前相位 $\varphi_m = \arcsin[(\alpha-1)/(\alpha+1)]$，最大超前相位所对应的幅值为 $L(\omega_m) = 20\lg|\alpha G_c(j\omega_m)| = 10\lg\alpha$（校正器经增益补偿）。

利用超前校正装置校正的基本原理即是利用其相位超前的特性，以补偿原来系统中元件造成的过大的相位滞后。

2. 基于 Bode 图的相位超前校正步骤

为了获得最大的相位超前量，应使得超前网络的最大相位超前发生在校正后系统的幅值穿越频率处，即 $\omega_m = \omega_c''$。根据这一思想，具体设计步骤如下：

若您对此书内容有任何疑问，可以凭在线交流卡登录 MATLAB 中文论坛与作者交流。

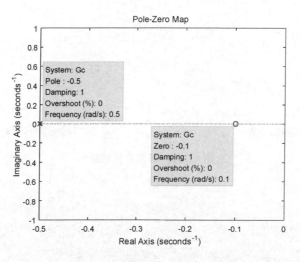

图 14.25　超前校正装置的零极点图

1）根据要求的稳态误差指标，确定开环增益 K。

2）计算校正前系统相位裕度 γ。利用已确定的开环增益，绘制校正前系统 Bode 图，并求取 γ 值。

3）确定需要对系统增加的最大相位超前量 φ_{m}。$\varphi_{\mathrm{m}} = \gamma^* - \gamma + (5° \sim 12°)$，其中 γ^* 表示期望的校正后系统的相位裕度。因为增加超前校正装置后，会使幅值穿越频率向右方移动，因而减小相位裕度，所以在计算最大相位超前量 φ_{m} 时，应额外加 $5° \sim 12°$。

4）确定校正器衰减因子 α。由

$$\varphi_{\mathrm{m}} = \arcsin \frac{\alpha - 1}{\alpha + 1}$$

得

$$\alpha = \frac{1 + \sin(\varphi_{\mathrm{m}})}{1 - \sin(\varphi_{\mathrm{m}})}$$

5）确定最大超前频率 ω_{m}。在原系统幅值为 $L(\omega_{\mathrm{m}}) = -20\lg |\alpha G_{\mathrm{c}}(\mathrm{j}\omega_{\mathrm{m}})| = -10\lg\alpha$ 的频率 ω_{m}，即作为校正后系统的幅值穿越频率。

6）确定校正网络的参数 T。

$$T = \frac{1}{\omega_{\mathrm{m}} \sqrt{\alpha}}$$

7）由超前网络参数得到校正器，并提高校正器的增益以抵消 $1/\alpha$ 的衰减，得到经补偿后的校正器。

8）绘制校正后的系统 Bode 图。验证相位裕度是否满足要求，有必要时重复上述步骤。

3. 频域法超前校正实例

【例 14-11】　已知单位负反馈系统的开环传递函数为 $G(s) = \dfrac{K}{s(s+1)}$，使用 MATLAB 设计超前校正网络，使系统的稳态速度误差系数 $K_v = 20\mathrm{s}^{-1}$，相位裕度不小于 $50°$。

1）由系统的稳态速度误差要求可计算得 $K = 20$，则满足稳态速度误差要求的系统开环传递函数为

$$G(s) = \frac{20}{s(s+1)}$$

2）编写程序进行校正：

```
delta = 3;                               % 最大超前相位调节参数
s = tf('s');
G = 20/(s * (s + 1));                     % 得到原系统传递函数
margin(G)                                % 原系统 Bode 图
[gm,pm] = margin(G)                       % 原系统的相位裕量和幅值裕量
phim1 = 50;                              % 期望相位裕度
phim = phim1 - pm + delta;               % 需补偿的相位裕度
phim = phim * pi/180;                     % phim 单位转换
alfa = (1 + sin(phim))/(1 - sin(phim));   % 求取校正器参数 α
a = 10 * log10(alfa);                     % 校正器在最大超前相位处的增益
[mag,phase,w] = bode(G);                  % 返回 Bode 图参数
adB = 20 * log10(mag);                    % 原系统幅值单位转换
wm = spline(adB,w, - a);                  % 得到最大超前相位处的频率
t = 1/(wm * sqrt(alfa));                  % 求取校正器参数 t
Gc = (1 + alfa * t * s)/(1 + t * s);      % 得到补偿后的校正器
[gmc,pmc] = margin(G * Gc)                % 求取校正后的系统稳定裕度参数
figure;
margin(G * Gc)                            % 得到校正后的系统 Bode 图
```

3）运行结果：

```
% 校正前的稳定裕度参数
gm =
    Inf


pm =
   12.7580
% 校正后的稳定裕度参数
gmc =
    Inf


pmc =
   48.9496
```

校正前和 delta＝3 时校正后系统的 Bode 图如图 14.26 和图 14.27 所示。

分析：由图 14.26 知，原系统不满足要求。按照相位超前校正原理及步骤，通过编写程序进行了系统超前校正。由图 14.27 校正结果知，虽然校正后系统性能提高了，但相位裕度仍未达到要求。尝试修改 delta 值，取为 delta＝5，再次运行程序。校正后的系统 Bode 图如图 14.28 所示。此时系统相位裕度为 50.8°，达到了设计要求。

可以进一步通过时域响应分析查看系统校正效果。

在前面程序的基础上补充如下程序，用于观察校正前后系统阶跃响应曲线（见图 14.29）和校正后系统的斜坡响应（见图 14.30）。

若您对此书内容有任何疑问，可以凭在线交流卡登录MATLAB中文论坛与作者交流。

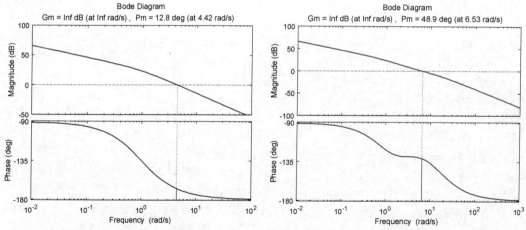

图 14.26　校正前系统 Bode 图　　　　　图 14.27　delta＝3 时校正后系统的 Bode 图

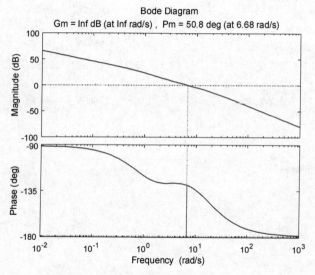

图 14.28　delta＝5 时校正后系统的 Bode 图

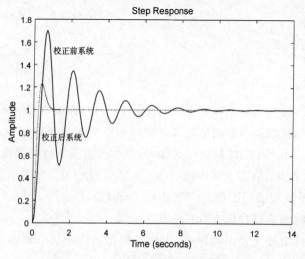

图 14.29　校正前后系统阶跃响应曲线

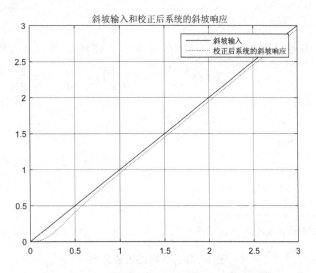

图 14.30 斜坡输入及校正后系统的斜坡响应

程序如下：

```
figure;
step(feedback(G,1),feedback(G*Gc,1),':')        %校正前和校正后系统的阶跃响应
gtext('校正前系统');
gtext('校正后系统');
figure;
G2 = feedback(G*Gc,1);                           %校正后系统闭环传递函数
[num2,den2] = tfdata(G2,'v');                    %求取分子和分母向量
t = 0:0.01:3;                                     %指定时间范围
y2 = step(num2,[den2,0],t);                       %返回斜坡响应参数
plot(t,t,t,y2,':');grid                           %同时绘制斜坡输入和校正后系统的斜坡响应
title('斜坡输入和校正后系统的斜坡响应');
xlabel('\itt\rm/s'),ylabel('\itt,y2');
legend('斜坡输入','校正后系统的斜坡响应');
```

14.3.2 频域法滞后校正及基于 MATLAB 的实例

1. 滞后校正装置及其特性

滞后校正装置可用如图 14.31(a) 所示的无源网络实现。

其传递函数可表示为

$$G_c(s) = \frac{1+\beta Ts}{1+Ts} \tag{14-8}$$

式中，$\beta = R_2/(R_1+R_2) < 1$；$T = (R_1+R_2)C$。

无源滞后校正装置也可表示为传递函数

$$G_c(s) = \frac{1+Ts}{1+\beta Ts} \tag{14-9}$$

若您对此书内容有任何疑问，可以凭在线交流卡登录 MATLAB 中文论坛与作者交流。

式中,$\beta = \dfrac{R_1 + R_2}{R_2} > 1$;$T = R_2 C$。

滞后校正装置也可由如图 14.31(b)所示的有源校正装置实现。对应传递函数为

$$G_c(s) = -k\left(1 + \frac{1}{T_i s}\right) \tag{14-10}$$

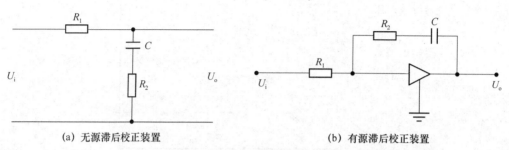

(a) 无源滞后校正装置   (b) 有源滞后校正装置

图 14.31 滞后校正装置

式中,$k = R_2/R_1$;$T_i = R_2 C$。实际使用时负号可由串联反相运算放大器消除。

以下程序依据表示无源网络的式 (14-10),用来观察滞后校正环节特性,结果如图 14.32 和 14.33 所示。

```matlab
clear;
s = tf('s')
beta = 0.1;                              % 滞后校正网络参数 beta
t = 10;                                  % 滞后校正网络参数 t
Gc = (1 + beta * t * s)/(1 + t * s);     % 滞后校正装置传递函数
bode(Gc)                                 % 滞后校正器的 Bode 图
grid;
figure;
pzmap(Gc)                                % 滞后校正器的零极点分布图
```

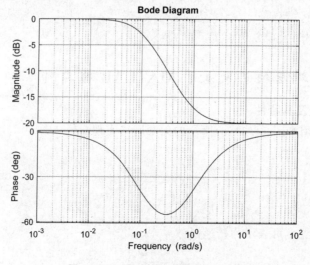

图 14.32 滞后校正装置的 Bode 图

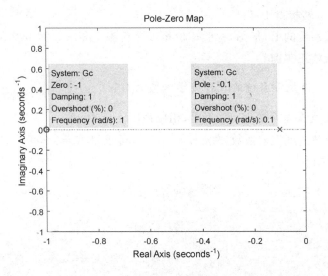

图14.33 滞后校正装置的零极点图

滞后校正网络显示为一个低通滤波器的特性。采用无源滞后网络进行串联校正时,主要是利用其高频幅值衰减特性,以降低系统的开环幅值穿越频率,提高系统的相位裕度。因此,应力求避免最大滞后相位发生在校正后系统开环幅值穿越频率附近。为了达到这个目的,选择滞后网络参数时,通常应使网络的转折频率 $1/(\beta T) \ll \omega_c''$(幅值穿越频率),一般可取 $1/(\beta T) = \omega_c''/10$。

2. 基于 Bode 图的相位滞后校正

基于 Bode 图相位滞后校正的基本原理是利用滞后网络的高频幅值衰减特性,使校正后系统的幅值穿越频率下降,借助于校正前系统在该幅值穿越频率处的相位,使系统获得足够的相位裕度。

由于滞后网络的高频衰减特性,减小了系统带宽,降低了系统的响应速度。因此,当系统响应速度要求不高而抑制噪声要求较高时,可考虑采用串联滞后校正。

此外,当校正前系统已经具备满意的瞬态性能,仅稳态性能不满足指标要求时,也可采用串联滞后校正以提高系统的稳态精度。

基于 Bode 图的相位滞后校正设计步骤如下:

1)根据稳态误差要求,求开环增益 K。

2)利用已确定的开环增益,画出校正前的 Bode 图,确定校正前系统的相位裕度 γ 和幅值穿越频率 ω_c。

3)确定校正后系统的幅值穿越频率 ω_c'',使其相位 $\varphi(\omega_c'')$ 满足 $-180 + \gamma_0 + (5-12)$。其中,γ_0 为期望相位裕度;$(5-12)$ 为滞后网络在 ω_c'' 处引起的相位滞后量。

4)为防止由滞后网络造成的相位滞后的不良影响,滞后网络的转折频率必须选择得明显低于校正后系统的幅值穿越频率 ω_c'',一般选择滞后网络的转折频率 $1/(\beta T) = \omega_c''/10$,这样,滞后网络的相位滞后就发生在低频范围内,从而不会影响到校正后系统的相位裕度。

5)确定使校正前对数幅频特性曲线在校正后系统的幅值穿越频率 ω_c'' 下降到 0 dB 所必需的衰减量,这一衰减量等于 $-20\lg\beta$,从而可确定 β。

$$-20\lg\beta = L(\omega_c'')$$

$$\beta = 10^{-\frac{L(\omega_c'')}{20}}$$

由此可确定另一转折点 $1/T$。

6）画出校正后系统的 Bode 图,检验相位裕度是否满足要求。如不符合要求则重新计算。

3. 频域法滞后校正实例

【例 14 - 12】 已知反馈系统的开环传递函数为 $G(s) = \dfrac{K}{s(s+5)(s+10)}$,设计滞后校正网络,使系统的稳态速度误差系数 $K_v = 30s^{-1}$,相位裕度不小于 $40°$。

1）由系统的稳态速度误差系数要求 $K_v = 30s^{-1}$,可求得 $K = 1\,500$。

2）编写程序进行校正。

```
delta = 6;                          % 调节参数
s = tf('s');
G = 1500/s/(s + 10)/(s + 5);        % 得到原系统
figure(1)
margin(G)                           % 查看原系统的稳定裕度
figure(2)
step(feedback(G,1))                 % 查看原系统的单位阶跃响应
ex_pm = 40;                         % 期望相位裕度
phi = - 180 + ex_pm + delta;        % 期望幅值穿越频率处的相位
[mag,phase,w] = bode(G);            % 由 bode 函数返回系统参数
wc = spline(phase,w,phi);           % 得到期望幅值穿越频率
mag1 = spline(w,mag,wc);            % 期望剪切频率处的原系统幅值
magdB = 20 * log10(mag1);           % 幅值单位转换
beta = 10^( - magdB/20);            % 求得校正器参数 beta
t = 1/(beta * (wc/10));             % 求得校正器参数 t
Gc = (1 + beta * t * s)/(1 + t * s); % 得到校正器模型
figure(3)
margin(Gc * G)                      % 查看校正后的 Bode 图
figure(4)
step(feedback(Gc * G,1))            % 查看校正后的阶跃响应曲线
```

3）运行结果如图 14.34～14.37 所示。

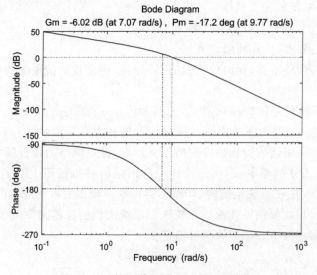

图 14.34 校正前系统 Bode 图(不稳定)

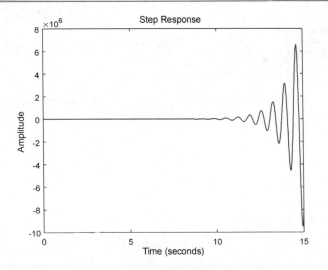

图 14.35 校正前系统的阶跃响应曲线

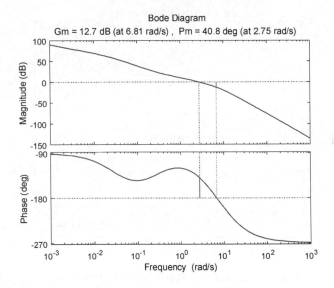

图 14.36 校正后系统 Bode 图

　　分析：由运行结果图 14.34 和图 14.35 可知，原系统是不稳定的。经滞后校正后，系统稳定，完全符合设计要求，如图 14.36 和 14.37 所示。也可进一步查看校正后系统的单位斜坡响应，结果如图 14.38 所示。

```
G2 = feedback(G * Gc,1);                % 校正后系统闭环传递函数
[num2,den2] = tfdata(G2,'v');           % 求取传递函数的分子和分母向量
t = 0:0.01:10;                          % 给定时间范围
y2 = step(num2,[den2,0],t);             % 返回斜坡响应参数
plot(t,t,t,y2,':');grid                 % 绘制斜坡输入和滞后校正后系统的斜坡响应
title('斜坡输入和滞后校正后系统的斜坡响应')
xlabel('\itt\rm/s'),ylabel('\itt,y2');
legend('斜坡输入','滞后校正后系统的斜坡响应');
```

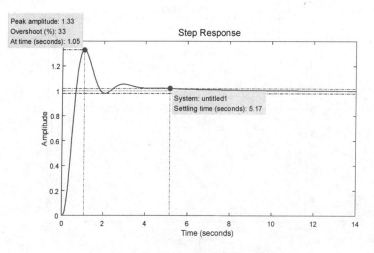

图 14.37　校正后系统的阶跃响应曲线

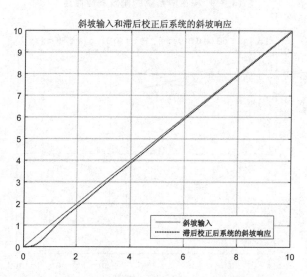

图 14.38　斜坡输入和滞后校正后系统的斜坡响应

14.3.3　频域法滞后-超前校正及基于 MATLAB 的实例

1. 滞后-超前校正器校正特性

滞后-超前校正装置可用如图 14.39(a)所示的无源网络实现。

无源滞后-超前校正装置传递函数为

$$G_c(s) = \frac{(1 + T_\alpha s)(1 + T_\beta s)}{T_\alpha T_\beta s^2 + (T_\alpha + T_\beta + T_{\alpha\beta})s + 1} \tag{14-11}$$

式中，$T_\alpha = R_1 C_1$；$T_\beta = R_2 C_2$；$T_{\alpha\beta} = R_1 C_2$。

令有两个不等的负实数极点，则式(14-13)可改写为

$$G_c(s) = \frac{(1 + T_\alpha s)(1 + T_\beta s)}{(1 + T_1 s)(1 + T_2 s)} \tag{14-12}$$

式中，$T_1 T_2 = T_\alpha T_\beta$；$T_1 + T_2 = T_\alpha + T_\beta + T_{\alpha\beta}$。

设 $T_1 < T_2, \dfrac{T_a}{T_1} = \dfrac{T_2}{T_\beta} = \alpha > 1$，

则

$$T_1 = \frac{T_a}{\alpha}, \quad T_2 = \alpha T_\beta$$

式(14-12)可表示为

$$G_c(s) = \frac{1 + T_a s}{1 + \dfrac{T_a}{\alpha}s} \frac{1 + T_\beta s}{1 + \alpha T_\beta s} \tag{14-13}$$

式中，$(1+T_a s)/(1+T_a/\alpha s)$ 为超前部分，$(1+T_\beta s)/(1+\alpha T_\beta s)$ 为滞后部分。

传递函数还可表示为

$$G_c(s) = \frac{1 + T_1 s}{1 + \beta T_1 s} \frac{1 + \alpha T_2 s}{1 + T_2 s} \tag{14-14}$$

式中，$(1+T_1 s)/(1+\beta T_1 s)$ 为校正网络的滞后部分，$\beta > 1$；$(1+\alpha T_2 s)/(1+T_2 s)$ 为校正网络的超前部分，$\alpha > 1$。

图 14.39(b)所示的滞后-超前校正有源装置传递函数可表示为

$$G_c(s) = -\frac{R_2 + \dfrac{1}{C_2 s}}{\dfrac{1}{\dfrac{1}{R_1} + C_1 s}} = -\left(\frac{R_1 C_1 + R_2 C_2}{R_1 C_2} + \frac{1}{R_1 C_2 s} + R_2 C_1 s \right) \tag{14-15}$$

式(14-15)可改写为

$$G_c(s) = -K_p(1 + 1/T_i s + T_d s) \tag{14-16}$$

式(14-16)正是在第 15 章将要阐述的 PID 控制器形式。

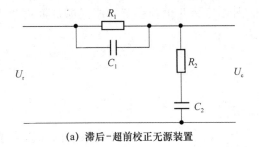

(a) 滞后-超前校正无源装置　　　　(b) 滞后-超前校正有源装置

图 14.39　滞后-超前校正无源网络

以下程序依据式(14-16)给出滞后-超前校正装置的特性曲线，如图 14.40 所示。

```
alfa = 10;                                              % 系统参数 alfa
beta = 10;                                              % 系统参数 beta
t2 = 1;                                                 % 系统参数 t2
t1 = 10;                                                % 系统参数 t1
s = tf('s');
G = (1 + alfa * t2 * s)/(1 + t2 * s) * (1 + t1 * s)/(1 + t1 * beta * s);   % 校正环节传递函数
bode(G);grid                                           % 校正环节 Bode 图
```

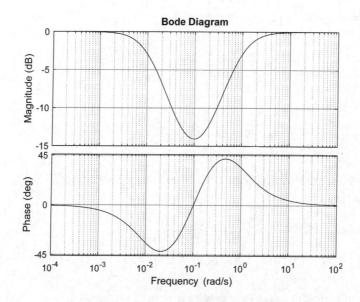

图 14.40　滞后–超前校正装置 Bode 图

由图 14.40 可见,滞后–超前校正装置既具有滞后校正的作用,也有超前校正的作用,综合了超前校正和滞后校正的优点。

2. 滞后–超前校正器的 Bode 图设计步骤

滞后–超前的基本原理是利用其超前部分增大系统的相位裕度,同时利用其滞后部分来改善系统的稳态性能。其设计步骤如下:

1)根据系统对稳态误差的要求,求系统开环增益 K。

2)根据开环增益 K,绘制校正前系统的 Bode 图。计算并检验系统性能指标是否符合要求。如不符合,则进行以下校正工作。

3)滞后校正器参数的确定。

滞后校正部分为

$$G_{c1}(s) = \frac{1 + T_1 s}{1 + \beta T_1 s}$$

其参数按照滞后校正的要求确定。工程上一般选 $1/T_1 = \omega_{c1}/10$(ω_{c1} 为校正前系统的幅值穿越频率),$\beta = 8 \sim 10$。

选择校正后系统的期望频率 ω_{c2}。考虑在该期望频率 ω_{c2} 处,使得原系统串联滞后校正器后,其综合幅频值衰减到 0 dB;在该期望剪切频率 ω_{c2} 处,超前校正器提供的相位超前量达到系统期望相位裕度的要求。

4)超前校正器的参数确定。

超前校正部分的传递函数为

$$G_{c2}(s) = \frac{1 + \alpha T_2 s}{1 + T_2 s}, \qquad \alpha > 1$$

设原系统串联滞后校正器之后的幅值为 $L(\omega_{c2})$,则在串联超前校正器后,在经过滞后–超前校正的期望幅值穿越频率 ω_{c2} 处,应满足

$$10\lg\alpha+L(\omega_{c2})=0$$

可得
$$\alpha=10^{-\frac{L(\omega_{c2})}{10}}$$

又因为
$$\omega_{\mathrm{m}}=\omega_{c2}=\frac{1}{T_2\sqrt{\alpha}}$$

可得
$$T_2=\frac{1}{\omega_{c2}\sqrt{\alpha}}$$

5）绘制经过滞后-超前校正后的系统 Bode 图，并验证系统性能指标是否满足设计要求。也可进一步绘制闭环系统的阶跃响应曲线，查看时域性能指标。

3. 滞后-超前校正实例

【例 14 - 13】　已知单位负反馈系统被控对象的传递函数为 $G(s)=\dfrac{K}{s(s+1)(s+2)}$，试设计系统的滞后-超前校正器，使之满足：

在单位斜坡信号 $r(t)=t$ 作用下，系统的静态速度误差系数 $K_v=10s^{-1}$；

校正后的系统相位裕度为 $P_{\mathrm{m}}=45°$；

增益裕度 $G_{\mathrm{m}}\geqslant10\mathrm{dB}$。

1）由题目对系统的静态速度误差系数要求，计算得 $K=20$。

2）编写程序进行校正。

```
wc2 = 1.5;                          % 调节参数
num = 20;
den = conv([1 1 0],[1 2]);
G = tf(num,den);                    % 得到原系统开环传递函数
[mag,phase,wcg,wcp] = margin(G);    % 得到原系统稳定裕度相关参数
margin(G)                           % 得到原系统 Bode 图
t1 = 1/(0.1 * wcg);                 % 滞后校正器参数 t1
beta = 10;                          % 滞后校正器参数 beta,取为 10
Gc_lag = tf([t1,1],[beta * t1,1])   % 滞后校正器传递函数 Gc_lag
G1 = G * Gc_lag;                    % 经滞后校正的系统 G1
[mag,phase,w] = bode(G1);          % 经滞后校正的系统的幅相频率参数
mag1 = spline(w,mag,wc2);          % 得到滞后校正后系统在 wc2 处的幅值
L = 20 * log10(mag1);              % 幅值单位转换,转换为分贝值
alfa = 10^( - L/10);              % 计算超前校正器参数 alfa,由 10lgα + L(ω_c2 ) = 0 得
t2 = 1/wc2/sqrt(alfa);            % 计算超前校正器参数 t2
Gc_lead = tf([alfa * t2,1],[t2,1]); % 超前校正器传递函数 Gc_lead
G0 = G * Gc_lead * Gc_lag;         % 经滞后 - 超前校正后的系统 G0
figure(2)                          % 新建图形窗口
margin(G0)                         % 校正后系统的 Bode 图
figure(3)                          % 新建图形窗口
step(feedback(G0,1))               % 校正后系统的时域响应曲线
```

3）程序运行结果如图 14.41~14.43 所示。

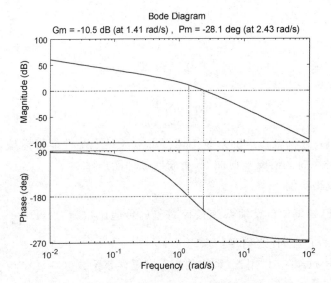

图 14.41　原系统 Bode 图

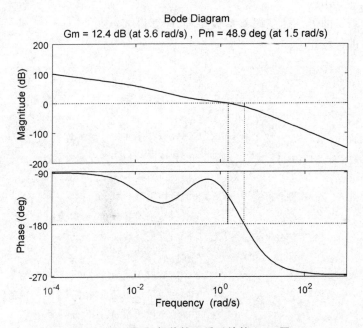

图 14.42　滞后-超前校正后系统的 Bode 图

分析:原系统参数可由图 14.41 读出,或者由程序打印输出。

```
mag =
  0.3000

phase =
  - 28.0814
```

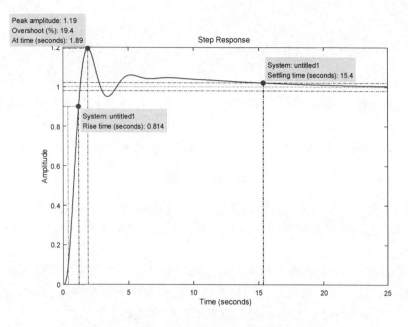

图 14.43 滞后-超前校正后系统的阶跃响应曲线

```
wcg =
   1.4142


wcp =
2.4253
```

由相位裕度值可知原系统是不稳定的。

系统经滞后-超前校正后达到了系统要求。校正后系统的参数可由图 14.42 读出,或者由程序打印输出。

```
mag =
   4.1764


phase =
   48.8658


wcg =
   3.6028


wcp =
   1.5015
```

需要注意的是,幅值裕度 mag 需进行单位转换后再观察是否满足要求。

```
>> magdB = 20 * log10(mag)

magdB =
  12.4161
```

由所得结果参数知,系统校正后满足所有要求。图 14.43 所示的系统时域响应曲线也表明系统是稳定的。

请尝试一下,如果单纯用超前校正或滞后校正都无法达到系统要求。

本 章 小 结

1) 频率特性是线性系统在正弦输入信号作用下的稳态输出和输入之比。频率特性可由对数坐标图、极坐标图和对数幅相图三种不同方法表示。MATLAB 中提供了绘制这三种图形的函数。

2) 可以通过 Nyquist 稳定性判据来判定系统稳定与否。在系统稳定的前提下可进一步研究系统的相对稳定程度。系统的相对稳定性可由相角稳定裕度和幅值稳定裕度来衡量。MATLAB 可以容易地判定系统是否稳定,以及系统相对稳定的程度。

3) 频域法校正主要有超前校正、滞后校正和滞后-超前校正。需要准确掌握各种校正方法的原理。利用 MATLAB 编制程序可以辅助进行系统频域法校正。

第 15 章
控制系统的 PID 控制器设计

本章内容的原理要点如下：

1. PID 校正装置

PID 校正装置也称为 PID 控制器或 PID 调节器。这里 P,I,D 分别表示比例、积分及微分。它是最早发展起来的控制策略之一。

2. PID 控制器分类

PID 控制器主要有比例控制、比例微分控制、积分控制、比例积分控制和比例积分微分控制等。

3. PID 控制器参数整定的方法

PID 控制器参数整定的方法主要可以分为理论计算和工程整定方法。理论计算即依据系统数学模型，经过理论计算来确定控制器参数；工程整定方法是按照工程经验公式对控制器参数进行整定。这两种方法所得到的控制器参数，都需要在实际运行中进行最后调整和完善。

工程整定法中，Ziegler - Nichols 方法是最常用的整定 PID 参数方法。

4. PID 校正装置的主要优点

原理简单，应用方便，参数整定灵活。

适用性强，在不同生产行业或领域都有广泛应用。

鲁棒性强，控制品质对受控对象的变化不太敏感。如受控对象受外界扰动时，无需经常改变控制器的参数或结构。

在科学技术迅速发展的今天，出现了许多新的控制方法，但 PID 由于其自身的的优点仍在工业过程控制中得到最广泛的应用。

15.1　PID 控制器概述

典型的 PID 控制器结构框图如图 15.1 所示。

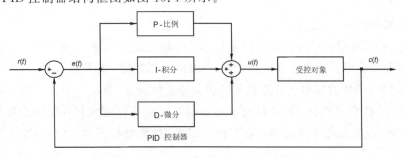

图 15.1　PID 控制器控制结构框图

由图可见,PID 控制器是通过对误差信号 $e(t)$ 进行比例、积分或微分运算和结果的加权处理,得到控制器的输出 $u(t)$,作为控制对象的控制值。

经过 Laplace 变换,PID 控制器可描述为

$$G_c(s) = K_P + \frac{K_I}{s} + K_D s$$

式中,K_P、K_I、K_D 为常数。

设计者的任务就是如何恰当地组合各个环节,设计不同参数,以使系统满足所要求的性能指标。

15.2 PID 控制器作用分析

15.2.1 比例控制作用举例分析

【例 15-1】 对受控对象

$$G_0(s) = \frac{1}{(s+1)^2(s+2)}$$

观察施加不同比例控制效果。

程序如下:

```
num = [1 2 12];
den = conv([1 2 1],[1 2]);
rlocus(1,den);                    % 得到系统的根轨迹
figure;
for ii = 1:3
    G0 = tf(num(ii),den);         % 施加不同比例控制时的系统开环传递函数
    step(feedback(G0,1));         % 系统的单位阶跃响应曲线
    hold on;                      % 保持,循环绘制曲线全部位于一图上
end
hold off;
gtext('Kp = 1');                  % 出现"十"字,供用户放置注释
gtext('Kp = 2')
gtext('Kp = 12')
```

程序运行结果如图 15.2 所示。

分析:在 4.2 节对控制系统的稳态性能指标的分析中已经知道,通过增大开环放大倍数而实施比例控制可以减小系统的静态误差,改善系统的稳态性能,如图 15.2(b)所示。但由根轨迹图 15.2(a)可见,比例控制也会导致系统的相对稳定性变差,甚至不稳定。观察本例受控对象的根轨迹图可知,当 $K > 18$ 时,系统将变得不稳定。当通过增大开环放大倍数来改善系统稳态性能的同时,也牺牲了系统的相对稳定性。因此,在系统校正设计中,一般不单独使用比例控制。

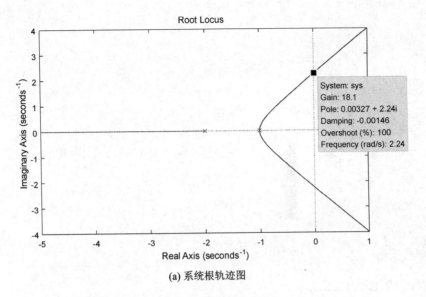

(a) 系统根轨迹图

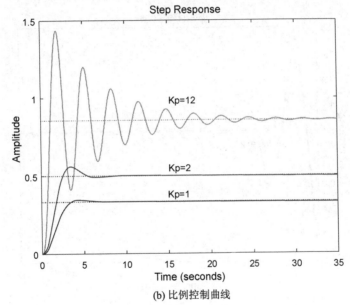

(b) 比例控制曲线

图 15.2 例 15 – 1 程序运行结果

15.2.2 比例微分控制作用举例分析

【例 15 – 2】 系统如图 15.1 所示。受控对象 $G_0(s) = \dfrac{1}{s^2}$，使用比例微分控制器 $G_c(s) = K_P + K_D s$，观察施加比例微分控制器后的控制效果。

令 $K_D = K_P \tau$，$G_c(s) = K_P + K_D s = K_P(1 + \tau s)$，设定 K_P，改变 τ 即改变 K_D 时，系统的输出响应情况。

程序如下：

285

```
Kp = 10;
tau = [0.1 0.2 1];
den = [1 0 0];
figure;
for ii = 1:3                            % 循环绘制图形
    G0 = tf([Kp * tau(ii),Kp],den);     % 施加比例微分控制后的开环系统
    step(feedback(G0,1));               % 绘制单位阶跃响应曲线
    hold on;                            % 保持,循环绘制曲线全部位于一图上
end
hold off;
gtext('tau = 0.1')                      % 出现"十"字,供用户放置注释
gtext('tau = 0.2')
gtext('tau = 1')
```

程序运行结果如图 15.3 所示。

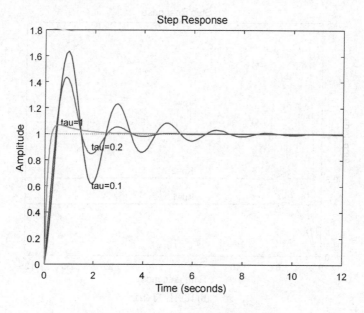

图 15.3 例 15 − 2 比例微分控制曲线

```
% 观察使用比例微分控制器前后系统的根轨迹图
den = [1 0 0];
rlocus(1,den)                           % 原系统根轨迹
title('校正前系统的根轨迹');
num1 = [0.1 1];                         % 取 tau = 0.1
den1 = [1 0 0];
rlocus(num1,den1)                       % 加比例微分控制后的根轨迹
title('校正后系统的根轨迹,取\tau = 0.1');
```

程序运行结果如图 15.4 和图 15.5 所示。

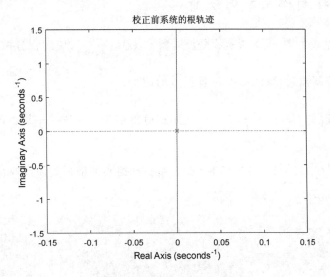

图 15.4　例 15 - 2 原系统根轨迹

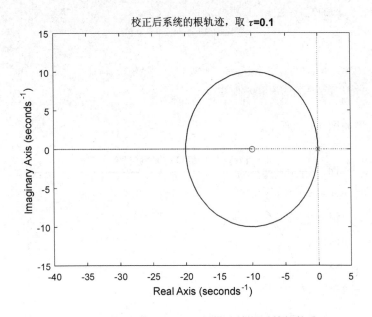

图 15.5　例 15 - 2 系统加比例微分控制后的根轨迹

　　分析：系统在校正前根轨迹如图 15.4 所示，可见系统是不稳定的。如果单独用比例环节作用于受控对象，将无法使系统稳定。而采用比例微分控制器后，系统开环传递函数相当于在负实轴上增加了零点，如图 15.5 所示，使系统变得稳定，并随着改变 τ 即改变 K_D，进一步提高了系统的相对稳定性，抑制了超调。

　　控制器中的微分控制将误差的变化引入控制，是一种预见型控制，起到了早期修正的作用。不过正是由于这点，它使缓慢变化的偏差信号不能作用于受控对象。因此在使用中不单独使用微分控制，而需构成比例微分（PD）或比例积分微分（PID）控制。此外，微分作用过大，容易引进高频干扰，使系统对扰动的抑制能力减弱。

若您对此书内容有任何疑问，可以凭在线交流卡登录MATLAB中文论坛与作者交流。

15.2.3 积分控制作用举例分析

【例 15-3】 系统如图 15.1 所示。受控对象 $G_0(s) = \dfrac{1}{4s+1}$,使用积分控制器 $G_c(s) = \dfrac{K_1}{s} = \dfrac{1}{s}$,观察施加积分控制器后,系统静态位置误差的改变。

如果受控对象改为 $G_0(s) = \dfrac{1}{s(4s+1)}$,使用积分控制器 $G_c(s) = \dfrac{1}{s}$ 是否可以消除系统静态速度误差?

1) 受控对象为 $G_0(s) = 1/(4s+1)$ 时,系统加积分控制器前后的阶跃响应。

程序如下:

```
num1 = 1;
den1 = [4 1];
G01 = tf(num1,den1);                    %原系统开环传递函数
step(feedback(G01,1));                  %求取原单位负反馈系统阶跃响应
title('1/(4s+1)未加控制前的响应曲线')
Gc1 = tf(1,[1 0]);                      %积分控制器
figure(2);
step(feedback(G01 * Gc1,1));            %加积分控制器后的系统阶跃响应
title('1/(4s+1)加积分控制后的响应曲线')
```

程序运行结果如图 15.6 所示。

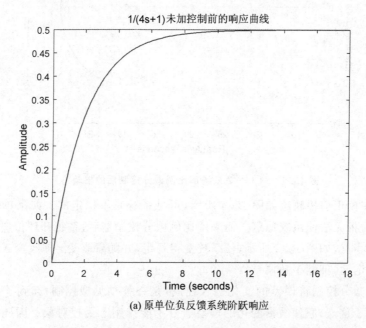

(a) 原单位负反馈系统阶跃响应

图 15.6 例 15-3 系统 $G_0(s) = 1/(4s+1)$ 加积分控制器前后的阶跃响应

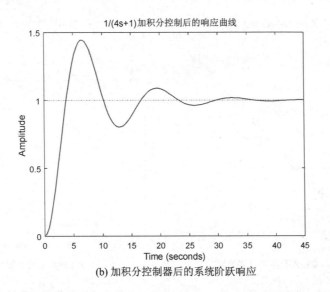

(b) 加积分控制器后的系统阶跃响应

图 15.6 例 15 - 3 系统 $G_0(s) = 1/(4s+1)$ 加积分控制器前后的阶跃响应(续)

2) 受控对象为 $G_0(s) = 1/s(4s+1)$ 时,系统加积分控制器前后的阶跃响应。

程序如下:

```
num2 = 1;
den2 = [4 1 0];
G02 = tf(num2,den2);
[num3,den3] = tfdata(feedback(G02,1),'v');
t = 0:0.1:10;
y = step(num3,[den3,0],t);                    % 原系统单位斜坡响应参数
plot(t,y,'o',t,t)                             % 同时绘制单位斜坡和系统单位斜坡响应
title('1/[s(4s+1)]的单位斜坡响应曲线')
xlabel('\itt\rm/s'),ylabel('\ity,t')
Gc2 = tf(1,[1 0]);
figure(2);
step(feedback(G02 * Gc2,1),5 * t);            % 加积分控制后的单位阶跃响应
title('1/[s(4s+1)]加积分控制后的单位阶跃响应曲线')
```

程序运行结果如图 15.7 所示。

分析:

原系统 $G_0(s) = 1/(4s+1)$,静态位置误差系数为

```
>> Kp = dcgain(num1,den1)

Kp =
  1
```

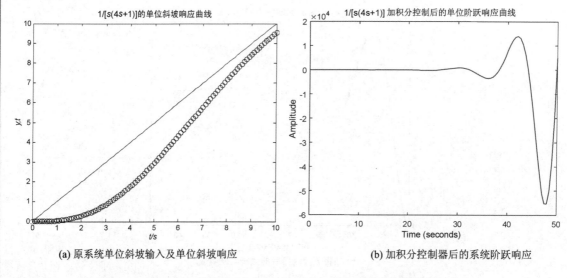

(a) 原系统单位斜坡输入及单位斜坡响应 (b) 加积分控制器后的系统阶跃响应

图 15.7 例 15-3 系统 $G_0(s)=1/s(4s+1)$ 加积分控制器前后的阶跃响应

则静态位置误差为 $1/(1+K_p)=0.5$，增加积分控制后系统仍然稳定，其静态位置误差为 0，达到了消除静态位置误差的目的。

原系统 $G_0(s)=1/s(4s+1)$，静态速度误差系数为

```
>> Kv = dcgain([num2 0],den2)

Kv =
    1
```

则静态速度误差为 $1/K_v=1$。在加积分控制后，系统已变得不稳定，更无从消除稳态误差。

总之，积分控制给系统增加了积分环节，增加了系统类型号。因此，积分控制可以改善系统的稳态性能。但对已经串联积分环节的系统，再增加积分环节可能使系统变得不稳定。

15.2.4 比例积分控制作用举例分析

【例 15-4】 系统如图 15.1 所示。受控对象 $G_0(s)=\dfrac{1}{4s+1}$，使用比例积分控制器 $G_c(s)=K_P+\dfrac{K_I}{s}$，观察施加比例积分控制器后的控制效果。

对于比例积分控制器 $G_c(s)=K_P+\dfrac{K_I}{s}=\dfrac{K_P(s+K_I/K_P)}{s}$，取 K_P 为定值，观察当 K_I 取不同值时的控制效果。

程序如下：

```
Kp = 1;                    % Kp 为定值
Ki = [0.1 0.8 2];          % 取不同 Ki 值
num = 1;
```

```
den = [4 1];
G0 = tf(num,den);
for ii = 1:3
    Gc = tf([Kp Ki(ii)],[1 0]);              %受控对象
    G = G0 * Gc;                             %开环传递函数
    step(feedback(G,1));                     %单位负反馈系统阶跃响应
    hold on;
end
hold off;
gtext('Ki = 0.1');                           %出现十字光标供放置说明文字
gtext('Ki = 0.8');
gtext('Ki = 2');
```

程序运行结果如图 15.8 所示。

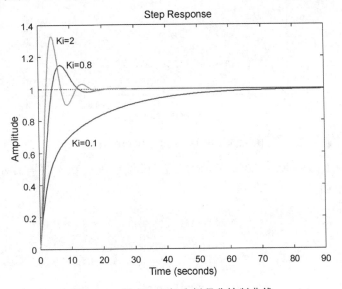

图 15.8　例 15-4 加比例积分控制曲线

分析：

比例积分控制器在给系统增加一个极点的同时，也增加了一个位于负实轴的零点 $z = -K_I/K_P$。与原系统相比较，比例积分控制的加入，提高了系统的型次，有利于消除系统的稳态误差。K_I 的改变影响着积分作用的强弱改变，如图 15.8 所示。积分作用太强会使系统超调加大，甚至使系统出现震荡。实际应用中，比例积分（PI）控制主要用来改善系统的稳态性能。

15.2.5　比例积分微分控制作用举例分析

【例 15-5】　系统如图 15.1 所示。受控对象 $G_0(s) = \dfrac{1}{s^2 + 8s + 25}$，分别使用比例控制、比例微分控制、比例积分控制和比例积分微分控制进行对受控对象的控制，并观察它们的不同控制效果。

1) 观察原系统(见图 15.9)可见系统存在较大的稳态误差。

```
t = 0:0.01:2;
num = 1;
den = [1 8 25];
G = tf(num,den);              % 系统受控对象
step(feedback(G,1),t)         % 单位负反馈系统单位阶跃响应
```

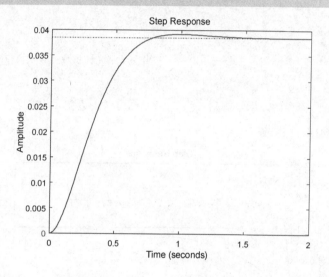

图 15.9   例 15-5 原系统响应曲线

2) 加比例控制 K_P,取 $K_P = 300$。由图 15.10 可见系统的稳态误差减小了,响应速度加快,但产生了较大超调。

```
figure;
Kp = 300;
step(feedback(300 * G,1),t)   % 加比例控制后的系统阶跃响应
```

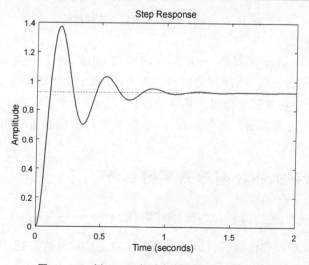

图 15.10   例 15-5 加比例控制系统响应曲线

3）加比例微分控制

$$G_c(s) = K_P + K_D s = K_P(1 + \tau s)$$

取 $K_P = 300, \tau = 0.03$。

由图 15.11 可见系统超调量减小，但稳态误差仍然存在。

```
Kp = 300;
tau = 0.03;
num1 = Kp * [tau 1];
den1 = [1 8 25];
G1 = tf(num1,den1);              % 加比例微分控制的系统
figure;
step(feedback(G1,1),t)          % 单位负反馈系统的单位阶跃响应
```

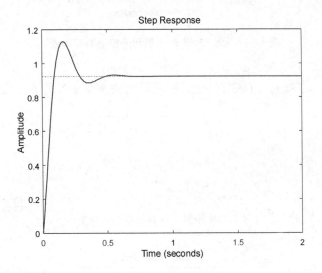

图 15.11　例 15-5 加比例微分控制响应曲线

4）加比例积分控制

$$G_c(s) = K_P + \frac{K_I}{s} = \frac{K_P(s + K_I/K_P)}{s}$$

取 $K_P = 30, K_I/K_P = 2$。

由图 15.12 可见，系统稳态误差得以消除，但响应速度却放慢了。

```
figure;
num2 = 30 * [1 2];
den2 = [1 8 25 0];
G2 = tf(num2,den2);
step(feedback(G2,1),t)          % 加比例积分控制的系统阶跃响应
```

5）加比例积分微分控制

$$G_c(s) = K_P + \frac{K_I}{s} + K_D s = \frac{K_D(s + z_1)(s + z_2)}{s}$$

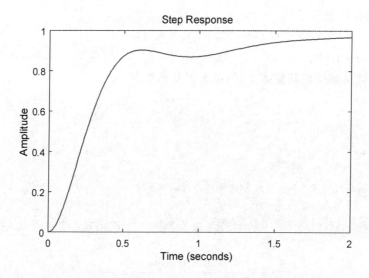

图 15.12　例 15 - 5 加比例积分控制响应曲线

取 $K_D = 8, z_1 = 2, z_2 = 20$。

由图 15.13 可见,系统稳态误差得以消除,同时响应速度也提高了。其控制效果较前几种要好。

```
figure;
num3 = 8 * conv([1 2],[1 20]);
den3 = [1 8 25 0];
G3 = tf(num3,den3);
step(feedback(G3,1),t)          % 加比例积分微分控制的系统阶跃响应
```

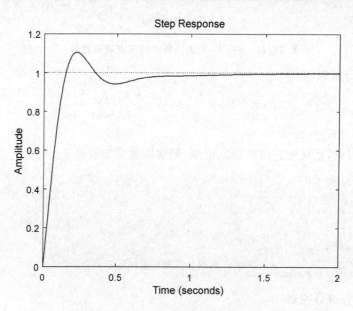

图 15.13　例 15 - 5 加 PID 控制响应曲线

综上,PID 通过积分作用消除误差,而微分作用降低超调量、加快系统响应速度,综合了 PI 和 PD 控制各自的长处。实际工程中,PID 控制器被广泛使用。

15.3 PID 控制器设计举例

由前几节分析,PID 控制器参数整定是控制器设计的核心内容,即对 PID 控制器的 K_P、K_I 及 K_D 参数的确定。

15.3.1 PID 控制器参数整定方法

PID 控制器参数整定的方法主要可以分为理论计算和工程整定方法。理论计算即依据系统数学模型,经过理论计算来确定控制器参数;工程整定方法是按照工程经验公式对控制器参数进行整定。这两种方法所得到的控制器参数,都需要在实际运行中进行最后调整和完善。

工程整定法中,Ziegler – Nichols 方法是最常用的整定 PID 参数方法。本节即以此为例介绍 PID 控制器的设计。

1. Ziegler – Nichols 经验整定公式

如图 15.14 所示的 S 形曲线是很多系统都具有的一种性质。可以近似地认为它是以下传递函数的阶跃响应曲线:

$$G(s) = \frac{Ke^{-\tau s}}{1 + Ts}$$

实际控制系统中,尤其对于一些无法用机理方法进行建模的生产过程,大量的系统可用此模型近似。在此基础上,可分别用时域法和频域法对模型参数进行整定。以下讨论基于如下形式的控制器传递函数:

$$G_c(s) = K_p \left(1 + \frac{1}{T_i s} + T_d s \right)$$

2. 基于时域响应的整定方法

基于时域响应的整定方法有两种。

1)得到系统时域响应曲线如图 15.14 所示,由图可确定 k, L, T,并计算 $\alpha = k(L/T)$。之后就可按照表 15.1 计算不同控制器的参数。

2)将系统设为只有比例控制的闭环系统,当 K_p 增大到 K_p' 时系统能产生等幅振荡,如图 15.15 所示。测出其振荡周期 $P'(P' = 2\pi/\omega_c)$ 及临界增益 K_p',之后就可按表 15.1 计算不同控制器的参数。这种方法也称为稳定边界法。

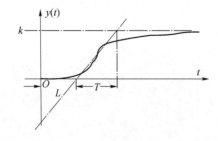

图 15.14 系统的阶跃响应曲线

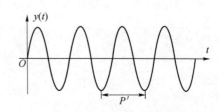

图 15.15 系统等幅振荡曲线

表 15.1　Z－N 时域整定法参数表

控制器类型	阶跃响应整定	等幅振荡整定
P	$K_p = 1/\alpha$	$K_p = 0.5K_p'$
PI	$K_p = 0.9/\alpha, T_i = 3L$	$K_p = 0.45K_p', T_i = 0.833P'$
PID	$K_p = 1.2/\alpha, T_i = 2L, T_d = L/2$	$K_p = 0.6K_p', T_i = 0.5P', T_d = 0.125P'$

3. 基于频域法的整定方法

如系统实验数据由频率响应得到,可以得到系统的稳定裕度参数穿越频率 ω_c,增益裕度 K_c,并计算 $T_c = 2\pi/\omega_c$。之后按照表 15.2 计算不同控制器的参数。

表 15.2　Z－N 频域整定法参数表

控制器类型	频域法整定参数
P	$K_p = 0.5K_c$
PI	$K_p = 0.4K_c, T_i = 0.8T_c$
PID	$K_p = 0.6K_c, T_i = 0.5T_c, T_d = 0.12T_c$

15.3.2　PID 控制器设计举例

【例 15－6】 系统如图 15.1 所示,受控对象 $G_0(s) = \dfrac{1}{s(s+1)(s+5)}$,设计控制器以消除系统静态速度误差。

解法 1:等幅振荡法

1)求取系统临界稳定时参数,作系统根轨迹图。

```
num = 1;
den = conv([1 1 0],[1 5]);
G0 = tf(num,den);
rlocus(G0)                              % 求取原系统根轨迹
```

原系统根轨迹图如图 15.16 所示。

由图 15.16 可得原系统在临界稳定时,$K_p' = 30, P' = 2\pi/\omega_c = 2\pi/2.23 = 2.8$。

2)求取不同控制器参数并查看控制效果。

```
t = 0:0.01:25;
num = 1;
den = conv([1 1 0],[1 5]);
G0 = tf(num,den);
step(feedback(G0,1),t)                  % 原系统阶跃响应
figure;
```

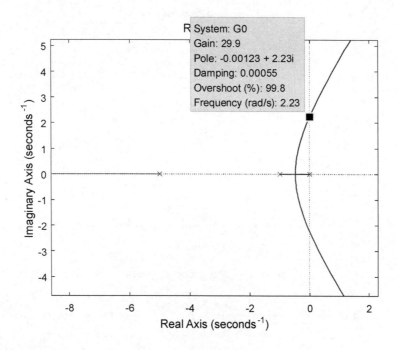

图 15.16   受控对象根轨迹图

```
Kp0 = 30;                              % 临界稳定参数
P0 = 2.8;                              % 临界稳定参数
Kp1 = 0.45 * Kp0;                      % PI 控制器参数
Ti1 = 0.833 * P0;                      % PI 控制器参数
s = tf('s');
Gc1 = Kp1 * (1 + 1/Ti1/s);             % PI 控制器
step(feedback(G0 * Gc1,1),':',t);      % 加 PI 控制器的系统阶跃响应
hold on;
Kp2 = 0.6 * Kp0;                       % PID 控制器参数
Ti2 = 0.5 * P0;                        % PID 控制器参数
Td2 = 0.125 * P0;                      % PID 控制器参数
s = tf('s');
Gc2 = Kp1 * (1 + 1/Ti1/s + Td2 * s);   % PID 控制器
step(feedback(G0 * Gc2,1),t)           % 加 PID 控制器的系统阶跃响应
```

3）程序运行结果分别如图 15.17 和图 15.18 所示。

分析：原系统为 I 型系统，存在稳态速度误差。因此本例中给出 PI 和 PID 两种控制器，用以消除稳态速度误差。图 15.18 中虚线所示为 PI 控制效果，实线曲线为 PID 控制效果。可见，PID 要比 PI 控制效果好得多。

解法 2：频域法整定

1）求取原系统稳定裕度参数程序：

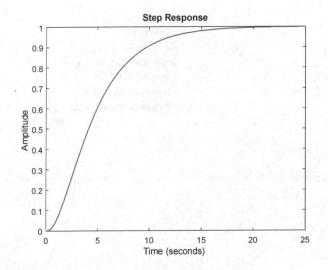

图 15.17　原系统时域响应曲线

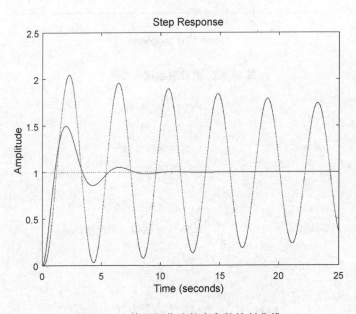

图 15.18　等幅振荡法整定参数控制曲线

298

```
>> num = 1;
den = conv([1 1 0],[1 5]);
G0 = tf(num,den);
margin(G0)                          % 原系统 Bode 图
[Kc,pm,wcg,wcp] = margin(G0);
>> [Kc,pm,wcg,wcp]                   % 求取稳定裕度参数

ans =
  30.0000  76.6603  2.2361  0.1961
```

原系统 Bode 图如图 15.19 所示。

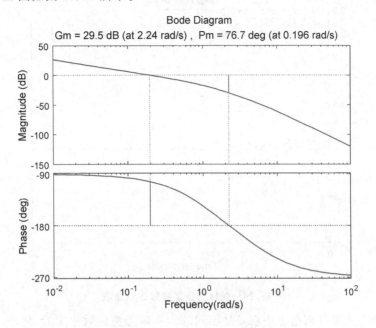

图 15.19 原系统 Bode 图

由程序及图 15.19 得 $K_c = 30, \omega_c = 2.236$。

2）求取不同控制器参数并查看控制效果。

```
t = 0:0.01:25;
num = 1;
den = conv([1 1 0],[1 5]);
G0 = tf(num,den);
[Kc,pm,wcg,wcp] = margin(G0)        % 原系统稳定裕度参数
Tc = 2 * pi/wcg;                    % PI 控制器参数
Kp1 = 0.4 * Kc;                     % PI 控制器参数
Ti1 = 0.8 * Tc;                     % PI 控制器参数
s = tf('s');
Gc1 = Kp1 * (1 + 1/Ti1/s);          % PI 控制器 Gc1 传递函数
Kp2 = 0.6 * Kc;                     % PID 控制器参数
Ti2 = 0.5 * Tc;                     % PID 控制器参数
Td2 = 0.12 * Tc;                    % PID 控制器参数
Gc2 = Kp1 * (1 + 1/Ti1/s + Td2 * s); % PID 控制器 Gc2 传递函数
step(feedback(G0 * Gc1,1),':',t);   % 加 PI 控制器的系统阶跃响应
hold on;
step(feedback(G0 * Gc2,1),t)        % 加 PID 控制器的系统阶跃响应
hold off;
```

3）程序运行结果，如图 15.20 所示。

分析：如图 15.20 所示，与等幅振荡法相比较，频域法整定的控制结果基本一致。事实上，

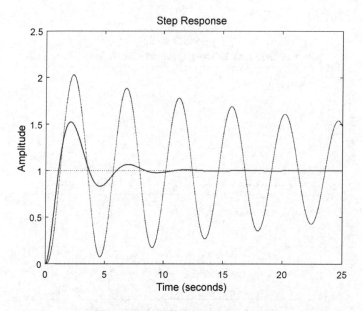

图 15.20　频域法整定参数控制曲线

基于频域的整定方法与等幅振荡法意义是相同的。从以上整定效果来看,闭环系统的响应基本可以接受。当然对于实际系统,在后续的应用中还应常常对控制器参数进行调整,以使得被控过程得到满意的控制。

　　虽然 PID 控制器的整定早在 1936 年就成为研究课题,但直到今日也还有很多人员在继续深入研究。用户如果对此感兴趣,可进一步阅读参考文献或其他相关著作。

本 章 小 结

　　1) PID 分别表示比例、积分及微分。PID 校正是最早发展起来的控制策略之一。

　　2) PID 校正装置有原理简单、适用性强和鲁棒性强等特点。所以 PID 仍然在工业过程控制中得到最广泛的应用。

　　3) PID 控制器主要有比例控制、比例微分控制、积分控制、比例积分控制和比例积分微分控制等。本章对各种控制器的作用通过 MATLAB 程序进行了举例分析。

　　4) PID 控制器参数整定的方法主要可以分为理论计算和工程整定方法。工程整定法中,Ziegler - Nichols 方法是最常用的整定 PID 参数方法。所得到的控制器参数一般还需要在实际运行中进行最后调整和完善。本章给出了用 Ziegler - Nichols 方法进行参数整定的实例。

第 16 章

非线性控制系统分析

本章内容的原理要点如下：

1. 非线性系统的研究方法

非线性系统由于系统的复杂性和多样性而成为控制界的研究热点，从而产生了很多非线性系统的理论方法。比较基本的有李雅普诺夫第二法、小范围线性近似法、描述函数法、相平面法和计算机仿真等。

2. 典型的非线性特性

典型的非线性特性有死区非线性、饱和非线性、间隙非线性和继电非线性等。Simulink给出了部分非线性特性模块。用户也可以自行构建非线性特性模块。

3. 非线性控制系统

含有非线性元件或环节的控制系统称为非线性控制系统。

非线性系统输出暂态响应曲线的形状与输入信号的大小和初始状态有关，非线性系统的稳定性亦与输入信号的大小和初始状态有关。非线性系统常会产生持续振荡。

4. 相平面法

相平面法实质上是一种求解二阶以下线性或非线性微分方程的图解方法。

如果是二阶系统，可用两个变量来描述相应的状态，在平面上定出一个点。随时间变化，状态变化并形成相轨迹。轨迹所在平面即为相平面。整个图形称为相平面图。常用绘制相轨迹的方法有解析法、等斜线法和 δ 法。

5. 描述函数法

非线性特性的描述函数法是线性部件频率特性在非线性特性中的推广。它是对非线性特性在正弦信号作用下的输出进行谐波线性化处理之后得到的，是非线性特性的一种近似描述。

对于非线性控制系统的描述函数分析方法，常用的负倒描述函数为

$$-\frac{1}{N(A)} = -\frac{1}{|N(A)|} e^{-j\angle N(A)}$$

6. 用描述函数研究系统稳定点的方法

用描述函数研究系统稳定点的方法，是建立在线性系统 Nyquist 稳定性判据基础上的一种工程近似方法。其基本思想是把非线性特性用描述函数来表示，将复平面上的整个非线性曲线 $-1/N(A)$ 理解为线性系统分析中的临界点 $(-1, j0)$，再将线性系统有关稳定性分析的结论用于非线性系统。

16.1 非线性系统概述

含有非线性元件或环节的控制系统称为非线性控制系统。

一般非线性系统的数学模型可表示为

$$F\left[\frac{\mathrm{d}^n x(t)}{\mathrm{d}t^n},\frac{\mathrm{d}^{n-1}x(t)}{\mathrm{d}t^{n-1}},\cdots,\frac{\mathrm{d}x(t)}{\mathrm{d}t},x(t),\frac{\mathrm{d}^m u(t)}{\mathrm{d}t^m},\cdots,u(t)\right]=0$$

写成多变量的形式为

$$\dot{X}(t)=f[X(t),U(t),t]$$

在 F 与 f 函数中,如果相应的算子为线性,则称为线性系统,否则称为非线性系统。如果不显含 t,则为时不变系统;若显含 t,则称为时变系统。

非线性系统输出暂态响应曲线的形状与输入信号的大小和初始状态有关,非线性系统的稳定性亦与输入信号的大小和初始状态有关。非线性系统常会产生持续振荡。

16.2 相平面法

16.2.1 相平面法概述

相平面法是一种求解二阶以下线性或非线性微分方程的图解方法。

对于形如下式的二阶系统

$$\ddot{x}+f(x,\dot{x})=0$$

涉及如下概念。

1) 相平面:以 $x(t)$ 为横坐标、$\dot{x}(t)$ 为纵坐标的直角坐标平面构成相平面。

2) 相轨迹:以时间 t 为参变量,由表示运动状态的 $(x(t),\dot{x}(t))$ 分别作为横坐标和纵坐标而绘制的曲线称为相轨迹,每根相轨迹与起始条件有关。$(x(t),\dot{x}(t))$ 表示了质点在 t 时刻的位置和速度。

3) 相平面图:同一系统,不同初始条件下的相轨迹是不同的。由所有相轨迹组成的曲线族所构成的图称为相平面图。

常用绘制相轨迹的方法有解析法和等斜线法、δ 法。MATLAB 中提供有不同的非线性模块。因此,基于 MATLAB 的相轨迹图绘制更加方便。

16.2.2 基于 MATLAB 的相轨迹图绘制示例

【例 16-1】 绘制系统

$$y=\begin{cases}-0.3, & x<-0.3\\ x, & |x|\leqslant0.3\\ 0.3, & x>0.3\end{cases}$$

的单位阶跃输入时的相轨迹。其中,非线性部分为饱和非线性;线性部分为 $G(s)=10/s(s+4)$;系统初始状态为 0。

1) 新建一个空白模型。将所需的不同模块添加到空白模型中。

2) 连接各模块并设置各模块参数。这里将饱和非线性模块 upper limit 设为 0.3,lower limit 设为 -0.3。其他模块的设置不再赘述,模型如图 16.1 所示。

3) 设置仿真参数。如图 16.2 所示,在 Solver options 下的 Type 下拉列表中选择 Fixed-step,在 Solver 下拉列表中选择 ode5(Dormand-Prince),在 Fixed-step size 文本框中输入 0.01。

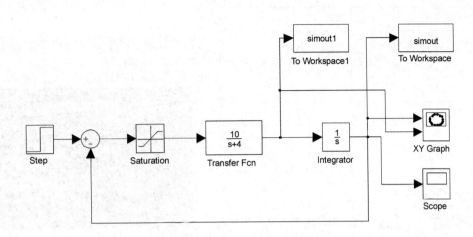

图 16.1 例 16 – 1 的 Simulink 模型

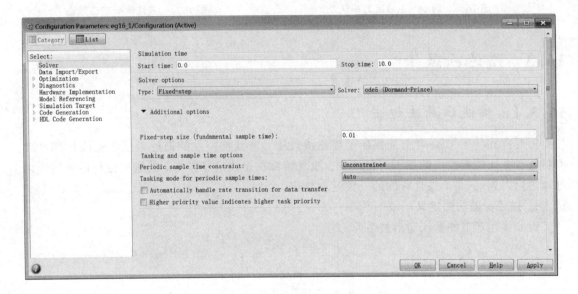

图 16.2 仿真参数设置窗口

4）开始仿真。

相轨迹可以直接观察 XY Graph 输出，也可使用输出到工作空间的参数绘制，如图 16.3 所示。

```
>> plot(simout(:,1),simout1(:,1))
>> grid
>> xlabel('x');
>> ylabel('y');
```

系统阶跃响应输出如图 16.4 所示。

由图 16.3 分析可知，系统的稳定点在(1,0)点，即稳态值为 1。

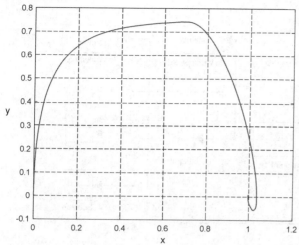

图16.3　例16-1输出的相轨迹

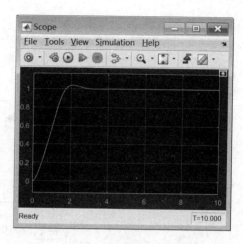

图16.4　系统阶跃响应输出

16.3　描述函数法

16.3.1　描述函数法概述

P. J. Daniel 于 1940 年首先提出了描述函数法。非线性特性的描述函数法是线性部件频率特性在非线性特性中的推广。它是对非线性特性在正弦信号作用下的输出进行谐波线性化处理之后得到的，是非线性特性的一种近似描述。

1. 描述函数法的定义

设非线性环节的输入输出关系为

$$y = f(x)$$

非线性环节输入正弦信号

$$x(t) = A \sin \omega t$$

非线性环节的输出通常也为周期信号，可以分解为傅里叶级数

$$y(t) = A_0 + \sum_{n=1}^{\infty} (A_n \cos n\omega t + B_n \sin n\omega t) = A_0 + \sum_{n=1}^{\infty} Y_n \sin(n\omega t + \varphi_n)$$

式中，A_0 为直流分量；Y_n 和 φ_n 是第 n 次谐波的幅值和相角，且有

$$A_n = \frac{1}{\pi} \int_0^{2\pi} y(t) \cos n\omega t \, \mathrm{d}(\omega t), n = 0, 1, \cdots$$

$$B_n = \frac{1}{\pi} \int_0^{2\pi} y(t) \sin n\omega t \, \mathrm{d}(\omega t), n = 1, 2, \cdots$$

$$Y_n = \sqrt{A_n{}^2 + B_n{}^2}$$

$$\varphi_n = \arctan \frac{A_n}{B_n}$$

若 $A_0 = 0$ 且 $n > 1$，Y_n 很小，则非线性环节的输出近似为

$$y(t) = Y_1 \sin(\omega t + \varphi_1)$$

可见,其近似结果和线性环节频率响应形式相似,依照线性环节频率特性的定义,非线性环节的输入输出特性可由描述函数表示

$$N(A)=\left|N(A)\right|\mathrm{e}^{\mathrm{j}\angle N(A)}=\frac{B_1+\mathrm{j}A_1}{A}=\frac{Y_1}{A}\mathrm{e}^{\mathrm{j}\varphi_1}$$

对于非线性控制系统的描述函数分析方法,常用的负倒描述函数为

$$-\frac{1}{N(A)}=-\frac{1}{\left|N(A)\right|}\mathrm{e}^{-\mathrm{j}\angle N(A)}$$

2. 用描述函数研究系统稳定点的方法

用描述函数研究系统稳定点的方法,是建立在线性系统 Nyquist 稳定判据基础上的一种工程近似方法。其基本思想是把非线性特性用描述函数来表示,将复平面上的整个非线性曲线$-1/N(A)$理解为线性系统分析中的临界点$(-1,\mathrm{j}0)$,再将线性系统有关稳定性分析的结论用于非线性系统。

对于如图 16.5 的等效非线性系统,且 $G(\mathrm{j}\omega)$ 在开环幅相平面上无右半平面的极点,稳定性判据为如果$-1/N(A)$不被 $G(\mathrm{j}\omega)$ 包围,则系统是稳定的;如果$-1/N(A)$被 $G(\mathrm{j}\omega)$ 包围,则系统是不稳定的。

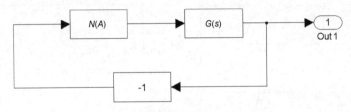

图 16.5　等效非线性系统

$G(\mathrm{j}\omega)$包围的区域称为不稳定区域,不包围的区域称为稳定区域。如果$-1/N(A)$与$G(\mathrm{j}\omega)$相交,则在交点处,若$-1/N(A)$沿着 A 值增加的方向由不稳定区域进入稳定区域,则自激振荡是稳定的;否则,自激振荡是不稳定的。

在交点处有

$$-1/N(A_0)=G(\mathrm{j}\omega_0)$$

由此可求出自激振荡的振幅 A_0 和振荡频率 ω_0。

16.3.2　基于 MATLAB 的描述函数法非线性系统分析示例

【例 16-2】 考虑如图 16.6 所示的非线性系统,图中的继电器非线性模块 $M=10,h=1$。试判断系统是否存在自振;若有自振,求出自振的振幅和频率。

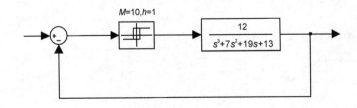

图 16.6　例 16-2 系统框图

1) 绘制非线性部分和线性部分的幅相图,判断系统稳定情况。

程序如下:

```
x = 1:0.1:20;
disN = 40/pi./x. * sqrt(1 - x.^(-2)) - j * 40/pi./x.^2;   % 描述函数
disN2 = - 1./disN;                                        % 负倒描述函数
w = 1:0.01:200;
num = 12;                                                 % 线性部分分子
den = conv([1 1],[1 6 13]);                               % 线性部分分母
[rem,img,w] = Nyquist(num,den,w);                         % 线性部分 Nyquist 曲线参数
plot(real(disN2),imag(disN2),rem,img)                     % 同时绘制非线性部分和线性部分的极坐标图
grid;                                                     % 加网格
xlabel('Re');ylabel('Im');                                % 添加修饰
```

程序运行结果及局部放大图如图 16.7 和图 16.8 所示。

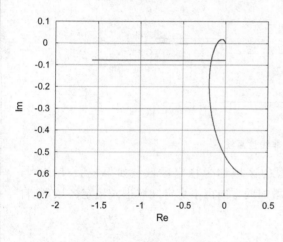

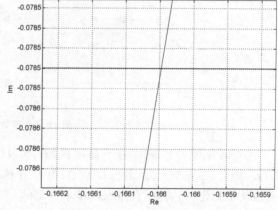

图 16.7　程序运行结果图　　　　　　图 16.8　程序运行结果局部放大图

由图 16.7 可见,两曲线相交,系统存在自激振荡。

2) 利用交点坐标值求取振荡幅值和频率。

由图 16.7 可见,两条曲线有交点,存在自激振荡。经局部放大(见图 16.8),可得到交点坐标为(−0.0785,−0.166)。

```
% 读出线性部分和非线性部分交点的坐标值,并利用坐标值求出振荡幅值和频率
w0 = spline(img,w, - 0.0785)          % 当 img = - 0.0785 时,所对应的 w 值
x0 = spline(real(disN2),x, - 0.166)   % 当 disN2 的实部为 - 0.166 时,所对应的 x 值
w0 =
  3.2087

x0 =
2.3382
```

则系统中有 $2.3\sin(3.2t)$ 的自激振荡。

3）建立 Simulink 模型，如图 16.9 所示，进行仿真。仿真结果如图 16.10 所示。

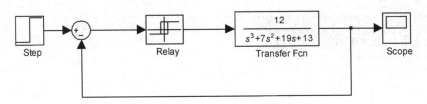

图 16.9　例 16 − 2 系统的 Simulink 仿真模型

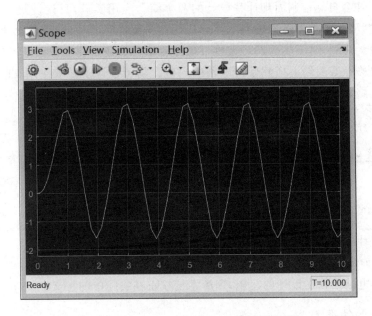

图 16.10　系统的 Simulink 仿真输出结果

由图 16.10 所示的仿真输出可见，系统中确实存在自激振荡，进一步证实了前面的分析。

本 章 小 结

1）含有非线性元件或环节的控制系统称为非线性控制系统。典型的非线性特性有死区非线性、饱和非线性、间隙非线性和继电非线性等。Simulink 给出了部分非线性特性模块。用户也可以自行构建非线性特性模块。这部分内容参见文献[18]。

2）相平面法实质上是一种求解二阶以下线性或非线性微分方程的图解方法。常用绘制相轨迹的方法有解析法、等斜线法和 δ 法。MATLAB 中提供有不同的非线性模块。因此，基于 MATLAB 的相轨迹图绘制更加方便。

3）描述函数法是线性部件频率特性在非线性特性中的推广。它是对非线性特性在正弦信号作用下的输出进行谐波线性化处理之后得到的，是非线性特性的一种近似描述。用描述函数研究系统的稳定点的方法，是建立在线性系统 Nyquist 稳定性判据基础上的一种工程近似方法。

第 **17** 章

课程设计综合实例

实践教学中 MATLAB 在自动控制原理、控制系统课程设计等系统设计仿真中得到了广泛的应用。本章结合自动控制原理课程设计的两个综合应用实例,以设计报告的形式给出其设计的详细步骤,演示了控制系统仿真的实际应用。需要说明的是,原课程设计要求在实现系统校正的仿真设计之后,基于实验箱搭建硬件电路验证仿真效果。考虑到学习环境的差异性,以下各实例均略去在实验箱上搭建硬件电路的内容。由于设计中要求使用 EDA 工具搭建系统的模拟实际电路,所以这样做并不影响仿真设计部分的完整性。此外,各设计报告均给出了其参考文献,这些参考文献就不再在本书最后的参考文献中列出。

17.1　课程设计作品 1——系统的滞后超前频域法校正

17.1.1　设计目的

通过课程设计熟悉频域法分析系统的方法原理。

通过课程设计掌握滞后-超前校正作用与原理。

通过在实际电路中校正设计的运用,理解系统校正在实际中的意义。

17.1.2　设计任务

控制系统为单位负反馈系统,开环传递函数为 $G(s)=\dfrac{180}{s\left(\dfrac{1}{6}s+1\right)\left(\dfrac{1}{2}s+1\right)}$,设计校正装置,使系统满足下列性能指标:相角裕量 $45°\pm3°$;幅值裕量不低于 10 dB;调节时间不超过 3 s。

17.1.3　具体要求

1) 使用 MATLAB 进行系统仿真分析与设计,并给出系统校正前后的 MATLAB 仿真结果,同时使用 Simulink 仿真验证。

2) 使用 EDA 工具 EWB 搭建系统的模拟实现电路,分别演示并验证校正前和校正后的效果。

3) 在实验箱上搭建实际电路,验证系统设计结果。

17.1.4　设计原理概述

校正方式的选择。按照校正装置在系统中的连接方式,控制系统校正方式分为串联校正、反馈校正、前馈校正和复合校正 4 种。串联校正是最常用的一种校正方式,这种方式经济,且设计简单,易于实现,在实际应用中多采用这种校正方式。串联校正方式是校正器与受控对象进行串联连接的。本设计按照要求将采用串联校正方式进行校正。

校正方法的选择。根据控制系统的性能指标表达方式可以进行校正方法的确定。本设计要求以频域指标的形式给出,因此采用基于 Bode 图的频域法进行校正。

几种串联校正简述。串联校正可分为串联超前校正、串联滞后校正和滞后-超前校正等。

超前校正的目的是改善系统的动态性能,实现在系统静态性能不受损的前提下,提高系统的动态性能。通过加入超前校正环节,利用其相位超前特性来增大系统的相位裕度,改变系统的开环频率特性。一般使校正环节的最大相位超前角出现在系统新的穿越频率点。

滞后校正通过加入滞后校正环节,使系统的开环增益有较大幅度增加,同时又使校正后的系统动态指标保持原系统的良好状态。它利用滞后校正环节的低通滤波特性,在不影响校正后系统低频特性的情况下,使校正后系统中高频段增益降低,从而使其穿越频率前移,达到增加系统相位裕度的目的。

滞后-超前校正适用于对校正后系统的动态和静态性能有更多更高要求的场合。施加滞后-超前校正环节,主要是利用其超前部分增大系统的相位裕度,以改善系统的动态性能;利用其滞后部分改善系统的静态性能。

以上 3 种不同的校正方法的一般性设计步骤如下:

1)根据静态性能指标,计算开环系统的增益。之后求取校正前系统的频率特性指标,并与设计要求进行比较。

2)确定校正后期望的穿越频率,具体值的选取与所选择的校正方式相适应。

3)根据待设计的校正环节的形式和转折频率,计算相关参数,进而确定校正环节。

4)得出校正后系统。检验系统满足设计要求。如不满足则从第二步重新开始。

在 MATLAB 中基于 Bode 图进行系统设计的基本思路是通过比较校正前后的频率特性,尝试选定合适的校正环节,根据不同的设计原理,确定校正环节参数。最后对校正后的系统进行检验,并反复设计直至满足要求。

17.1.5　设计方案及分析

1. 观察原系统性能指标

1)使用 MATLAB 编写程序观察原系统的频率特性及阶跃响应。

程序如下:

```
s = tf('s');
G0 = 180/(s * (0.167 * s + 1) * (0.5 * s + 1));    %原系统开环传递函数
[Gm,Pm] = margin(G0);                              %返回系统相对稳定参数
margin(G0)                                         %绘制系统 Bode 图
figure;
step(feedback(G0,1))                               %系统单位阶跃响应
```

程序运行结果得到系统 Bode 图和阶跃响应,分别如图 17.1 和图 17.2 所示。

2)使用 Simulink 观察系统性能。

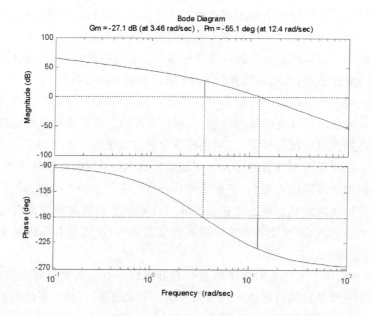

图 17.1　校正前的系统 Bode 图

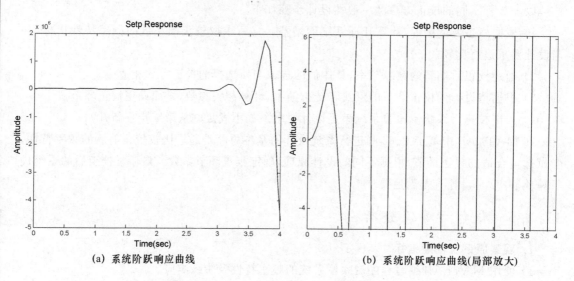

(a) 系统阶跃响应曲线　　　　　　　　(b) 系统阶跃响应曲线(局部放大)

图 17.2　校正前系统的单位阶跃响应

在 Simulink 新建系统模型,如图 17.3 所示。

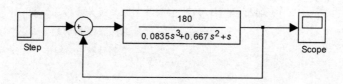

图 17.3　原系统模型

选中并单击示波器模块,可查看系统阶跃响应,如图 17.4 所示。

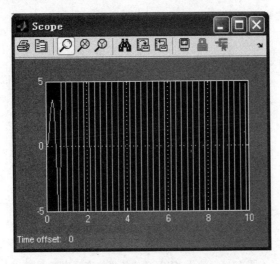

图 17.4　系统的 Simulink 仿真结果

3) 使用 EWB 工具搭建模拟实际电路。

本设计采用 EWB 工具搭建模拟实际电路。EWB 是加拿大 Interactive Image Technologies 公司推出的专门用于电子线路仿真实验与设计的"虚拟电子工作平台"。EWB 是 Electronics Workbench 软件的缩写,是一种在电子技术工程与电子技术教学中广泛应用的优秀计算机仿真软件。EWB 仿真软件的主要特点是:电子计算机图形界面操作,使用它可以实现大部分模拟电子线路与数字电子线路实验的功能,易学、易用、真实、准确、快捷和方便。

未校正系统的传递函数

$$\frac{180}{s\left(\frac{1}{6}s+1\right)\left(\frac{1}{2}s+1\right)}$$

可分解为三级传函级联形式

$$\frac{18}{0.1s(0.167s+1)(0.5s+1)}$$

其中,$1/(0.167s+1)$ 惯性环节、$1/0.1s$ 积分环节和 $18/(0.5s+1)$ 惯性-比例环节可分别用以下有源校正装置表示,如图 17.5 所示。

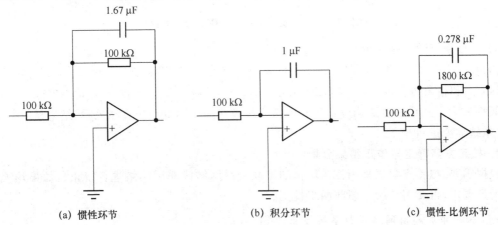

(a) 惯性环节　　　　　　　(b) 积分环节　　　　　　　(c) 惯性-比例环节

图 17.5　系统各环节表示

若您对此书内容有任何疑问,可以凭在线交流卡登录MATLAB中文论坛与作者交流。

由图 17.5 中各环节组合并使用 EWB 搭建的模拟实际电路如图 17.6 所示。

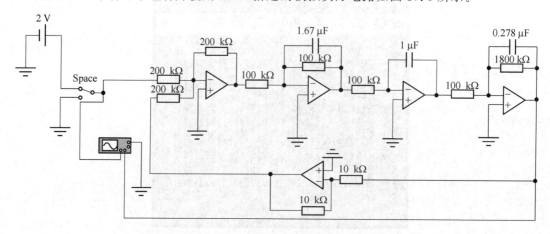

图 17.6　使用 EWB 搭建的模拟实际电路图

在系统的仿真中,用键盘上的空格键(Space)控制开关的打开、关闭,这样就可以得到一个阶跃信号。由此得到如图 17.7 所示的模拟实际电路图的仿真运行结果。

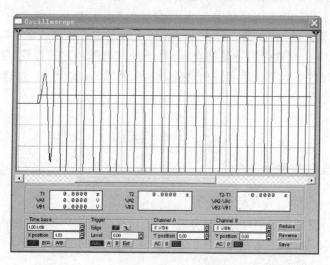

图 17.7　模拟实际电路图的仿真运行结果

4)对原系统的性能分析。

由以上对校正前系统的分析结果可知,系统的幅值裕度 $P_m = -55.1°$(穿越频率 12.4rad/s)和相角裕度 $G_m = -27.1$dB(at3.46rad/s),系统不稳定,且系统相角裕度远小于 0°,截止频率较大。从系统阶跃响应结果和模拟系统搭建的实际电路仿真结果看,结果是一致的。因此,系统需要进行校正。

2. 校正方案确定与校正结果分析

根据需要,拟首先尝试采用较为简单的串联超前网络或滞后网络进行校正。如果均无法达到设计要求,再使用滞后-超前网络校正。

(1)采用串联超前网络进行系统校正

串联超前校正的 MATLAB 仿真程序如下:

```
s = tf('s');G0 = 180/(s * (0.167 * s + 1) * (0.5 * s + 1));    % 原系统开环传递函数
[mag,phase,w] = bode(G0);                                       % 返回原系统 Bode 图参数
[Gm,Pm] = margin(G0);                                           % 返回稳定裕度值
expPm = 45;                                                     % 期望相位裕度
phim = expPm - Pm + 5;                                          % 需要对系统增加的相位超前量
phim = phim * pi/180;                                           % 相位超前量的单位转换
alfa = (1 - sin(phim))/(1 + sin(phim));                         % 超前校正网络的参数 alfa
adb = 20 * log10(mag);                                          % 幅值的单位转换
am = 10 * log10(alfa);                                          % 找出校正器在最大超前相位处的增益
wc = spline(adb,w,am);                                          % 得到最大超前相位处的频率
T = 1/(wc * sqrt(alfa));                                        % 求出校正器参数 T
alfat = alfa * T;                                               % 求出校正器参数 alfat
Gc1 = tf([T1],[alfat1]);                                        % 求出校正器传递函数
figure(1)
margin(G0 * Gc1)                                                % 返回校正后系统 Bode 图
figure(2)
step(feedback(G0 * Gc1,1))                                      % 返回校正后系统的阶跃响应曲线
```

程序运行结果如图 17.8 所示。

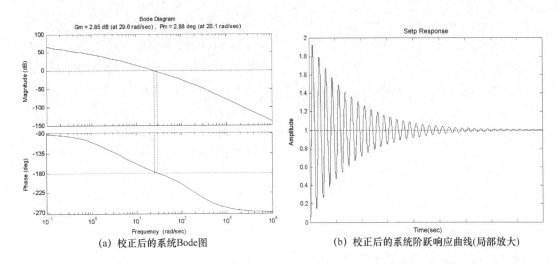

(a) 校正后的系统Bode图　　　　　　(b) 校正后的系统阶跃响应曲线(局部放大)

图 17.8　系统经超前校正后的仿真结果

超前校正仿真结果的分析：

由仿真结果看,校正未达到要求。若采用超前校正系统使待校正系统的相角裕度提高到不低于 $45°$,至少需要选用两级串联超前网络。这将导致校正后的截止频率过大。从理论上说,截止频率越大,则系统的响应速度越快。以伺服电动机为例,将出现速度饱和,这是因为超前校正系统要求伺服机构输出的变化速率超过了伺服电机的最大输出转速。此外,由于系统

带宽过大,造成输出噪声电平过高;在实际设计中还需要附加前置放大器,从而使系统结构复杂化。

（2）采用串联滞后网络进行系统校正

串联滞后校正的 MATLAB 仿真程序如下:

```
s = tf('s');
G0 = 180/(s * (0.167 * s + 1) * (0.5 * s + 1));      % 原系统开环传递函数
[mag,phase,w] = bode(G0);                             % 返回 Bode 图参数
[Gm,Pm] = margin(G0);                                 % 返回稳定裕度参数
P0 = 45;                                              % 期望相位裕度
fic = - 180 + P0 + 5;                                 % 期望相位裕度处的相位
[mu,pu,w] = bode(G0);                                 % 返回频域参数
wc2 = spline(pu,w,fic);                               % 利用插值函数,返回穿越频率
d1 = conv(conv([1 0],[0.167 1]),[0.5 1]);             % 开环传递函数分母
K = 180;                                              % 开环传递函数分子
na = polyval(K,j * wc2);
da = polyval(d1,j * wc2);
G = na/da;
g1 = abs(G);                                          % 求系统传递函数幅值
L = 20 * log10(g1);                                   % 幅值单位转换
beta = 10^(L/20);T = 1/(0.1 * wc2);                   % 求滞后校正环节参数
bebat = beta * T;
Gc2 = tf([T 1],[bebat 1])                             % 得到滞后校正环节传递函数
figure(1)
G3 = G0 * Gc2;                                        % 校正后系统
margin(G3)                                            % 绘制校正后系统 Bode 图
figure(2)
step(feedback(G3,1))                                  % 绘制校正后系统的阶跃响应曲线
```

程序运行结果:

由程序可得出滞后校正环节的传递函数为

```
Transfer function:

8.888 s + 1
-----------
1218 s + 1
```

校正后系统的 Bode 图和阶跃响应曲线如图 17.9 所示。

滞后校正仿真结果的分析：

若采用串联滞后校正，可以使系统的相角裕度提高到 45°左右。但是对于该系统，有以下两个主要缺点：一是滞后网络时间常数太大，实际上无法实现；二是响应速度指标不满足，即由于滞后校正极大地减小了系统的截止频率，使得系统的响应速度变慢。由图 17.9(b) 可见，调节时间为 13.3 s，远大于性能指标的要求值。

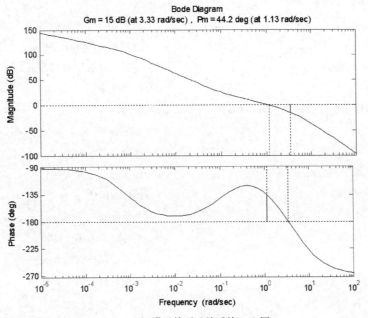

(a) 滞后校正后的系统Bode图

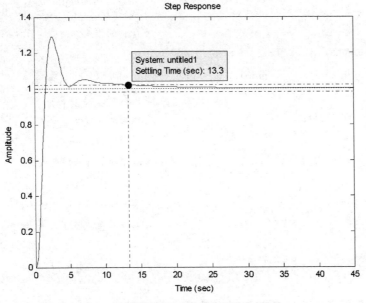

(b) 滞后校正后的系统阶跃响应曲线

图 17.9　系统经滞后校正的仿真结果

以上实验表明,单纯使用超前校正或滞后校正都无法达到要求。因此进一步尝试采用滞后–超前校正。

（3）采用串联滞后–超前网络进行系统校正

串联滞后–超前网络校正的 MATLAB 仿真程序如下：

```
s = tf('s');
G0 = 180/(s * (0.167 * s + 1) * (0.5 * s + 1));      % 原系统开环传递函数
[mag,phase,w] = bode(G0);                            % 返回系统 Bode 图参数
[Gm,Pm] = margin(G0);                                % 返回系统稳定裕量参数
wc1 = 3.26;                                           % 试凑频率值
d1 = conv(conv([1 0],[0.167 1]),[0.5 1]);            % 系统分母
K = 180;                                              % 系统分子
na = polyval(K,j * wc1);                             % 计算分子多项式
da = polyval(d1,j * wc1);                            % 计算分母多项式
G = na/da;                                            % 计算 G 的值
g1 - abs(G);                                          % 求取幅值
L = 20 * log10(g1);                                  % 进行幅值的单位转换
beta = 10^(L/20);                                    % 求滞后部分的参数 beta
T = 1/(0.1 * wc1);                                   % 求滞后部分的参数 T
betat = beta * T;
Gc1 = tf([T 1],[betat 1]);                           % 得到滞后部分的传递函数
expPm = 45;                                           % 期望相位裕度
phim = expPm - Pm + 5;                               % 达到期望相位裕度应补偿的相位值
phim = phim * pi/180;
alfa = (1 - sin(phim))/(1 + sin(phim));             % 求超前部分的参数 alfa
wc2 = 14.68;                                          % 试凑频率值
T = 1/(wc2 * sqrt(alfa));                            % 求超前部分的参数 T
alfat = alfa * T;
Gc2 = tf([T 1],[alfat 1]);                           % 求超前部分的传递函数
figure(1)
G3 = G0 * Gc2 * Gc1;                                 % 求取校正后系统开环传递函数
margin(G3),grid                                      % 求取带稳定裕度的 Bode 图
figure(2)
step(feedback(G3,1))                                 % 求取系统时域响应
```

程序运行结果得到各校正环节传递函数及校正后系统的开环传递函数、校正后系统的 Bode 图及阶跃响应曲线。

```
>> Gc1              % 滞后部分传递函数
Transfer function:

3.067 s + 1
-----------
77.79 s + 1
>> Gc2              % 超前部分传递函数
Transfer function:

0.5133 s + 1
-------------
0.00904 s + 1
>> G3               % 校正后系统开环传递函数
Transfer function:

     283.4 s^2 + 644.5 s + 180
--------------------------------------------
0.05872 s^5 + 6.965 s^4 + 52.68 s^3 + 78.46 s^2 + s
```

校正后系统的 Bode 图及时域响应曲线分别如图 17.10 和图 17.11 所示。

校正后系统在 Simulink 中的仿真模型如图 17.12 所示。

由 Simulink 仿真模型得到的系统阶跃响应如图 17.13 所示。

使用 EWB 搭建的模拟实际电路如图 17.14 所示。

这里仍然使用键盘上的空格键(Space)控制开关的打开、关闭,以得到一个阶跃信号。模拟实际电路仿真结果如图 17.15 所示。

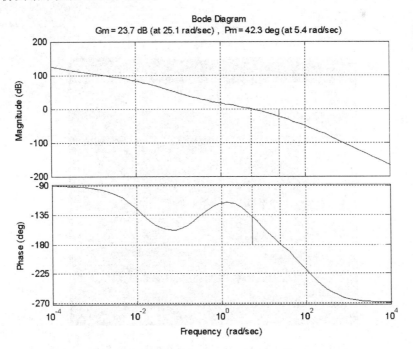

图 17.10　经滞后-超前校正的系统 Bode 图

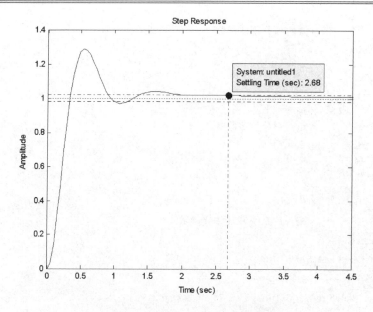

图 17.11　经滞后-超前校正的系统阶跃响应

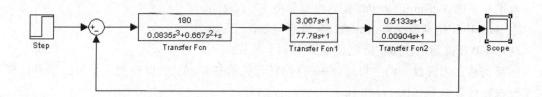

图 17.12　校正后系统的 Simulink 仿真模型

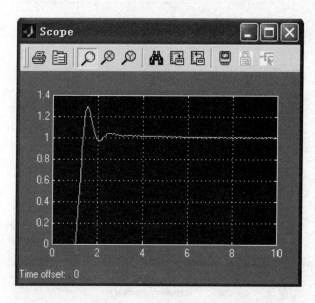

图 17.13　由 Simulink 仿真模型得到的系统阶跃响应

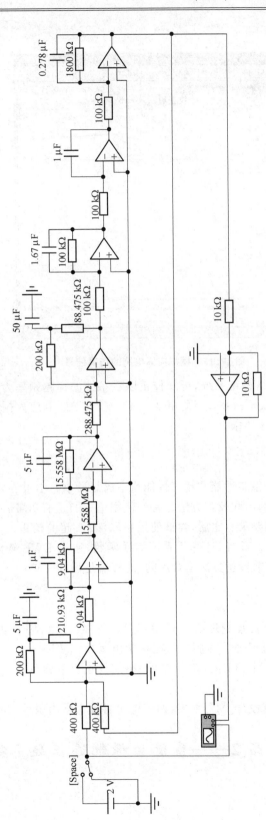

图17.14 使用EWB搭建的模拟实际电路

滞后–超前仿真结果的分析：

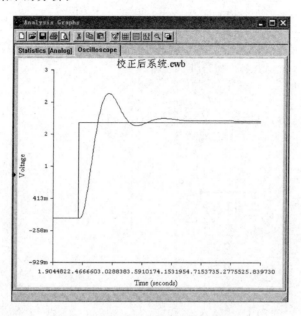

图 17.15　模拟实际电路的仿真结果

采用串联滞后–超前网络校正系统,可知校正以后系统的穿越频率为 25.1 rad/s,幅值裕度为 23.7 dB,截止频率为 5.4 rad/s,相角裕度为 42.3°,其阶跃响应为振荡收敛,且调节时间小于 3 s。校正结果满足系统要求。

17.1.6　结束语

本课程设计给出的系统稳态性能和动态性能均不满足要求。本报告分析比较了各种校正方法原理后,选用工程常用的串联校正方法。首先使用单一的超前和滞后校正方法校正,但这两种方法均不能很好地达到要求。之后,尝试使用串联滞后–超前校正方法。经过试凑参数,得到了符合要求的校正环节。此外,还基于系统传递函数,通过 EWB 软件模拟了实际电路。实验结果表明,采用滞后–超前校正方法是合理的,能够满足设计要求。

17.1.7　参考文献

[1] 颜文俊,陈素琴,林峰.控制理论 CAI 教程[M].2 版.北京:科学出版社,2006.

[2] 胡寿松.自动控制原理[M].4 版.北京:科学出版社,2001.

[3] 李钟慎,王永初.用 MATLAB 进行滞后–超前校正器的设计[J].计算机工程,2002. 10:231~253.

[4] 王皑.电子线路仿真设计[M].西安:西安电子科技大学出版社,2004.

17.2　课程设计作品 2——系统的根轨迹法超前校正

17.2.1　设计目的

通过课程设计熟悉根轨迹法分析系统的方法原理。

通过课程设计掌握根轨迹法的校正作用及原理。

通过在实际电路中的运用,掌握根轨迹法在实际系统设计中的意义。

17.2.2　设计任务

控制系统为单位负反馈系统,开环传递函数为 $G(s) = \dfrac{K}{s(s+1)(s+4)}$,要求设计超前校正装置,使校正后的系统满足下列性能指标:

超调量为 $\sigma\% = 20\%$;

调节时间不超过 $t_s = 4s(\Delta = \pm 0.02)$。

17.2.3　具体要求

1) 使用 MATLAB 进行仿真设计,并给出系统校正前后的 MATLAB 仿真结果,同时用 Simulink 仿真验证其动态性能。

2) 选用一种 EDA 工具搭建系统的模拟实验电路,分别演示校正前后的效果(也可以在实验箱上搭建实际电路,验证系统设计结果)。

17.2.4　设计原理及 EDA 工具选择

由于系统给出的是时域性能指标,可以选择根轨迹法进行校正。此外,通过对 EDA 工具的分析,选取了 Tina Pro 软件作为实现模拟实际电路的工具。

1. 根轨迹法超前校正原理概述

系统的期望主导极点往往不在根轨迹上。由根轨迹的理论,添加开环零点或极点可以使根轨迹曲线形状改变。若期望主导极点在原根轨迹的左侧,则需要加上一对零极点,并使零点位置位于极点右侧,通过选择适当的零极点位置,就能够使系统根轨迹通过期望主导极点 s_1,并使此时的稳态增益满足要求。这称为相位超前校正。

是否采用超前校正可以按如下方法进行判断:若希望的闭环主导极点位于校正前系统根轨迹的左方时,宜用超前校正,即利用超前校正网络产生的相位超前角,使校正前系统的根轨迹向左倾斜,并通过希望的闭环主导极点。

利用根轨迹法对系统进行超前校正的基本前提是:假设校正后的控制系统有一对闭环主导极点。这样,系统的动态性能就可以近似地用这对主导极点所描述的二阶系统来表征。因此在设计校正装置之前,必须先把系统时域性能指标转化为一对希望的闭环主导极点。通过校正装置的引入,使校正后的系统工作在这对希望的闭环主导极点处,而闭环系统的其他极点或靠近某一个闭环零点,或远离 s 平面的虚轴,使它们对校正后的系统动态性能的影响最小。

假设超前校正装置的传递函数为

$$G_c(s) = K_c \frac{s+z}{s+p}$$

式中,z 和 p 分别为零点和极点。

系统校正之前的传递函数为 $G_0(s)$。采用几何方法进行根轨迹超前校正设计。其设计步骤如下:

1) 根据要求的动态品质指标,确定闭环主导极点 s_1 的位置。该点在复平面的相角为 $\varphi = \angle(s_1)$。

若您对此书内容有任何疑问,可以凭在线交流卡登录MATLAB中文论坛与作者交流。

2)计算使根轨迹通过主导极点的补偿角 $\varphi_c = 180° - \angle(s_1)$。

3)确定 $G_c(s)$ 的零极点,使其附加增益最小。首先过 S_1 做水平线 S_1B,则 $\angle BS_1O = \varphi$。作 $\angle BS_1O$ 的角平分线 S_1C;在线 S_1C 两侧作 $\angle DS_1C = \angle ES_1C = \dfrac{\varphi_c}{2}$。线 S_1D、S_1E 与负实轴的交点坐标分别为 b、a,则可确定超前校正器的零极点,如图 17.16 所示。

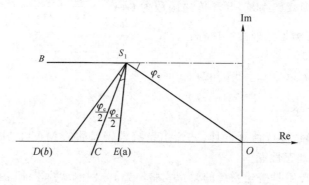

图 17.16　确定超前校正器的零极点的几何分析

早期超前校正器的设计往往依赖于试凑的方法,重复劳动多,运算量大,又难以得到满意的结果。MATLAB 作为一种高性能软件和编程语言,以矩阵运算为基础,把计算、可视化和程序设计融合到了一个简单易用的交互式工作环境中,是进行控制系统计算机辅助设计的方便可行的实用工具。因此,借助 MATLAB,通过编写函数和程序,可以容易地设计出超前校正器,避免了烦琐的计算和绘图过程,从而为线性控制系统的设计提供了一种简单有效的途径。在进行 MATLAB 仿真设计时,需要将这些几何过程用 MATLAB 程序语言描述出来,因此给出如下公式:

令 $\angle S_1DO = \theta_p$,则 $\theta_p = \dfrac{\varphi - \varphi_c}{2}$;

令 $\angle S_1EO = \theta_z$,则 $\theta_z = \dfrac{\varphi + \varphi_c}{2}$;

令 $-b = p_c$,则 $p_c = -b = \mathrm{Re}(s_1) - \dfrac{\mathrm{Im}(s_1)}{\tan\theta_p}$;

令 $-a = z_c$,则 $z_c = -a = \mathrm{Re}(s_1) - \dfrac{\mathrm{Im}(s_1)}{\tan\theta_z}$。

2. EDA 工具 Tina Pro 的选择

EDA 是电子设计自动化(electronic design automation)的缩写,在 20 世纪 90 年代初从计算机辅助设计(CAD)、计算机辅助制造(CAM)、计算机辅助测试(CAT)和计算机辅助工程(CAE)的概念发展而来的。EDA 技术的出现,极大地提高了电路设计的效率,减轻了设计者的劳动强度。本设计采用 EDA 工具 Tina Pro 进行模拟实际电路的搭建与仿真。

在模拟电路分析方面,Tina Pro 除了具有一般电路仿真软件通常所具备的直流分析、瞬态分析、正弦稳态分析、傅里叶分析、温度扫描、参数扫描、最坏情况及蒙特卡罗统计等仿真分析功能之外,还能先对输出电量进行指标设计,然后对电路元件的参数进行优化计算。它具有符号分析功能,即能给出时域过渡过程表达式或频域传递函数表达式;具有 RF 仿真分析功能;具有绘制零、极点图,相量图,Nyquist 图等重要的仿真分析功能。此外,Tina Pro 在数字电路分析方面、与其硬件设备结合方面和网络功能方面都很强大。

17.2.5　系统校正及结果分析

1. 观察原系统性能

程序如下：

```
num = 1;den = [1,5,4,0];
G0 = tf(num,den);              % 原系统传递函数
rlocus(G0);                    % 绘制原系统的根轨迹
```

程序运行结果得到根轨迹图，如图 17.17 所示。

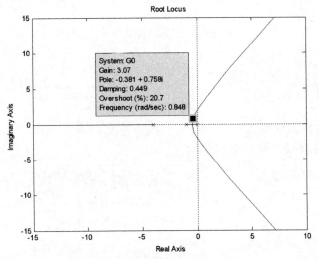

图 17.17　校正前系统的根轨迹图

在 $K=3$ 时，超调量约为 20%。取 $K=3$，观察系统阶跃响应。

```
>> step(feedback(3 * G0,1))
```

程序运行结果如图 17.18 所示。可见，在满足超前量要求时，系统调节时间则不满足要求。

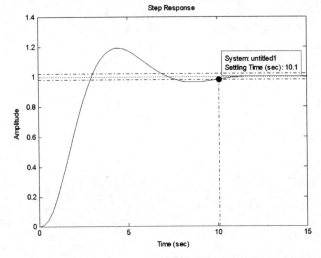

图 17.18　$K=3$ 时原系统的阶跃响应

2. 系统校正

1) 确定系统的期望主导极点。

```
sigma = 0.2                                          %期望超高量为 20%
zeta = ((log(1/sigma))^2/((pi)^2 + (log(1/sigma))^2))^(1/2);%根据 σ% = e^(-πζ/√(1-ζ²)) ×100%,求得 ζ
wn = 1/zeta;                                         %根据 t_s(2%) = 4/ζω_n 求得 ω_n
p = [1 2 * zeta * wn wn * wn];
s = roots(p)                                         %求期望极点
```

程序运行结果:

```
s =

 -1.0000 + 1.9520i
 -1.0000 - 1.9520i
```

以上即得到期望极点位置。

2) 计算求取校正环节。接以上程序:

```
s1 = s(1);                              %取 s1 = -1.0000 + 1.9520i
ng = 1;                                 %原传递函数分子
dg = [1 5 0];                           %原传递函数分母
ngv = polyval(ng,s1);
dgv = polyval(dg,s1);
g = ngv/dgv;
theta = angle(g);                       %得到相角
phic = pi - theta;                      %得到 φ_c
phi = angle(s1);
thetaz = (phi + phic)/2;                %得到 θ_z
thetap = (phi - phic)/2;                %得到 θ_p
zc = real(s1) - imag(s1)/tan(thetaz);   %得到 z_c
pc = real(s1) - imag(s1)/tan(thetap);   %得到 p_c
nc = [1 - zc];                          %得到校正器分子
dc = [1 - pc];                          %得到校正器分母
Gc = tf(nc,dc)                          %求取校正环节传递函数
```

程序运行结果得到校正环节传递函数 G_c 为:

```
Transfer function:
s + 1.046
---------
s + 4.598
```

3) 进一步求校正后系统根轨迹。接以上程序:

```
G0 = tf(ng,dg);              % 原系统传递传递函数
rlocus(Gc * G0)              % 加校正环节后的系统根轨迹
```

加校正环节后的系统根轨迹如图 17.19 所示。

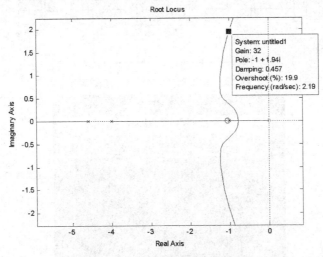

图 17.19 校正后系统的根轨迹

由图 17.19 可得到主导极点处系统增益约为 32，取 $K=32$。则校正后系统传递函数为

$$G(s)=\frac{32}{s(s+1)(s+4)} \cdot \frac{s+1.046}{s+4.598}$$

4）观察时域响应曲线，验证校正后系统是否满足要求。

```
step(feedback(32 * Gc * G0,1))
```

校正后系统的时域响应曲线如图 17.20 所示。

由图 17.20 可读出校正后系统的超调量为 $\sigma\%=19.6\%$，调节时间为 $t_s=3.94s$。可见经校正后系统达到设计要求。

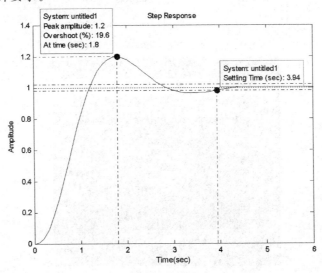

图 17.20 校正后系统的时域响应曲线

若您对此书内容有任何疑问，可以凭在线交流卡登录 MATLAB 中文论坛与作者交流。

3. 校正前后的 Simulink 仿真模型

1）校正前的 Simulink 仿真模型，如图 17.21 所示。系统仿真结果如图 17.22 所示。此模型中取 $K=32$，其根轨迹已位于右半平面，系统已不稳定。

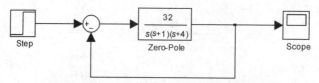

图 17.21　校正前的 Simulink 仿真模型

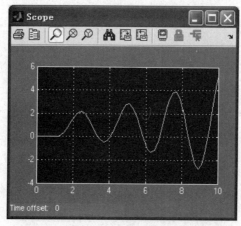

图 17.22　校正前的 Simulink 仿真结果

2）校正后的 Simulink 仿真模型如图 17.23 所示。为便于观察，将输入和输出叠加为示波器输入，其仿真结果如图 17.24 所示。

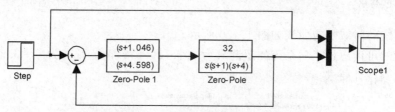

图 17.23　校正后的 Simulink 仿真模型

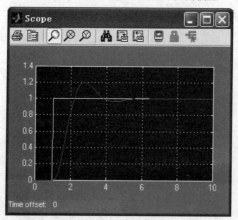

图 17.24　校正后的 Simulink 仿真结果

4. 校正前后的 Tina Pro 电路仿真

　　根据自动控制原理教材所给出的各环节对应硬件电路结构,将系统校正前后的传递函数转化为相应电路原理图,然后进行 Tina Pro 仿真。

　　1) 校正前系统的模拟实际电路如图 17.25 所示。

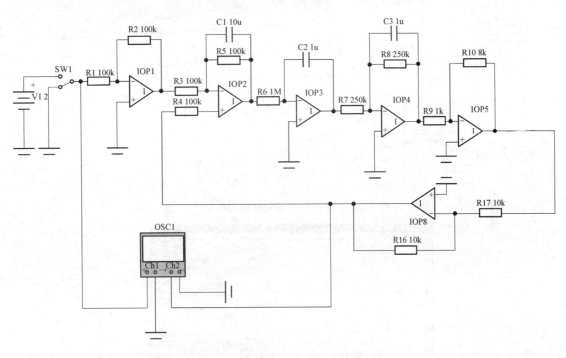

图 17.25　校正前系统的模拟实际电路

　　检查无误后,设置示波器的各项参数,运行。示波器输出的校正前系统阶跃响应曲线如图 17.26 所示,通道 1 显示阶跃输入,通道 2 显示阶跃响应曲线。

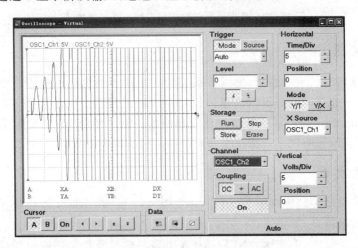

图 17.26　校正前系统的模拟实际电路阶跃响应

　　2) 校正后系统的模拟实际电路如图 17.27 所示。其仿真结果如图 17.28 所示。

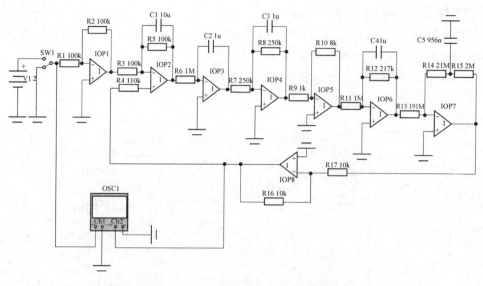

图 17.27　校正后系统的模拟实际电路

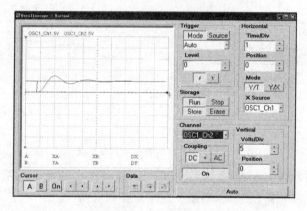

图 17.28　校正后系统的模拟实际电路阶跃响应

17.2.6　结束语

　　系统设计要求以时域指标给出，所以本系统校正采用了根轨迹法校正。由于主导极点在原根轨迹的左侧，因此选用的是根轨迹超前校正设计的几何法。在使用 MATLAB 进行了校正之后，又使用 Simulink 进行了系统模型建立和仿真。通过使用 EDA 工具 Tina Pro 进行实际电路的搭建与运行，证明校正方法在实际系统中是可行的和有效的。

17.2.7　参考文献

［1］　黄忠霖.自动控制原理的 MATLAB 实现［M］.北京:国防工业出版社,2007.

［2］　郑恩让,聂诗良,罗祖军,等.控制系统仿真［M］.北京:北京大学出版社,2006.

［3］　陈晓平,李长杰,毛彦欣.MATLAB 在电路与信号及控制理论中的应用［M］.安徽:中国科学技术大学出版社,2008.

［4］　谷良.电路仿真软件 Tina Pro 导读［M］.北京:中央广播电视大学出版社,2003.

参考文献

[1] Stephen J. Chapman. MATLAB Programming for Engineers (Second Edition) [M]. 影印版. 北京:科学出版社,2004.

[2] 郑阿奇,曹弋. MATLAB 实用教程[M]. 2 版. 北京:电子工业出版社,2007.

[3] 白同亮,高桂英. 线性代数及其应用[M]. 北京:北京邮电大学出版社,2007.

[4] 陈怀琛,高淑萍,杨威. 工程线性代数(MATLAB 版)[M]. 北京:电子工业出版社,2007.

[5] 薛定宇,陈阳泉. 高等应用数学问题的 MATLAB 求解[M]. 北京:清华大学出版社,2004.

[6] 许波,刘征. MATLAB 工程数学应用[M]. 清华大学出版社,2000.

[7] 陈垚光,毛涛涛. 精通 MATLAB GUI 设计[M]. 北京:电子工业出版社,2008.

[8] 于万波. 混沌的计算实验与分析[M]. 北京:科学出版社,2008.

[9] The MathWorks Inc. MATLAB Programming Fundamentals[DB/OL]. 2015.

[10] The MathWorks Inc. Symbolic Math Toolbox User's Guide[DB/OL]. 2015.

[11] 黄永安,马路,刘慧敏. MATLAB 7.0/Simulink 6.0 建模仿真开发与高级工程应用[M]. 北京:清华大学出版社,2005.

[12] 张爱民. 自动控制原理[M]. 北京:清华大学出版社,2006.

[13] 王建辉,顾树生. 自动控制原理[M]. 北京:清华大学出版社,2007.

[14] 胡寿松. 自动控制原理[M]. 4 版. 北京:科学出版社,2001.

[15] Gene F. Franklin, David Powell J, Abbas Emami-Naeini. 自动控制原理与设计[M]. 5 版. 李中华,张雨浓,译. 北京:人民邮电出版社,2007.

[16] 师宇杰. 自动控制原理——基于 MATLAB 仿真的多媒体授课教材(上册)[M]. 北京:国防工业出版社,2007.

[17] 师宇杰. 自动控制原理——基于 MATLAB 仿真的多媒体授课教材(下册)[M]. 北京:国防工业出版社,2008.

[18] 薛定宇. 控制系统计算机辅助设计——MATLAB 语言与应用[M]. 2 版. 北京:清华大学出版社,2006.

[19] 黄忠霖. 控制系统 MATLAB 计算与仿真[M]. 2 版. 北京:国防工业出版社,2004.

[20] 薛定宇,陈阳泉. 基于 MATLAB/Simulink 的系统仿真技术与应用[M]. 2 版. 北京:清华大学出版社,2011.

[21] 王正林,王胜开,陈国顺. MATLAB/Simulink 与控制系统仿真[M]. 2 版. 北京:电子工业出版社,2008.

[22] 颜文俊,陈素琴,林峰. 控制理论 CAI 教程[M]. 2 版. 北京:科学出版社,2006.

[23] 刘金琨. 先进 PID 控制 MATLAB 仿真[M]. 2 版. 北京:电子工业出版社,2007.

[24] Katsuhiko Ogata. MATLAB for Control Engineers[M]. 影印版. 北京:电子工业出版社,2008.

[25] Robert H. Bishop. Modern Control Systems Analysis and Design—Using MAT-

LAB and Simulation[M].影印版.北京:清华大学出版社,2003.

[26] 刘坤,刘翠响,李妍.MATLAB 自动控制原理习题精解[M].北京:国防工业出版社,2004.

[27] 程鹏.自动控制原理实验教程[M].北京:清华大学出版社,2008.

[28] 王晓燕,冯江,任金霞,等.自动控制理论实验与仿真[M].广州:华南理工大学出版社,2006.

[29] 李秋红,叶志锋,徐爱民.自动控制原理实验指导[M].北京:国防工业出版社,2007.